国家973项目（2006CB400505）资助

# 气候变化下的水资源：
## 脆弱性与适应性

WATER RESOURCES
UNDER THE CHANGING CLIMATE
VULNERABILITY AND ADAPTABILITY

郝 璐　王静爱　著

中国环境科学出版社·北京

**图书在版编目（CIP）数据**

气候变化下的水资源：脆弱性与适应性/郝璐，王静
爱著. —北京：中国环境科学出版社，2011.12
ISBN 978-7-5111-0431-1

Ⅰ．①气… Ⅱ．①郝… ②王… Ⅲ．①气候变
化—影响—水资源—研究—世界②人类活动影响—水
资源—研究—世界 Ⅳ．①P468.1②TV211

中国版本图书馆 CIP 数据核字（2010）第 247345 号

| | | |
|---|---|---|
| 责任编辑 | 周艳萍 | |
| 责任校对 | 扣志红 | |
| 封面设计 | 玄石至上 | |

出版发行 **中国环境科学出版社**
　　　　　（100062　北京东城区广渠门内大街 16 号）
　　　　　网　　　址：http://www.cesp.com.cn
　　　　　联系电话：010-67112765（总编室）
　　　　　　　　　　010-67112738（编辑出版中心）
　　　　　发行热线：010-67125803，010-67113405（传真）
印　　刷　北京中科印刷有限公司
经　　销　各地新华书店
版　　次　2011 年 12 月第 1 版
印　　次　2011 年 12 月第 1 次印刷
开　　本　787×1092　1/16
印　　张　13.75
字　　数　312 千字
定　　价　38.00 元

# 前 言

　　气候变化与人类活动对水循环及水资源安全的影响已经成为当代水科学面临的主要问题。20 世纪 80 年代以来，由于人类活动的深刻影响，西辽河上游水文、水资源发生了重要变化，不仅严重影响当地经济与社会可持续发展，而且对中下游乃至整个西辽河流域水资源的可持续利用也构成巨大威胁。因此从气候变化和人类活动两方面深入了解这一区域水资源脆弱性变化及其转折的特点、程度、响应机制，以及可能后果，这不仅是目前水科学界所亟须回答的问题，同时也是国家重大发展战略的需求。

　　本书是国家 973 项目"北方干旱化与人类适应"的第五课题"干旱化及其阶段性转折对我国粮食、水和土地资源安全的影响及适应对策"（2006CB400505）的部分研究成果。本书分为上篇和下篇，上篇为理论与方法，主要阐述了水资源系统理论，分别介绍了 SWAT 分布式水文模型以及 WEAP 水资源评估和规划系统模型的特点、原理、技术与方法，以及 SWAT-WEAP 耦合模型的构建，另外还介绍了趋势分析方法以及数字流域技术。下篇为应用与实证，选择位于西辽河上游的老哈河流域为研究区。首先，在全面收集研究区自然地理、社会经济、遥感影像等资料的基础上，结合数字流域理论与技术，运用组件式 GIS 技术，建立了老哈河数字流域可视化地理信息平台；其次，对气候变化与人类活动（包括土地利用、覆被变化）在水资源系统变化中的作用进行动态辨识及检测；然后利用 SWAT-WEAP 耦合模型，以水短缺量为脆弱性指标，模拟分析了气候变化下人类不同开发、利用和管理方式对水资源系统脆弱性的影响；在此基础上，综合考虑水资源"供给端"与"需求端"，构建区域可持续发展的水资源适应模式。

　　本书聚焦 20 世纪 80 年代前后气候变化与人类活动背景下水资源变化这一问题，运用地理学、水文学、气象学、生态学、地理信息与遥感科学基本原理，采用水文模型耦合方法，结合野外调查，以关键区域和关键时段水资源变化为突破口，找出控制水环境变化的关键因素，阐明北方缺水问题背后复杂的气候变化与人类活动对水资源系统脆弱性的影响机制，并提出区域水资源有序适应模式及其理论、方法与技术体系，将可为其他流域以及类似研究提供借鉴，实践过程与结果可以为类似地区开展相近工作提供指导。

本书研究成果主要是在国家 973 计划资助下，在北京师范大学区域地理研究实验室、北京师范大学环境演变与自然灾害教育部重点实验室以及江苏省农业气象重点实验室的支持下完成的。王静爱主要负责研究思路、理论构建和研究方法等方面的设计，并组织撰写工作；郝璐执笔撰写全书；师生共同完成了书稿审定工作。由于水资源与气候变化研究的复杂性，加之作者水平有限，书中可能会存在一些不足和错误，诚请各位同行和读者批评指正。

本书的写作还先后得到北京师范大学减灾与应急管理研究院史培军教授的指导和帮助，另外，感谢 973 计划项目组符淙斌院士、邱国玉教授、刘彦随教授、龚道溢教授的宝贵建议。在写作过程中，还得到顾卫教授、张光辉教授、于云江教授、武建军教授、方伟华教授、苏筠教授、周涛教授、李晓雁教授、郝芳华教授、黄崇福教授等的指导以及宝贵的意见和建议，在此表示最诚挚的谢意！感谢北京师范大学文学院董晓平教授、赖彦斌老师、吕红峰老师在数字流域方面所提的宝贵建议。感谢中国农业大学潘学标教授多年来的指导和帮助，感谢宁夏气象科学研究所张晓煜正研级高级工程师在论文思路上的探讨和帮助，感谢 WMO 农业气象委员会前主席、荷兰瓦赫宁根大学环境科学系教授 Kees Stigter 对草地生态方面所提的有益建议。感谢王志强、高路、潘东华、张化和尹圆圆在项目上同我们一起探讨、分析，给了我们诸多有价值的建议和支持，尤其感谢尹衍雨、贾慧聪在书稿图文处理中付出的辛苦劳动，感谢所有项目课题组成员。感谢南京信息工程大学应用气象学院领导和同事的支持，在此表示诚挚的谢意。

最后，对国家自然科学基金委员会地学部、科技部农村司、教育部科技司、中国科学院地理科学与资源研究所、中国气象局等相关单位和各位专家、对北京师范大学从事土地利用或与土地（覆盖）变化、防灾减灾研究群体的长期支持和关怀表示衷心的感谢。感谢美国农业部（USDA）无偿提供 SWAT 模型。感谢瑞典斯德哥尔摩资源学院无偿提供的 WEAP 水资源规划与管理模型。本书的出版得到了中国环境科学出版社周艳萍编辑的大力支持。

# 缩略语

3S 技术：RS—Remote Sensing 遥感技术、GIS—Geographical Information System 地理信息系统、GPS—Global Positioning System 全球定位系统

AHP：Analytic Hierarchy Process 层次分析法

DEM：Digital Elevation Model 数字高程模型

DFID：UK Department for International Development 英国国际发展部

EOF：Empirical Orthogonal Function 经验正交函数

EPIC：Erosion-Productivity Impact Calculator 土壤侵蚀与生产力计算模型

GCMs：General Circulation Models 大气环流模型

GDP：Gross Domestic Product 国内生产总值

GEWEX：Global Energy and Water Cycle Experiment 全球能量与水循环试验

HRU：Hydrological Response Unit 水文响应单元

IAHS：International Association of Hydrological Sciences 国际水文科学协会

IAMAP：International Association of Meteorology and Atmospheric Physics 国际气象学和大气物理学协会

IGBP：International Geosphere-Biosphere Programme 国际地圈生物圈计划

IGBP-BAHC：International Geosphere-Biosphere Programme-Biospheric Aspects of the Hydrological Cycle 国际地圈—生物圈计划的"水文循环中的生物圈方面"计划

IHDP：International Human Dimensions Programme on Global Environmental Change 国际全球环境变化人文因素计划

IPCC：Intergovernmental Panel on Climate Change 联合国政府间气候变化专门委员会

IUGG：the International Union of Geodesy and Geophysics 第 20 届国际大地测量与国际地理联合大会

LAI：Leaf Area Index 叶面积指数

LRB：Laohahe River Basin 老哈河流域

LUCC：Land-Use and Land-Cover Change 土地利用与土地覆盖变化

RCMs：Regional Climate Models 区域气候模型

SCS（CN）：Soil Conservation Service Curve Number Model 径流曲线数模型

TAR：the Third Assessment Report 第三次评估报告（IPCC）

UNESCO：United Nations Educational，Scientific and Cultural Organization 联合国教

　　科文组织

USGS：United States Geological Survey 美国联邦地质调查局

WCRP：World Climate Research Programme 世界气候研究计划

WEAP：Water Evaluation and Planning System 水资源评估和规划系统模型

WMO：World Meteorological Organization 世界气象组织

# 目 录

## 上 篇 理论与方法

# 下　篇　应用与实证

# Content

# 上篇
## 理论与方法

# 第 1 章

## 绪 论

进行气候变化和人类活动影响下的水循环、水资源脆弱性变化及适应模式研究，对于理解人地系统相互作用，特别是回答气候变化、水文过程和人类活动三者的相互驱动机制及变化规律，具有重要的理论意义和科学价值。

最近几十年来，水文学发展十分迅速，随着社会经济发展、科学技术进步，新技术、新理论不断涌现，水文学取得很大进展。本章在介绍前人主要研究成果的基础上，总结了近年来国际水文科学研究的新进展，分别阐述了国内外气候变化与人类活动对水文、水资源变化的驱动机制及研究进展，介绍了水文模型的特点、发展与应用，以及水资源脆弱性、适应性理论、方法和发展态势，分析了未来研究的发展趋势，给出了气候变化背景下未来研究的重点和发展方向。

## 1.1 研究背景和意义

气候变化与人类活动对水循环及水资源安全的影响研究，已经成为近代水科学面临的主要科学问题。随着人口的增长和社会经济的发展，水资源短缺已经成为全球经济和社会发展的主要制约因素，并日益引起各国政府、科学家和公众的广泛关注。2001 年，在荷兰举行了国际地圈—生物圈研究计划（International Geosphere- Biosphere Programme，IGBP）全球变化科学大会和第 6 届 IAMAP-IAHS（International Association of Meteorology and Atmospheric Physics-International Association of Hydrological Sciences）大会，提出了近代水科学面临的主要问题：人类活动对水循环及水资源有哪些主要影响？人类活动怎样影响水资源与水循环的变化？人类活动怎样影响水循环与水资源的区域特征和规律？如何量化人类活动对水循环及水资源变化的贡献？全球变化与人类活动影响下的水文循环及其时空演化规律研究已成为 21 世纪水科学研究的热点。在 2001 年 IGBP 科学大会上，特别强调土地利用、覆被变化与水循环、碳循环的关系，并确定了主要研究领域，即关注从"点"到"典型流域"的水循环机理、水文循环与生态系统的相互作用、地表水与地下水交换的相互作用及"大气—土壤—植被"界面过程中的物质与能量转化规律等的研究；开拓流域水文循环过程中的非线性机制研究；创新"分布式流域水文循环模型"；量化区域水文循环演化与土地利用、覆被影响关系，为认识陆地表层生命物质过程提供科学支撑。2002 年，在北京由 IGBP-BAHC（International Geosphere- Biosphere Programme-Biospheric Aspects of the Hydrological Cycle）、IAHS（International Association of Hydrological Sciences）以及中国科学院、水利部等共同举办了"变化环境下的水资源脆弱性"国际研讨会，旨在研究全球气候变化和人类自身经济行为共同影响下造成的水资源脆弱性问题。研究表明，由全球变暖造成的对全球水循环变化的影响，比人们曾经想象的要严重许多（Richard，et al.，2008）。

开展人类活动与自然相互作用机理与过程研究，建立人地系统动力学，探求气候变化过程中有序的人类活动模式，正在成为当前全球变化研究的一个重要的综合研究领域。符淙斌院士在"我国生存环境演变和北方干旱化趋势预测研究"（1999—2005）（国家重点基础规划项目，973 计划）的基础上，进一步开展了"北方干旱化与人类适应"研究（2006CB400505）（国家重点基础规划项目，973 计划），其中，以地球系统科学整体观的思想，开展北方干旱化及其阶段性转折对我国粮食、水和土地资源安全的影响及适应对策的研究，不仅是研究重点之一，也是中国学术界对 IHDP、IGBP 和政府间气候变化专业委员会（IPCC，Intergovernmental Panel on Climate Change）的响应。该研究涉及区域环境系统的性质和变化机理、区域环境系统突变与全球变化的关系、人类活动和自然因子在区域环境系统中的阶段性转折和突变中的作用等一系列基础科学命题（符淙斌等，2006）。

中国北方面临着气候变干、变暖等全球气候变化问题，加之社会、经济的高速发展，人口快速增长以及人类活动改变对水循环自然变化的空间格局和过程的改变，加剧了水资源形成及变化的复杂性。北方地区水资源研究的科学问题可归纳为 4 个方面：一是检测在气候变化和人类活动的综合作用下水循环的变化；二是科学测算可供利用的水资源量及其变化量；三是水资源安全性；四是通过对水资源系统脆弱性评价，寻找人类适应气候变化的响应对策。因此，在中国北方地区开展水循环及水资源脆弱性变化及人类适应模式研究，对于理解人地系统相互作用，特别是回答气候变化、水文过程和人类活动三者的相互驱动机制及变化规律等问题，具有重要的理论意义和科学价值。

流域作为自然单元，为人类生存与繁衍提供基本水土资源，而人类对水土资源的开发和利用，会对流域生态环境产生或利或弊的影响，因此，流域是一个复杂的自然、社会、经济综合系统，每一个流域都涉及省区间、上下游、干支流、左右岸之间的利益，只有按流域进行统一规划和统一管理，从流域尺度积极开展生态重建与水资源调控的系统研究，才能体现江河治理与水资源管理的统一性和综合性，才能使整个流域的经济社会与供用水的"费用与效益"得到均衡和协调发展。

"干旱化及其阶段性转折对我国粮食、水和土地资源安全的影响及适应对策"是"北方干旱化与人类适应"研究（国家重点基础规划项目，973计划）的第五子课题。该课题以西辽河流域、海河流域、泾河流域等典型区域为研究对象，揭示北方气候干旱化对生物生产力、流域水资源、土地生产能力的影响机理，本书就是在这一背景下，选取老哈河流域为研究区展开研究的。老哈河流域位于中国北方西辽河上游，是干旱化表征最为严重的地区之一。自20世纪80年代以来，在北方干旱化的背景下，由于脆弱的环境条件和粗放的农牧业生产的双重作用，流域生态问题严重，径流持续减少，河流断流、湖泊干涸和地下水位下降，加上流域内人口密度大、农业发达，随着工农业对水的需求增加，工业、城镇、农业争水问题突出，水资源短缺已成为制约区域经济进一步发展的重要因素，不仅严重影响当地经济与社会可持续发展，对中下游流域乃至整个西辽河流域水资源的可持续利用也构成巨大威胁，而气候变化将可能进一步增加水资源的脆弱性、加剧长期或阶段性水资源短缺及用水的矛盾。因此，迫切需要按流域进行统一规划和统一管理，从流域尺度对水资源系统的驱动机制进行深入研究，识别并综合评估流域水资源脆弱性，探求气候变化过程中有序的人类适应模式。

## 1.2 水文、水资源变化的驱动机制研究的进展

水循环的研究是当前国内外研究前沿和热点，如 IGBP-BAHC 和 WCRP- GEWEX（World Climate Research Programme-Global Energy and Water Cycle Experiment）计划都将水循环作为核心研究项目。在水循环研究中，主要的科学问题包括：降水、产流、汇流、下渗、蒸发、地下水的补给和排泄、径流等一系列的水循环环节。近年由于气候变化和人类活动变化的影响，导致水循环不断发生变化，而这些变化的区域分异具有多样性。流域分布式水文模型是水循环各个环节的集成研究。国外已开发研制了一些分布式水文模型，在国内，此类研究刚刚起步，在分布式水文模型的集成研究上与国外还存在着一定的差距，同时中国地域广阔，流域的地形地貌、土壤、植被、气候、人类活动等区域差异相当明显，水循环与水资源的变化十分复杂，更增加了这方面的研究难度，因此，在这一背景下，开展气候变化和人类活动影响下的水循环研究具有重要价值。

### 1.2.1 气候变化对水文、水资源影响的研究现状

（1）气候变化对水文、水资源系统的影响

20 世纪 80 年代中期，气候变化对水文、水资源系统的影响研究逐渐引起国际水文界的高度重视，美国国家研究协会（UNSA）1977 年在气候变化和供水之间相互关系方面进行了探讨（Douglas，1981）。1985 年，世界气象组织（World Meteorological Organization，WMO）出版了有关气候变化对水文、水资源影响的综述报告及水文、水资源系统对气候变化的敏感性分析报告（Mimikou，1996）。为了进一步促进研究，WMO 和联合国环境规划署（United Nations Environment Programme，UNEP）共同组建并成立了政府间气候变化专业委员会（IPCC），专门从事气候变化的科学评估。第 20 届国际大地测量与国际地理联合（the International Union of Geodesy and Geophysics，IUGG）大会 1991 年在维也纳举行，探讨了土壤—大气之间相互作用的水文过程。随着全球能量水分循环试验（Global Energy and Water Cycle Experiment，GEWEX）、IGBP 等国际性合作计划的实施，水文学家开始关注环境变化中土壤—植物—水的全球性研究，如 1993 年，日本召开了第 6 届国际气象和大气物理科学、第 4 届水文科学（IAMAP-IAHS）联合大会；2001 年，荷兰举行了 IGBP 全球变化科学大会和第 6 届 IAMAP-IAHS 大会。全球变化与人类活动影响下的水文循环及其时空演化规律研究，已经成为 21 世纪水科学研究的热点。据 IPCC 报告，全球气候变化导致的温度升高已造成地球环境的恶化，水资源短缺和与水相关的生态退化（如荒漠化等）。2007 年 11 月，IPCC 第四次综合报告（AR4）正式发布，报告对目前已有的各种适应方案进行评估后认为，为降低对未来气候变化的脆弱性，还需要研究比现在更为广泛的适应措施，目前，尚未充分认识适应措施中存在的障碍、限制和成本等问题，并认为适应能力与社会和经济的发展密切相关，而且在各社会内部和社会之间的差异极大（IPCC，2007a；IPCC，2007b；秦大河等，2007）。哥本哈根世界气候大会全称《联合国气候变化框架公约》第 15 次缔约方会议暨《京都议定书》第 5 次缔约方会议，于 2009 年 12 月 7—18 日在丹麦首都哥本哈根召开。来自 192 个国家和地区的谈判代表召开峰会，商讨《京都议定书》一期承诺到期后的后续方案，即 2012—2020 年的全球减排协议。会议达成不具法律约束力的《哥本哈根协议》。《哥本哈根协议》维护了《联合国气候变化框架公约》及其《京都议定书》确立的"共同但有区别的责任"原则，就发达国家实行强制减排和发展中国家采取自主减排行动做出了安排，并就全球长期目标、资金和技术支持、透明度等焦点问题达成广泛共识。

20 世纪 80 年代后，国内也迅速开展了气候变化对水文、水资源影响的相关研究。"七五"期间，在"中国气候与海面变化及其趋势和影响研究"重大科研项目中，开展了气候变化对西北与华北水资源的影响研究。"八五"期间，在"全球变化预测、影响和对策研究"国家攻关项目中，组织了"气候变化对水文水资源的影响及适应对策研究"的专题（水利部水文信息中心，国家"八五"重中之重科技攻关专题，1996）。"九五"期间，在"我国短期气候预测系统"科技攻关项目中，设立了"气候异常对我国水资源及水分循环影响的评估模型研究"研究专题（水利部水文信息中心，1996；水利部水利信息中心，2001；水利部水文局，2003）。"十五"期间的国家科技攻关项目"气候异常对我国淡水资源的影响阈值及综合评价"（水利部水文局，国家"十五"科技攻关计

划，2003）和国家重点基础研究发展规划项目“我国生存环境演变和北方干旱化趋势预测研究”（符淙斌等，2005）等。在“中国可持续发展信息共享系统的开发研究”科技攻关重点项目中，组织了“全球环境变化与可持续发展信息共享”专题，并建立了我国 50 年和 100 年的气候序列，给出了我国未来气候可能演变趋势。“十一五”期间，我国提出了《中国应对气候变化科技专项行动》，这是统筹协调和指导我国 2007—2020 年应对气候变化科技工作的指导性文件，《专项行动》对“十一五”期间提出了具体的阶段性目标，如明确要求在减缓气候变化的若干关键技术研究方面要取得重要进展，开展地方和行业减缓气候变化的试点示范；明确要求在气候变化对农业、水资源、海岸带、林业、生物多样性、荒漠化及人类健康等方面的影响研究要取得重要成果，在典型脆弱区开展适应气候变化的试点示范等。《专项行动》明确了四个方面的重点研究任务：一是气候变化本身的科学问题；二是控制温室气体排放和减缓气候变化的技术开发；三是人类适应气候变化的技术和措施；四是应对气候变化的重大战略与政策。这四个方面的重点任务都与水资源问题紧密相关，都是水利工作必须关注、重视的内容，特别是诸如极端天气气候事件与灾害的形成机理研究、气候变化影响的敏感脆弱区及风险管理体系的建立、气候变化对于重大工程的影响及应对措施等。另外，据《国家中长期科学和技术发展规划纲要（2006—2020 年）》优先发展领域，气候变化对水资源的影响及适应对策的研究、生态脆弱区环境问题属于其研究的重点领域中的优先主题。

（2）研究方法

水文、水资源系统对气候变化响应的研究方法，一般采用两种方式，一种是采用气候模式：如果气候发生某种变化，水文循环各分量将如何随之变化。例如，GCMs（大气环流模型）和 RCMs（区域气候模型）对气候条件进行模拟，并将气候模式中产生的气候变化信号通过降尺度（Downscaling）方法驱动水文模型，进行水文模拟（刘青蓁，2002）。另一种则是利用气象观测数据生成不同的气候情景，输入到水文模型中进行模拟，其中水文模型的建立与未来气候变化情景的生成是影响评估的关键。但气候模式与水文模型的空间尺度存在差异，气候变化通常发生在全球或者大陆尺度，往往比水文问题所发生的尺度大得多，因此水文问题通常是在流域尺度上进行研究。

运用水文模型研究气候变化的水资源响应方面，Schwarz（1977）等分析了美国东北部现有的水文条件，从三个方面评价了气候对供水的影响，即供水系统及其对气候波动的响应、气候变化对水文因子的影响、气候变化后供水系统的可靠性等；Mccabe（1990）等基于气候变化状况，运用 Thornthwaite 水量平衡模型估计了美国特拉华流域的季节径流和土壤含水量变化，发现冬季升温导致降雪大多以雨水形式降落，导致冬季径流明显增加而春夏径流减少；Athanasios 和 Michael（1996）选取英国哥伦比亚区坎贝尔河流域上游和 Illecillewaet 流域为研究区，研究了二氧化碳倍增对径流的影响，发现气候变化导致冬季径流增加，夏季径流减少；Nash（1990）等以科罗拉多河为研究区，运用修正后的水平衡模型研究了水文系统的响应，并与统计模型研究结果进行对比，结果表明，降水是影响径流变化的主要因素；Gleick 等（1986）基于大气环流模式 GCMs 模型输出结果，结合水量平衡模型研究了气候变化对美国加州萨克拉门托流域水文情势的影响；Mimikou 等（1997）运用 WBUDG 月水量平衡模型研究了在二氧化碳倍增的情景下，希腊北部 Aliakmon 河水资源量的变化情况。Stone（2001）等运用分布式水文模型模拟了二氧化碳浓度提高 2 倍情况下密苏里河流域的水文响应。Eckhardta 和 Ulbrichb（2003）运用水文模型研究了温室气体排放对地下水补给与河道水量的影响。

自 20 世纪 80 年代起，国内也相继开展了水文、水资源系统对气候变化响应的专题研究：1988 年"气候变化对西北、华北水资源的影响研究"根据华北和西北地区不同的区域性特征，利用长系列水文气象资料的统计相关法、概念性水文模型和假定气候情景推算径流变化法、水量热量平衡法、大气环流模型模拟方法和古相似法研究气候变化对水资源影响的基础上，对未来西北、华北水资源变化趋势对气候变化的响应作了分析（施雅风，1995）。又如叶佰生等（1996）计算了 25 种气候情景下伊犁河上游径流的变化，认为流域径流变化主要取决于降水的变化，气温的影响次之；康尔泗（1999）分析了黑河莺落峡水文站出山径流对气候变化的敏感性，认为在气温升高 0.5℃而降水保持不变的情况下，由于积雪融化，5 月和 10 月的径流量将增加，但由于该流域冰川融水补给比重较小，加上 7 月和 8 月由于蒸发量增加，将使得流域年径流量减少 4%；邓慧平和唐来华（1998）对沱江多年平均月径流的气候敏感性分析结果表明，径流对气温变化不敏感，非汛期气温增加引起径流减少的百分数要大于汛期，径流对降水变化较敏感，并且在非汛期，径流减少的百分数要多于汛期；史玉品等（2005）基于新安江模型，构建了分辨率为 1km×1km 网格化的分布式水文模型，并运用模型对黄河源区水资源进行了模拟，分析了未来 100 年水资源变化的趋势及特性，比较分析了不同气候模型在不同情景下的径流变化，设定了 16 种气候情景，对黄河源区的径流敏感性进行了研究，结果表明黄河源区径流对降水变化比较敏感，而对气温变化的敏感度较小；利用模型模拟的未来径流数据，分析了黄河源区径流年内分配不均匀系数、集中度和集中期、变化幅度等特性，并预测了黄河源区未来的断流情况，提出了在气候变化情景与水文模型相结合的过程中需要进一步解决的问题；王建等（2001）采用融雪径流模型模拟气温上升 4℃ 情景下西北地区融雪径流的变化情势，结果表明：气温上升带来融雪径流变化的情势将在时间上前移，并且将使消融前期流量增加和后期流量减少；范广洲（2001）等模拟研究了滦河流域水资源各分量在不同气候情景下的响应；汪美华等（2003）研究认为：暖干天气组合对淮河流域水文、水资源系统的影响非常明显，使得淮河流域径流量明显减少，春季径流深对气候变化的响应在不同流域存在差异性；王国庆等（2005）采用改进的参数网格化技术及分布式水文模型，定量评估了不同气候变化情景下黄河中游水资源的变化。车骞等（2007）以黄河源区为研究对象，运用分布式水文模型 SWAT（Soil and Water Assessment Tool，土壤与水评估模型），建立不同气候波动和土地覆盖变化情景，模拟和预测了未来水资源的变化。蒋艳和夏军（2007）以塔里木河流域的源流区为研究对象，运用 Mann-Kendall 非参数检验、小波分析法和 EOF 分析法研究历史水文过程的特征与规律，以及区域气候的时空变化特征，分析了气候变化对水循环和径流变化的影响。总之，在气候变化的水文响应研究方面，采用确定性的、有物理基础的分布式水文模型进行水资源的气候响应研究还有待深入。目前国内在水资源对气候变化的响应研究上大都利用精度较高、综合性强的区域水量平衡模型，结合 GCMs 输出结果或假定的气候变化情景，探讨未来水文因子的变化和趋势，这在两方面还有待深入：一方面，随机模型需要假定未来的水文特征同过去一样（从统计上而言），而气候变化是有可能改变水文变量的总体分布及内在联系的，所以这不适用于评价气候变化对水文水资源的影响，因此有必要运用机理模型进行水资源的气候响应研究；另一方面，由于全球气候模式 GCMs 的分辨率较低，对区域尺度的气候模拟水平较低，因此采用降尺度方法，将全球气候模式模拟结果作为强迫场和边界条件来驱动区域气候模式，从而得到高分辨率和较长时间尺度的区域气候模拟结果，并以此驱动水文模型的研究还有待深入。

## 1.2.2 人类活动对水文影响的研究进展

随着社会的不断进步和人口的迅速增长，人类活动对水文过程产生了重大影响，其研究已经成为国际热点问题和前沿领域。目前，人类活动的水文响应研究主要集中在土地利用、覆被变化方面。

（1）土地利用、覆被变化

土地利用、覆被的变化反映并直接体现了人类活动的影响水平，其对水文过程的影响主要表现为对水分循环过程及水量、水质的改变，并最终导致水资源供需关系发生变化，从而对流域生态和社会经济发展等多方面产生显著影响。

① 水文要素。径流能够反映整个流域的生态状况，也能用于预测未来土地利用、覆被潜在变化对水文水资源的影响，因此，目前 LUCC 水文效应的研究主要侧重于对径流影响的研究，其中年径流量、枯水径流量和洪水过程的变化是反映径流变化的重要方面。

联合国教科文组织（United Nations Educational, Scientific and Cultural Organization, UNESCO）（1974）系统地论述了城市化过程引起的水文效应，其中最明显的影响是下渗减少、洪峰流量增大。Hall（1984）的研究也表明了城市化的水文响应主要是水源问题、控制洪水问题和污水控制问题。Vander（1994）研究了印度尼西亚爪哇西部 Citarum 流域不同时期年均径流量的变化，结果表明两个时期的年降雨量基本相等，但后期年均径流量比前期增加了 11%，认为导致这一变化的原因是后期林地面积减少而居住地面积增加到了 7%。Shi 等（2002）的研究表明，土地利用变化使大江大河下游三角洲地区"小水大灾"现象频繁发生。Onstad 和 Jamieson（1970）最先尝试运用水文模型来预测土地利用变化对径流的影响，随后在这一领域的研究日趋活跃。Fohrer 等（2002）认为地表径流对土地利用变化敏感性最大。Andrea 等（2001）通过模拟研究认为土地利用变化对水量平衡的各个分量均有重要影响。

国内学者任立良等（2001）以中国北方地区黄河、海河、辽河、松花江流域为研究区域，基于长期水文观测数据，就人类活动对不同时空尺度地表水资源的影响及河川径流演变的驱动力进行了定量分析，结果表明：无论从自然流域的角度，还是从行政角度来说，中国北方河川径流都存在减少的趋势；除气候变化因素，河道外用水量的增加是导致中国北方地区实测径流减少的直接原因；干旱、半干旱地区人类活动对河川径流的影响程度比湿润地区要强，主要表现在小流量出现的频率增大，20 世纪八九十年代相同量级的降水量产生的径流量较五六十年代减少 20%~50%。郝芳华等（2004）认为 LUCC 对径流的影响研究主要集中在对年径流量的影响，基于 SWAT 模型，利用情景模拟来分析土地利用变化对产流量和产沙量的影响，重点探讨了森林对产流的影响，以黄河下游支流洛河上游卢氏水文站以上流域为研究区域，选取了 1992—2000 年 24 个雨量站的雨量资料和同时段的气象资料，采用土壤类型图以及设定的不同土地利用情景作为模型的输入进行土地利用变化的产流量和产沙量的情景模拟。结果表明：森林的存在增加了径流量，减少了产沙量；草地也能减少产沙量；农业用地的增加将会增加产沙量；平水年土地利用变化对产流量影响最小；降雨量的增大能弱化下垫面对产流量的影响。李丽娟等（2007）分析了土地利用、覆被变化水文效应的研究方法，并从驱动力方面（如造林与毁林、城市化过程与农业开发活动以及水土保持等）概述了 LUCC 水文效应的研究进展。陈军锋和李秀彬（2004）应用 SWAT 模型模拟了长江上游梭磨河流域不同土地覆被情景下的多年降水径流关系，定量评估了流域土地覆被变化对径流、蒸发和洪峰流量的影响。结果表明：随着土地覆被状况由无植被到全是有林地覆被，径流深减小，蒸发量增加，枯季径流深减小幅度明显小于雨季的减小幅度，而且雨季初期径流深减小的幅度大于雨季后期。相同的洪水重现期，流域全为有林地覆被的情景比无植被的情景洪峰流量减小。现状覆被与未来最佳覆被之间在较大洪水上的差别不大，在较小洪水上的差别稍大。葛怡等（2003）对上海市区的研究表明，城市化的发展极大地增加了径流系数，水位也有大幅度提高，由此对上海市 GDP 增长产生了很大的负面影响。车骞等（2007）以黄河源区为研究对象，针对黄河源区特殊的下垫面条件，着重冰雪和冻土的水文过程调试，建立不同土地覆盖变化情景，模拟和预测了未来水资源的变化。

②　土地利用变化类型。影响地表及近地表水文过程的土地利用变化过程，在区域尺度上主要包括植被变化（如毁林和造林、草地开垦等）、农业开发活动（如农田开垦、作物耕种和管理方式等）、道路建设与城镇化等；从全球尺度而言，毁林和造林是最主要的驱动因素（Bronstert *et al.*，2002）。

目前，国际上对森林的水文作用的研究已取得许多进展，在很多方面已达成共识，然而也存在不少争端和分歧（Calder，2002）。例如在"森林能否减少年径流量、调节枯水径流以及能否削减洪峰"等生态水文效应研究方面，国内外出现了不同甚至相反的观点，其原因主要在于区域气候和地理的差异性、研究的尺度问题以及研究方法的局限性等。在城市化过程驱动下的 LUCC 水文效应研究，目前研究相对较少。城市化增加了不透水面积，改变了水量平衡，使得入渗减少、洪峰流量增加，但不同地区城市化发展的程度不同，表现出的水文效应也有所不同。Bruijnzeel（2007）强调在水文影响分析中，应考虑城市化速率和范围的重要性，认为流量的增加主要是由城市化的增长引起的。

近年，随着农用耕地面积的不断扩展，土地利用开发强度不断增加，极大地破坏了土壤结构，使得土壤压实和结皮，从而降低了入渗速率和土壤蓄水含量（De Roo，1993）。除了流域自然特征的物理不均匀性，不同土地利用的分布也可能通过改变排水路线的传导度和连续性从而对流域水文过程产生很大影响。此外，单一的农业管理决策也将导致流域水文系统发生变化（Sullivan *et al.*，2004）。

水土保持措施是土地利用的一种重要活动方式，主要包括植树造林、种草为主的生物措施，梯田、淤地坝、鱼鳞坑等工程措施以及水库、池塘等水利措施。水土保持通过改变下垫面状况对流域、区域的水文过程及其水资源产生重大影响，不同措施对水文过程的影响有所区别。一般地，植树造林、种草能减少年径流量、增加枯季径流、拦蓄洪水。坡地改梯田的水保措施，通过减缓田面坡度，不仅减小径流流速，增强水分小循环，造成入河径流总量减少，同时也能减缓河道、水库泥沙的淤积（吴家兵和裴铁璠，2002；焦菊英，2001）。汪岗和范昭（2002）的研究表明，水土保持措施通过改变下垫面条件，可以增加入渗和蒸（散）发，从而相应地减少河川径流量与洪峰流量。总之，水土保持的水文效应研究目前主要集中在减水、减沙作用方面，水文模拟方法大多采用水保法、水文法或时间序列分析法进行估算，采用水文模型进行研究的较少，而且模拟方法比较简单，难以反映水土保持水文效应的空间差异性（李丽娟等，2007）。

（2）研究方法

① 人类活动的水文效应的研究方法。一般而言，首先要调查人类活动对水文循环的影响及其导致的后果，并作出定性分析，然后按照观测资料进行计算。采用系统分析方法，建立数学模型，也是定量研究的重要途径，通过建立系统的数学模型，可以综合分析各个组成成分与各种影响因素之间的关系，查清不同组成成分与影响因素变化所引起的径流输出的数量变化。国际水文十年和国际水文计划提出的实验流域方法，也是非常有效的途径。目前，国内外对人类活动水文效应的研究方法主要有三类（黄锡荃等，1993）：首先是水量平衡法，水量平衡法是根据水量平衡原理和方法，分析主要水文要素受人类活动影响后的差异和变化，即按照自然平衡状况，结合人类活动改变某一分量来计算。这一方法概念清晰，可以逐项评价人类活动的影响，并且能与用水量分析有机地结合在一起。其次是对比分析法，对比分析法可分为两种：一种是不同流域对比，即选取其他条件相同或类似的未经人类活动影响的水文测站作为参照站，将其研究测站同期观测资料进行对比，两者输出之差即为人类活动影响值。另一种是对比同一测站历史观测资料，即对比分析人类活动前后的观测数据，也可用同一测站人类活动对径流影响的双累积曲线法分析。具体步骤如下，一是用人类活动影响之前的降雨径流数据建立降雨径流相关曲线；二是用人类活动影响之后的降雨资料按此降雨径流相关曲线推算出径流量，并按时间顺序计算出径流累积量，则此累积量是未受人类活动影响的径流量；三是人类活动的影响值，为实测径流累积量与前者的差值，按如下方法得出：点绘计算累积量的与实测累积量的关系曲线，通过分析曲线的跃变或突变点，则可看出人类活动对径流变化的影响；四是流域水文模拟，分析其成因及各要素之间的关系，以数学方法建立一个模型，来模拟流域的水文变化过程。水文模拟方法是估算人类活动对水循环影响最有效的手段。模型包括的参数越多，即考虑的因素愈全面、系统性愈强，其应用的灵活性和结果的灵敏性愈高。随着计算机与遥感、地理信息系统技术的高速发展，流域水文模型将具有更广阔的发展前景。流域水文模拟法主要分两种，一种是利用人类活动对水循环的影响前或人类活动影响很小的观测资科对模型参数进行率定，并对率定参数进行验证，然后用率定之后的模型来推算不受人类活动影响、自然状况下的径流过程，并将其与实测资料进行对比，以此来分离人类活动对径流的影响值；另一种是通过改变模型中反映下垫面条件变化较敏感的参数，逐年拟合受人类活动影响后的水文资料，并分析该参数的变化规律，用以预测未来的水文情势。

总的来看，由于人类活动对水文环境的影响极其错综复杂，而且限于资料获取精度及人们的认识水平，目前有关人类活动对水文环境影响的成果及方法的探索才刚刚起步。

② 土地利用变化的水文效应的研究方法。人类活动从两种方式上影响着水循环的过程：一种是纯粹的 LUCC，导致区域的蒸（散）发强度改变；另一种则是由于引水灌溉、水库洼地蓄水、水保工程、人畜饮水等所导致的净消耗水量，以上两种方式都以有效或无效蒸发方式影响流域水循环的时空分布。

土地覆被变化在流域范围内水文效应的研究方法有多种。早期的研究方法大都采用试验流域法，但局限于小流域尺度，而且研究周期长，可比性差，指标可靠性以及测量的精度和误差都对最终的结论有一定影响（陈军锋和李秀彬，2001）。自 20 世纪 60 年代以来，随着计算机与遥感、地理信息系统技术的发展，借助数学模型模拟研究流域水文过程有了快速发展，这些模型包括基于 GIS 技术的具有物理机制的分布式水文模型、基于水文响应单元（HRU）的经验性模型，以及半分布式的地形指数模型等。但是，目前利用流域水文模型模拟 LUCC 影响的研究仍处在起步阶段，尤其是应用遥感技术和 GIS 技术建立分布式水文模型，模拟气候与 LUCC 水文效应的研究仍显得薄弱，而预测未来变化的影响则刚刚起步。美国农业部水土保持局研制的 SCS 曲线数（CN）方法，被广泛用于不同土壤及土地利用类型的产流量计算。该方法之所以被人们普遍接受并不是因为其精确性，而是因其简单性。MIKE SHE 模型中，通过建立植被截留、流域蒸（散）发与 LAI（叶面积指数）、植被根系及土壤含水量特性参数之间的联系，描述不同土地利用覆被对水文过程的影响。

王建群等（2004）以秦淮河流域为例，将土地利用类型分为地表蓄水体、水稻田、旱荒地和不透水面，分别建立相应的产流量计算方法，分析各种土地利用变化对水资源系统尤其是对水量平衡和防洪情势的影响程度。也有学者对 LUCC 水文效应的不同研究方法进行综合分析，认为目前主要有以下 4 种方法：试验流域法、特征变量时间序列法、水文模型法以及综合法。

### 1.2.3 区分气候和人类活动影响水文过程的研究进展

气候变化对水文过程的影响与 LUCC 对水文过程的影响有着紧密联系。区分二者的研究，也是焦点问题之一。陈军锋和李秀彬（2004）针对长期以来关于森林的水文效应的争论，选择了长江上游的一个中等流域，分析其 40 年来的气候波动以及土地覆被变化情况，利用集总式和分布式水文模型分别模拟了该流域气候波动和土地覆被变化对流域水文的影响，得出由气候波动造成的径流变化占 3/5～4/5，由土地覆被变化所造成的径流的变化占 1/5。王纲胜等（2006）建立了一个简单的分布式月水量平衡模型 DTVGM，通过设置人类活动影响背景参数集，表述人类活动对水文过程的影响。并将 DTVGM 月模型应用于华北地区密云水库入库河流潮白河流域，识别出白河流域气候变化对径流减少的贡献为 44%，人类活动导致下垫面变化对径流减少的影响达54%；潮河流域气候变化的贡献率为 24%，而人类活动的贡献率高达 74%，后者是导致径流减少的主要原因。

总的来看，目前在定量区分气候变化和 LUCC 对水文过程的影响研究方面做了很多探讨，可以在一定程度上区分二者的"贡献"，但如何提高其准确度仍存在一定难度，有待深入研究。总之，在针对气候变化与人类活动对水循环及水资源安全的影响模拟研究中，目前主要还是假定"确定的下垫面条件"，或者是把自然变化和人类活动作为水循环模型的输入因子进行考虑，实际上还不能把社会经济变化、人类活动影响、生态环境演变与水循环系统耦合在一起来建立水循环模型（IPCC，2007）。这就阻碍了水循环模型作为基础模型在气候变化和人类活动影响的研究以及水资源可持续利用的应用研究。

## 1.3 水资源脆弱性及适应性研究的进展

### 1.3.1 水资源脆弱性

（1）水资源脆弱性概念

脆弱性的定义很多，涉及生态、农业、环境、水资源、地理景观、滩涂和海岸线变化等诸多方面。近年来，脆弱和脆弱性一词经常出现在环境、生态和灾害学领域的有关文献中，用来描述系统及其组成要素易于受到影响和破坏，并缺乏抗拒干扰、恢复初始状态（自身结构和功能）的能力（商彦蕊，2000）。其研究对象主要包括人类系统、生态系统、人工构筑物等。与脆弱性相近的词语还有"敏感性"（Susceptibility）、"易损性"（Fragility）或"不稳定性"（Unstability）等，它们在不同的学科中含义不同。

在生态、环境方面，脆弱、脆弱性一般强调系统经受干扰的能力。脆弱（Fragility）是指某个特定生态系统对人类干扰的敏感性及对干扰的恢复能力。反映人类生态系统相互作用的双重特性。在生态环境临界值（Criticality）研究中，强调生命支持系统容易受到人类破坏及其抗干扰的性质。脆弱性（Vulnerability）是指生态系统在受到干扰时，容易从一种状态转变为另一种状态，而且一经改变，很难恢复到初始状态。这种转变常常有以下几方面含义：其损失不可弥补；对于人类引起的变化特别敏感；如果这一损失和退化导致物种多样性降低及生态系统不稳定性增加，将产生广泛的不良连锁反应。生态学研究中广义的人文观点则认为：脆弱性指环境的退化超过了现有的社会经济、技术水平所能长期维持目前的人类利用和发展的能力。这种定义暗含了在保持甚至增大人类利用环境的可允许程度和规模的条件下，面对环境退化和资源的耗竭，进行经济和技术改革和调适的可行性，以及区域社会经济靠外来资源和对外的环境输出来支撑自身发展的能力。

在灾害学的文献中，脆弱性主要强调人类社会经济系统在受到灾害影响时的抗御、应对和恢复能力，侧重灾害脆弱性产生的人为因素。IPCC 第三次评估报告（IPCC，TAR，2001）也在天气气候学方面给出了脆弱性的有关定义。

水资源是自然资源中非常重要的一种资源，但是目前国内有关水资源脆弱性研究仍然较少，起步较晚，对水资源脆弱性的理解尚未达成共识，理论还不成熟。总的来看，目前对水资源脆弱性的研究主要侧重于地下水的研究，对地表水的研究较少，侧重于水质方面，对水量的研究较少。邹君等（2007，2008）借鉴脆弱性相关研究成果，结合南方地表水资源系统的特点，提出了地表水资源脆弱性的概念，认为地表水资源脆弱性包括水质和水量两个方面。刘绿柳（2002）重新定义了水资源脆弱性的概念，扩展了水资源脆弱性的研究范围，并综合考虑自然和人为双重作用定义了水资源系统的脆弱性，认为水资源脆弱性是水资源系统易于遭受人类活动、气候变化和自然灾害威胁和损失的性质和状态，受损后难以恢复到原来状态和功能的性质。主要体现在地表和地下水资源的数量、质量，水资源循环更新速率、水资源承载能力等。水资源所处的自然背景（如地形、地貌、地质结构、植被状况等）、产业结构、管理机制、经济技术水平、开发利用方式等均构成水资源系统脆弱性的影响因素。杨晓婷等（2001）在分析国内外有关地下水脆弱性研究现状的基础上，根据关中盆地的地貌、地质、水文地质以及环境问题，探讨了地下水脆弱性的概念。

（2）水资源脆弱性评估方法

建立水资源脆弱性指标体系的目的在于寻求能够定量表达我们对水资源脆弱性认识的特征指标（刘绿柳，2002）。

水资源脆弱性的评价方法研究主要有：王明泉等（2007）根据黑河流域水资源现状，采用了 AHP 层次分析法，分析了黑河流域水资源的敏感性、适应性能力及脆弱性，并对 2010 年黑河水资源的脆弱性水平做出了预测；邹君等（2008）构建了湖南省衡阳市水资源脆弱度评价指标体系；唐国平等（2000）认为气候变化下水资源脆弱性评估是水资源系统的综合评估，主要包括水资源供给与需求平衡的评估；刘绿柳（2002）扩展了水资源脆弱性的研究范围，为了便于进行水资源脆弱性评价，建立了易于操作、可比性强、综合全面的指标体系，并给出了一种定量综合评价方法。杨晓婷等（2001）根据关中盆地的地貌、地质、水文地质以及环境问题，提出了关中盆地地下水脆弱性评价指标体系。邓慧平和赵明华（2001）根据未来气候情景分析了在 2000 规划年和 2020 规划年供水能力和需水要求下，未来气候变化（2000—2042 年）对水资源供需平衡及脆弱性的影响。在"气候变化对中国西部地区影响的脆弱性和适应性综合评价项目结题报告"中，认为一个重要的水资源脆弱性指标是用水率，定义为平均每年从可使用水资源中提取使用的水的比率。认为水资源脆弱性的降低，将减轻气候变化对农业的影响，保护农民的生计。同时认为水消耗比例指数也是描述水资源脆弱性的一个重要指标，它的定义是平均年消耗水量与可供应水量的比值。设定不同水平的阈值可以用于不同地区的指标值的比较，并表达出这个指标所表达的脆弱性水平。另一方面，在人类活动加剧的今天，地下水环境受到各类污染物的巨大威胁，地下水环境脆弱性研究亦受到国内外普遍关注（孙才志等，1999；贺新春等，2005）。

### 1.3.2 气候变化下水资源脆弱性与适应性

（1）气候变化下水资源脆弱性评价

气候变化对水资源的影响主要表现在以下 3 个方面：①加速水汽的循环，改变降雨的强度和历时，变更径流的大小，扩大洪灾、旱灾的强度与频率，以及诱发其他自然灾害等；②对水资源有关项目规划与管理的影响，包括降雨和径流的变化以及由此产生的海平面上升、土地利用、人口迁移、水资源的供求和水利发电变化等；③加速水分蒸发，改变土壤水分的含量及其渗透速率，由此影响农业、森林、草地、湿地等生态系统的稳定性及其生产量等（唐国平等，2000）。上述气候变化对水资源的影响不仅包括对水资源系统自身的影响，也包含由水资源系统自身变化引起的社会、经济、资源与环境的变化。鉴于此，唐国平等（2000）认为水资源脆弱性是水资源系统在气候变化、人为活动等的作用下，水资源系统的结构发生改变、水资源的数量减少和质量降低，以及由此引发的水资源供给、需求、管理的变化和旱、涝等自然灾害的发生。并认为气候变化下水资源脆弱性按其主要的表现方式可分为 3 种类型：水文系统的脆弱性、水利系统及其设计的脆弱性、自然地理环境和社会的脆弱性。我国水资源深受气候影响，表现为地区分布不均、洪涝灾害严重、供需矛盾突出等，然而，尽管气候变化已经引起了越来越多的关注，但是对我国在气候变化下水资源脆弱性评估的研究相对较少。在"气候变化对中国西部地区影响的脆弱性和适应性综合评价项目结题报告"中，认为水资源脆弱性按其主要的表现方式可从以下 3 个方面进行评价：水文系统的脆弱性、水利系统及其设计的脆弱性、社会经济系统的脆弱性，即适应能力状况。与气候变化相关联的水文系统的脆弱性主要表现在河流天然来水和水资源开发利用的水文参数上，如年径流量、月径流量、日径流量和绝对径流总量、各部门需水量、用水时段等；水资源的脆弱性也体现在水利系统的法规、政策及其设计的敏感变化，如水资源权限所属的变更、水资源价格的调整等。此外，社会经济系统的一些变化，也会改变水资源对气候等变化的脆弱性。以上任一方面的评价均可以采用很多的指标进行衡量，但在进行综合评价时，应考虑参数的可获取性。唐国平等（2000）认为气候变化下水资源脆弱性评估是对水资源系统的综合评估，其主要内容涉及水资源的供给、需求和管理等。评估水资源管理的脆弱性常采用系统分析的方法，综合分析气候变化对水资源供求平衡的影响及其潜在的调控对策。评估的步骤有：未来气候变化的方案与供给、区域人口经济增长与需求以及脆弱性三部分。张建云等（2007）定量评价了气候变化和人类活动对河川径流的影响，讨论了气候变化影响评价结果的不确定性，初步提出了减缓气候变化影响的适应性对策。

（2）水资源对气候变化的适应性研究

气候预测的不确定性无法避免，加上水资源管理复杂程度增强和不确定因素的大量存在，必须采取适应性管理措施，减少这些不确定性产生的风险（佟金萍，2006）。Loucks 和 Gladwell（2003）指出面对确定的变化，不确定的影响，在水资源开发、管理和使用方面，利用适应性战略，是可持续发展的一个必要条件。

由国家发展和改革委员会气候办与英国国际合作发展署（UK Department for International Development，DFID）联合支持的"气候变化对水资源影响及其适应性管理框架：中国实例研究"项目，认为中国正经历着气候变化所带来的影响，这些影响给投资效率带来风险，开发气候变化适应性综合评估工具，有助于评估气候变化的影响。气候变化适应性管理的关键问题是明确气候变化的影响范围，选择气候变化影响的适应性管理措施，比较各种可能的管理措施的成本效益，通过多准则分析，选择合适的适应性管理措施。项目还认为现行的水工程和水资源规划管理，较少考虑气候变化的影响，目前所面临的挑战性问题是缺少气候变化适应性评估工具，该项目选择了 4 个典型区域，并设定不同的分析目标，开展了气候变化适应性管理的综合研究。选择了淮河流域分析洪水灾害问题、海河流域分析农业水资源与政策、密云水库分析流域径流变化与城市供水、石羊河流域分析流域水资源综合恢复规划（http：//it.sohu.com/20080227 /n255395207. shtml）。

刘春蓁（2002）对我国西北地区水资源系统，从气候变化或人类活动的敏感性及适应能力两方面，论述了水资源的脆弱性。提出气候因素与人类活动之间的相互作用，既可加剧也可减少水资源的脆弱性。分析研究历史上已发生的有利于和不利于水资源可持续利用的正、反两方面事件，可为规范人类活动提供重要的政策依据，提高适应能力，减少脆弱性与提高水资源承载力是一致的。正确认识水文气候现状和未来发展趋势，是合理采用工程及非工程措施、协调配置来水与各种用水间的时间差、产水区与用水区间的空间差的重要科学依据。穆赫比尔等（2009）分析了南非为满足城市与农业部门的发展目标所制定的水资源管理战略框架。南非西北部遭遇了几次严重干旱，且根据气候变化预测，该地区还是最易受到未来气候引发的供水压力的地区。提出了选择适用战略的框架，对一系列可应对气候变化的适应性战略进行了讨论，其中包括供应侧和需求侧管理两种战略。夏军等（2008）认为密云水库近 30 年入库水资源量日益减少，严重影响城市供水和可持续发展，其中气候变化对水资源的影响成为最受关注的问题之一。王金霞等（2008）模拟分析了气候变化条件下海河流域的水资源短缺状况及相应的适应性措施的有效性。结果表明：随着社会经济的发展，到 2030 年海河流域的水资源短缺比例将提高 25%，气候变化将使水资源短缺比例进一步提高 2%～4%。无论是供给管理还是需求管理的适应性措施，在缓解水资源短缺方面都具有一定的有效性。但是，多标准的评估结果表明，需求管理的适应性措施比供给管理的适应性措施的可行性更高。在需求管理中，采用既提高灌溉水价又提高工业水价的混合水价政策可能是最优的适应策略选择，采用农业节水技术为次优适应策略选择。

2002 年，"变化环境下水资源脆弱性"国际学术研讨会以"水与气候的对话"为主题，认为黄河诸多问题的根本原因在于气候和人类活动的共同作用，但气候的异常在很大程度上是由人类活动引起的，所以人类活动是最主要的原因。从大尺度上看，气候和环境发生了很大变化，从而对水资源的管理产生了严重的影响。合理地保护水资源，需要制定完善的、相关的法律制度以及合理的运营机制加以保障，更需要从水资源的数量和质量两方面加以控制。自然因素与社会、经济制度的合理结合，是实现水资源管理的有效途径。随着人口的增长，洪水泛滥的概率增多，对流域进行综合治理已成为人类社会发展的必然趋势。

综上所述，水资源脆弱性与适应性评价还需要在以下方面深入：第一，对水资源属性的研究还有待完善，特别是一些重要的属性，如供需平衡、农业利用效益和缺水度；第二，运用综合评估方法来进行气候变异和变化下的区域水资源脆弱性识别还有待深入，目前水资源可持续利用评价指标虽然涉及不少生态与社会经济指标，但就其本质而言，反映的基本上是水资源本身的指标，侧重于水资源自然属性的评价，较少涉及水资源与社会、经济、生态环境的直接联系；第三，运用机理模型对水资源现状及未来脆弱性进行综合评估还需深入；第四，综合考虑需求端与供给端进行水资源适应性的研究还需进一步开展。

## 1.4　水文模型研究的进展

### 1.4.1　水文模型的发展

水文过程是多种因素相互作用的复杂过程，在没有找到过程原型规律之前，水文模型成为研究水文现象的一种有效途径。在早期，水循环研究大多针对某一个水循环环节，自 20 世纪 50 年代起，"系统"的概念被应用到水循环研究过程中，于是产生了"流域模型"的概念。

水文模型是对自然界中复杂水文现象的一种简化，最早是描述水文过程的单一变量模型，它为概化和研究气候、人类活动和水资源之间的关系提供了一个框架（Leavesley，

1994），一直都是水文科学研究的重要手段与方法之一（赵人俊，1984）。水文模型按照其反映水流运动空间变化的能力可分为两类：一是集总式模型（Lumped model），二是分布式模型（Distributed model）。传统的流域水文模型大多数是集总式概念模型，集总式水文模型是把全流域作为一个整体，忽略了流域特征参数在空间上的变化而建立的水文模型，这种水文模型把流域作为一个整体、较少考虑气象条件的空间分布对流域水循环的影响，并对流域下垫面（如地形、土壤、植被覆盖）的空间异质性忽略不计。相对于集总式模型而言，分布式模型最突出的特点是考虑了地球表层系统空间要素组成上的异质性，即根据流域下垫面（土壤、植被和土地利用等）与气象因素（降水等）的不同，将流域划分若干个水文模拟单元，在每个单元上以一组参数表示该部分流域的自然地理特征，然后通过径流演算得到全流域的总输出。

　　水文模型发展经历了 3 个阶段，即初级阶段、水文模型研制阶段和模型实时校正阶段。近年来，主要研究集中在对原有水文模型的修改。20 世纪 50 年代中期，首次出现了"流域水文模型"这一概念，特别是以斯坦福流域模型的出现作为标志（Crawford 和 Linsley，1966）。当时的模型基本属于集总式模型，如 HBV 模型、SSARR 模型等。70 年代至 80 年代中期，流域水文循环的模拟从集总式模型扩展到半分布式或者分布式模型（王中根等，2003），如 SHE 模型、TANK 模型、HEC 模型、SCS 模型、IHDM 模型、新安江模型、SWAT 模型等。20 世纪七八十年代由于受计算条件、数据观测以及数据收集手段的限制，分布式模型发展比较缓慢，远远落后于集总式模型。进入 90 年代后，随着计算机技术、3S 技术（GIS、RS、GPS）的普及和发展，获取和描述流域下垫面空间分布的信息技术日臻完善，流域水文模拟发生了巨大的变革，分布式水文模型显现出强大的生命力，取得长足进展，此时分布式水文模型一个显著的特点是和 DEM（数字高程模型）相结合。而集总式水文模型由于其自身的局限性，几乎处于停滞状态。总的来看，国内外利用流域水文模型研究水文变化有两个明显的趋势：一是从统计模型向概念性水量平衡模型和基于物理过程描述的分布式流域水文模型转化；二是在模型的计算时段上，由较大的时间尺度（月）向小的时间尺度（周）转化。

## 1.4.2 分布式水文模型及其应用

　　分布式模型涉及大量的空间信息，空间信息的可靠性、信息获取以及加工处理的水平，直接关系到分布式水文模型的效率与精度，而地理信息系统技术（GIS）是管理和分析地理空间数据的有效工具，因此分布式水文模型的发展是和计算机以及信息技术的发展分不开的。

　　GIS 在分布式水文模型的技术支撑主要包括以下 3 个方面：①地理信息空间数据管理，包括流域边界、行政区界、河网水系、水库、湖泊、流域地貌、公路铁路、等高线、土地利用与覆被、土壤类型、气象、水文测站等；②空间分析与流域水文参数化，分布式水文模拟要求在每一个计算单元上都有对应的参数集，也就是按照流域空间离散化对点、线、面栅格等数据进行参数化，而 GIS 的空间分析功能为这项繁杂的工作带来了可能与方便；③可视化功能，GIS 的空间可视化能力很强，这使得分布式水文模型模拟结果可以以图形、图像的方式输出与显示。

　　遥感技术是 20 世纪 60 年代随着空间科学、近代物理学和计算机科学的发展而诞生的一门综合性探索技术，并且作为一种新的信息源在水资源研究中显示出得天独厚的优势，目前遥感在水文、气象方面的应用包括降水遥感、蒸发遥感、土壤水遥感、积雪遥感、地下水遥感等；地表特征遥感有地貌形态、植被类型、土壤类型等。

21 世纪以来，"基于 DEM 的分布式水文模型"逐步发展起来并成为当今水文学界研究的热点（左其亭等，2002），代表了水文模型最新发展方向（王中根等，2003）。由于水文模型是水循环研究中的重要手段与方法，因此水文模型的选择至关重要，一般而言，选择水文模型要考虑获取资料的详细程度、资料的可用性与精确度。集总式模型虽然操作方便、结构简单、参数较少，但由于其通常将流域作为一个整体考虑，难以反映流域特征参数的时空差异，因此近年应用较少；而分布式水文模型，由于能描述流域内水文循环的时空变化过程，较之其他水文模型能更准确地描述水文过程的机理，而且特征参数的物理意义比较明确，并能有效地利用遥感和 GIS 技术提供的大量空间信息，尤其是近年来随着遥感和 GIS 技术的高速发展，集成 DEM 技术的分布式流域水文模型研究，已成为现代水文模拟研究的热点，也是分析研究流域水文、生态和环境问题的有效方法，其中 SWAT 模型以强大的功能、先进的模型结构以及高效的计算，在分布式水文模型中占有重要地位（Arnold *et al.*，1998；Arnold 和 Fohrer，2005）。SWAT 在国外主要应用在以下领域：流域水文循环的模拟预测（Fontame *et al.*，2002；Kang *et al.*，2005；Watson *et al.*，2006；Arnold 和 Allen，1996；Arnold，1999；Eckhardt 和 Arnold，2001；Manguerra 和 Engel，1998；Chanasyk *et al.*，2003；Gosain *et al.*，2005；VanLiew 和 Garbrecht，2003）；土地利用、覆被变化的水文效应研究（Fohrer *et al.*，2002；Weber *et al.*，2001；Hernandez *et al.*，2000；Celine *et al.*，2003；Andrea *et al.*，2001）；气候变化的水文效应研究（Cruise *et al.*，1999；Stonefelt *et al.*，2000；Stone *et al.*，2001；Eckhardta 和 Uibrichb，2003；Rosenberg *et al.*，1999；Hotchkiss *et al.*，2000；Wollmuth 和 Eheart，2000）；非点源污染研究（Saleh *et al.*，2000；Qiu 和 Prato，1998；Qiu 和 Prato，2001；Santhi *et al.*，2005；Srinivasan *et al.*，1998；Tripathi *et al.*，2003）。国内主要集中在：产流、产沙模拟；非点源污染研究；输入参数对模拟结果的影响研究；土地利用、覆被变化的水文效应研究（陈军锋和李秀彬，2004；郝芳华等，2004；万超和张思聪，2003；郝芳华等，2002；张雪松等，2004）。

## 1.5 小结

通过对近年来国内外在气候变化与人类活动对水文水资源影响方面的研究进行总结综述，展望未来该领域的研究，提出需要进一步深化与加强的方面：①关键区域和关键时间尺度的研究；②水文学与大气科学、生态学、环境学、社会科学的交叉研究；③气候变化和人类活动影响下的水循环、水资源变化机理与机制研究；④分布式水文模型以及综合考虑供给端与需求端的水资源模型研究；⑤水资源脆弱性与适应性研究。

（1）关键区域和关键时间尺度的研究

由于全球气候模式 GCMs 的分辨率较低，对区域尺度的气候模拟水平较低，因此采用降尺度方法，将全球气候模式模拟结果作为强迫场和边界条件驱动区域气候模式，从而得到高分辨和较长时间尺度的区域气候模拟结果，并以此驱动水文模型的研究是未来研究的方向。另外，目前气候变化对水文水资源的影响研究大多只利用气候模型来驱动水文模型进行研究，这无法体现水文过程与大气相互作用互为反馈的功能，因此深入研究气候模型与水文模型的互反馈是未来研究的重点。

（2）气候变化和人类活动影响下的水循环、水资源变化机理与机制研究

"土地利用、覆被变化"是"自然—人为"作用导致下垫面变化、影响径流过程的重要因素。随着全球变化研究的不断深入，土地利用、覆被变化及其影响作用和过程日益引起国际学者的关注，其研究已经成为国际热点问题和前沿领域。其中，量化土地利用、覆被变化对水量与水质的影响量化人类活动对水循环及水资源变化的贡献率将是未来研究的主要方向。

（3）水文学与大气科学、生态学、环境学、社会科学的交叉研究

水文模型作为全球气候变化和人类活动影响研究的基础模型，亟须基于"气候变化—水资源—生态环境—社会经济"复合系统，构建能综合反映气候系统变化、社会经济系统变化、水资源系统变化以及生态系统变化的耦合模型。在水资源可持续利用研究方面，需要综合考虑"气候变化—水资源—生态环境—社会经济"的作用，建立协调发展模型，促进社会经济协调发展。

（4）分布式水文模型以及综合考虑供给端与需求端的水资源模型研究

随着计算机技术、GIS、DEM 技术和 RS 技术的迅速发展，能够充分描述截流、下渗、土壤蓄水量、蒸（散）发、地表径流、壤中流、地下径流以及融雪径流等水文过程的大尺度分布式水文模型是未来水文模拟发展的主要方向。在探讨多种形式人类活动对水资源的影响以及进行水资源规划和管理时，综合考虑供给端与需求端的水资源模型也是未来研究的重点之一。

（5）水资源脆弱性与适应性研究

在水资源脆弱性与适应性评价方面，基于水资源系统的概念，运用综合评估方法识别和评价气候变化与人类活动下的区域水资源脆弱性，构建既能反映水资源自然属性，又能反映水资源与社会、经济、生态环境联系的定量评价体系还有待进一步深入研究。在水资源适应性的研究方面，现行的水工程和水资源规划管理，一方面较少考虑气候变化的影响；另一方面缺乏综合考虑需求端与供给端进行水资源适应性研究，目前所面临的挑战性问题是缺少气候变化适应性评估工具。

# 参考文献

[1] Andrea W，Fohrer N，Moller D. Long-term land use changes in a mesoscale watershed due to socio-economic factors-Effects on landscape structures and functions[J]. Ecological Modeling，2001，140（1/2）：125-140.

[2] Arnold J G，Allen P M. Estimating hydrologic budgets for three IIhnois watersheds[J]. Journal of Hydrology，1996（176）：57-77.

[3] Arnold J G，Fohrer N. SWAT2000：current capabilities and research opportunities in applied watershed modeling [J]. Hydrological Processes，2005（19）：563-572.

[4] Arnold J G，Srinivasan R，Muttiah R S，et al.. Continental scale simulation of the hydrologic balance[J].

Journal of the American Water Resources Association，1999，35（5）：1037-1051.

[5]    Arnold J G，Srinivasan R，Muttiah R S，*et al.*. Large area hydrologic modeling and assessment，pt. 1：Model Development[J]. Journal of the American Water Resources，Association，1998，34（1）：73-89.

[6]    Athanasios Loukas，Michael C Quick. Effect of Climate change on hydrologic regime of two climatically different watersheds [J]. Journal of Hydrologic Engineering，1996（4）：77-87.

[7]    Bronstert A，Daniel N，Gerd B. Effects of climate and land-use change on storm runoff generation：present knowledge and modelling capabilities[J]. Hydrological Processes，2002（16）：509-529.

[8]    Bruijnzeel L A. Tropical forests and environmental services：not seeing the soil for the trees[J]. Agriculture，Ecosystems and Environment，2007.

[9]    Calder I R. Forests and hydrological services：reconciling public and science perceptions[J]. Land Use and Water Resources Research，2002（2）：1-12.

[10]   Celine C，Ghislain de M，Faycal B，*et al.*. A long-term hydrological modeling of the Upper Guadiana river basin（Spain）[J]. Physics and Chemistry of the Earth，2003（28）：193-200.

[11]   Chanasyk D S，Mapfumo E，Willms W. Quantification and simulation of surface run off from fescue grassland watersheds[J]. Agricultural Water Management，2003（59）：137-153.

[12]   Crawford N H，Linsley R K. Digital simulation in hydrology：Stanford Watershed Model IV [R]. ech. Rep. No. 39，Palo Alto：Stanford Univ.，1966.

[13]   Cruise J F，Limaye A S，Al-Abed N. Assessment of impacts of climate change on water quality in the southeastern United State[J]. Journal of the American Water Resources Association，1999，35（6）：1539-1550.

[14]   Daniel P Loucks，John S Gladwell. 水资源系统的可持续性标准[M]. 北京：清华大学出版社，2003.

[15]   De Roo A P J. Modelling surface runoff and soil erosion in catchments using geographical information systems[R]. Netherlands：Utrecht，1993.

[16]   Douglas J E. A summary of some results from the Coweeta hydrologic laboratory，Appendix B[A]. in：L S Hamilton and P N King，Tropical forested watersheds[C]. Boulder，Colo.：Westview Press，1981.

[17]   Eckhardt K，Arnold J G. Automatic calibration of a distributed catchment model[J]. Journal of Hydrology，2001（251）：103-109.

[18]   Eckhardta K，UIbrichb U. Potential impacts of climate change on groundwater recharge and streamflow in a central European low mountain range[J]. Journal of Hydrology，2003（284）：244-252.

[19]   Fohrer N，Moller D，Steiner N. An interdisciplinary modeling approach to evaluate the effects of land use change[J]. Physics and Chemistry of the Earth，2002（27）：655-662.

[20]   Fontame T A，Cruickshank T S，Amold J C，*et al.*. Development of a snowfall-snowmelt routine for mountainous terrain for the soil water assessment tool（SWAT）[J]. Journal of Hydrology，2002（262）：209-223.

[21]   Gleick. Methads for evaluating the regional hydrologic impacts of global climatic changes [J]. Journal of Hydrology，1986，88（1）：97-116.

[22]   Gosain A K，Rao S，Srinivasan R，*et al.*. Return-flow assessment for irrigation command in the Palleru

river basin using SWAT model[J]. Hydrological Proeesses，2005（19）：673-682.

[23] Hall M J. Urban Hydrology [M]. London：Elsevier Applied Science Pub.，1984.

[24] Hernandez M，Miller S N，Goodrich D C，*et al.*. Modeling runoff response to land cover and rainfall spatial variability in semi-arid watersheds[J]. Environmental Monitoring and Assessment，2000（64）：285-298.

[25] Hotchkiss R H，Jorgensen S F，Stone M C，*et al.*. Regulated river modeling for climate change impact assessment：the Missouri river[J]. Journal of the American Water Resouces Association，2000，36（2）：375-386.

[26] IGBP，IHDP，WCRP. Abstracts of Global Change Open Science Conference[C]. 10-13，July，2001 Congres Holland B V，Amsterdam，the Netherland，2001.

[27] IPCC. Climate Change 2001 Impacts，adaptation and vulnerability[M]. IPCC New York，USA：Cambridge University Press，2001.

[28] IPCC. Climate Change 2007a：The Physical Science Basic. Contribution of working group I to the fourth assessment report of the IPCC[EB/OL]. http：//www. ipcc. ch.

[29] IPCC. Climate Change 2007b：Impacts，Adaptation and Vulnerability. Contribution of Working Group II to the Fourth Assessment Report of the Intergovernmental Panel on Climate Change[M]. Cambridge，UK and New York，USA：Cambridge University Press，2007.

[30] IPCC. Summary for Policymakers of the Synthesis Report of the IPCC Fourth Assessment Report [M]. Cambridge，UK：Cambridge University Press，2007.

[31] Kang M S，Park S W，Lee J J，*et al.* Applying SWAT for TMDL programs to a small watershed containing rice paddy fields[J]. Agricultural Water Management，2005.

[32] Leavesley G H. Modeling the effects of climate change on water resources—a review [J]. Climatic Change，1994（28）：159-177.

[33] Manguerra H B，Engel B A. Hydrulugic parameterization of watersheds for runoff prediction using SWAT[J]. Journal of the American Water Resources Association，1998，34（5）：1149-1162.

[34] Mccabe. Effects of climate change on the Thornthwaite moisture index [J]. Water Resources Bull，1990，26（4）.

[35] Mimikou M. Impact of climate change on hydrological and water resource systems in the European. Community，In：Water resources and environmental sciences[J/OL]，[EB/OL]. 1997. http：//www. hydra. ntua. gr/e/subareas/1.

[36] Mimikou M. Impact of climate change on hydrological regimes and European community，EVSV CT93-0293 Report[R]. UK：University of Southampton，1996：1-19.

[37] Nash J E，Sutcliffe J V. River flow forecasting through conceptual models：Part1-A discussion of principles[J]. Journal of Hydrology，1970（10）：282-290.

[38] Onstad C A，Jamieson D G. Modelling the effects of land use modifications on runoff [J]. Water Resources Research，1970，6（5）：1287- 1295.

[39] Qiu Zeyuan，Prato Tony. Physical determnants of economic value of riparian buffers in an agricultural watershed[J]. Journal of the American Water Resources Association，2001，37（2）：295-303.

[40] Richard P A，Brian J S. Atmospheric Warming and the Amplification of Precipitation Extremes[J].

Science，2008（321）：1481-1484.

[41]　Rosenberg N J，Epstein D L，Wang D，et al.. Possible impacts of global warming on the hydrology of the Ogallala aquifer region[J]. Climatic Change，1999，42（4）：677-692.

[42]　Saleh A，Antold J R，Gassman P W，et al.. Application of SWAT for the Upper North Bosque River Watershed[J]. Transactions of the American Society of Agricultural Engineers，2000，43（5）：1077-1087.

[43]　Santhi C，Srinivasan R，Arnold J G，et al.. A modeling approach to evaluate the impacts of water quality management plans implemented in a watershed in Texas[J]. Environmental Modelling & Software，2005.

[44]　Schwarz H E. Climate change and water supply：how sensitive is the Northeast？ [M]. Washington D C：National Academy of Science，1977.

[45]　Peijun Shi，Jing'ai Wang，Mingchuan Yang，et al.. Integrated risk management of flood disaster in metropolitan regions of China[A]. in：Proceedings of Second Annual IIASA-DPRI Meeting[C]，Viena，Austria，July 29-31，2002：1-16.

[46]　Srinivasan R，Amnld J G，Jones C A. Hydrologic modeling of the United States with the Soil and Water Assessment Tool[J]. Water Resources Development，1998，14（3）：315-325.

[47]　Stone M C，Hotchktss R H，Hubbard C M，et al.. Impacts of climate change on Missouri river basin water yield[J]. Journal of the Amrican Water Resources Association，2001，37（5）：1119-1129.

[48]　Stonefelt M D，Fontame T A，Hotchkiss R H. Impacts of climate change on water yield in the upper Wind River basin[J]. Journal of the Amewcan Water Resources Association，2000，36（2）：321-336.

[49]　Sullivan A，J L Ternan，A G Williams. Land use change and hydrological response in the Camel catchment，Cornwall[J]. Applied Geography，2004（24）：119- 137.

[50]　Tripathi M P，Panda R K，Raghuwanshi N S. Identification and Prioritisation of Critical Sub-watersheds for Soil Conservation Management using the SWAT Model[J]. Biosystems Engineering，2003，85（3）：365-379.

[51]　UNESCO. Hydrological effects of urbanization[R]. Studies and Reports in Hydrology 18，Paris，France，1974.

[52]　Van der W R. Hydrological Conditions in Indonesia[R]. Delft Hydraulics，Jakarta，Indonesia，1994.

[53]　VanLiew M W，Garbrecht J. Hydrologic simulation of the Little Washita River Experimental Watershed using SWAT[J]. Journal of the Amencan Water Resources Association，2003，39（2）：413-426.

[54]　Watson B M，Selvalingam S，Ghafouri M. Improved simulation of forest growth for the Soil and Water Assessment Tool（SWAT）[EB/OL] . http：//www. brc. tamus. edu/swat/pubs_3rdconf. html.

[55]　Weber A，Fohrer N，Moller D. Long-term land use changes in a mesoscale watershed due to socio-economic factors-effects on landscape structures and functions[J]. Ecological Modeling，2001（140）：125-140.

[56]　Wollmuth J C，Eheart J W. Surface water withdrawal allocation and trading systems for traditionally riparian areas[J]. Journal of the American Water Resources Association，2000，36（2）：293-303.

[57]　Yates D，Sieber J，Purkey D，et al.. WEAP21：A Demand，priority，and preference-Driven Water Planning Model. Part 1：Model Characteristics [J]. Water International，2005，30（4）：487-500.

[58] P. 穆赫比尔，陈桂蓉. 南非应对气候变化的水资源适应性管理战略[N]. 水利水电快报，2009，7.

[59] 车骞，王根绪，孔福广，等. 气候波动和土地覆盖变化下的黄河源区水资源预测[J]. 水文，2007，27（2）：11-15.

[60] 陈军锋，李秀彬. 土地覆被变化的水文响应模拟研究[J]. 应用生态学报，2004，15（5）：833-836.

[61] 陈军锋，李秀彬. 森林植被变化对流域水文影响的争论[J]. 自然资源学报，2001，16（5）：474-480.

[62] 邓慧平，唐来华. 沱江流域水文对全球气候变化的响应[J]. 地理学报，1998，53（1）：42-48.

[63] 邓慧平，赵明华. 气候变化对莱州湾地区水资源脆弱性的影响[J]. 自然资源学报，2001（1）：9-15.

[64] 范广洲，吕世华，程国栋. 气候变化对滦河流域水资源影响的水文模式模拟（Ⅱ）：模拟结果分析[J]. 高原气象，2001，20（3）：302-310.

[65] 符淙斌，延晓东，郭维栋. 北方干旱化与人类适应——以地球系统科学观回答面向国家重大需求的全球变化的区域响应和适应问题[J]. 自然科学进展，2006，16（10）：1216-1223.

[66] 符淙斌，安芷生，郭维栋. 我国生存环境演变和北方干旱化趋势预测研究（Ⅰ）：主要研究成果[J]. 地球科学进展，2005，20（11）：1157-1166.

[67] 葛怡，史培军，周俊华，等. 土地利用变化驱动下的上海市水灾灾情模拟[J]. 自然灾害学报，2003，12（3）：25-30.

[68] 焦菊英，王万忠，李靖，等. 黄土高原丘陵沟壑区淤地坝的减水减沙效益分析[J]. 干旱区资源与环境，2001，15（1）：78-83.

[69] 郝芳华，陈利群，刘昌明，等. 土地利用变化对产流和产沙的影响分析[J]. 水土保持学报，2004，18（3）：5-8.

[70] 郝芳华，孙峰，张建永. 官厅水库流域非点源污染研究进展[J]. 地学前缘，2002，9（2）：385-386.

[71] 贺新春，邵东国，陈南祥. 地下水环境脆弱性分区研究[J]. 武汉大学学报（工学版），2005，38（1）：73-78.

[72] 黄锡荃，李惠明，金伯欣. 水文学[M]. 北京：高等教育出版社，1993.

[73] 蒋艳，夏军. 塔里木河流域径流变化特征及其对气候变化的响应[J]. 资源科学，2007，29（3）：45-51.

[74] 康尔泗. 气候变化对我国区域性水资源影响研究的新进展[J]. 冰川冻土，1996，18（4）：376-377.

[75] 李丽娟，姜德娟，李九一. 土地利用/覆被变化的水文效应研究进展[J]. 自然资源学报，2007，22（2）：211-224.

[76] 施雅风，刘春蓁，张祥松，等. 气候变化对西北、华北水资源的影响[M]. 济南：山东科学技术出版社，1995.

[77] 刘春蓁. 西北地区水资源的脆弱性[C]. 中国水利学会 2002 学术年会，2002.

[78] 刘绿柳. 水资源脆弱性及其定量评价[J]. 水土保持通报，2002，22（2）：41-44.

[79] 刘青蓁. 中国水资源响应全球气候变化的对策建议[J]. 中国水利，2002，36（2）：36-37.

[80] 秦大河，罗勇，陈振林，等. 气候变化科学的最新进展：IPCC 第四次评估综合报告解析[J]. 气候变化研究进展，2007，3（6）：311-314.

[81] 任立良，张炜，李春红，等. 中国北方地区人类活动对地表水资源的影响研究[J]. 河海大学学报，2001，29（4）：13-18.

[82] 商彦蕊. 自然灾害综合研究的新进展——脆弱性研究[J]. 地域研究与开发，2000，19（2）：73-77.

[83] 史玉品，康玲玲，王金花. 近期黄河上游气候变化对龙羊峡入库水量的影响[J]. 水利水电科技进展，2005，25（4）：5-8.

[84] 水利部水利信息中心. "九五"国家科技攻关计划（96-908-03-02）"气候异常对水文水资源影响评估模型研究"技术报告[R]. 2001.

[85] 水利部水文局. 国家"十五"科技攻关计划（2001-BA611 B-02-04）"气候变化对我国淡水资源的影响阈值及综合评价" [R]. 2003.

[86] 水利部水文信息中心. "八五"国家科技攻关计划（85-913-03-03）"气候变化对中国水文水资源影响及适应对策研究"技术报告[R]. 1996.

[87] 孙才志，潘俊. 地下水脆弱性的概念、评价方法与前景[J]. 水科学进展，1999，10（4）：444-449.

[88] 唐国平，李秀彬，刘燕华. 全球气候变化下水资源脆弱性及其评估方法[J]. 地球科学进展，2000，15（3）：313-317.

[89] 佟金萍，王慧敏. 流域水资源适应性管理研究评论推荐[J]. 软科学，2006，20（2）：59-61.

[90] 万超，张思聪. 基于 GIS 的潘家口水库面源污染负荷计算[J]. 水力发电学报，2003（2）：62-68.

[91] 王纲胜，夏军，万东晖. 气候变化及人类活动影响下的潮白河月水量平衡模拟[J]. 自然资源学报，2006，21（1）：86-91.

[92] 王国庆，张建云，章四龙. 全球气候变化对中国淡水资源及其脆弱性影响研究综述[J]. 水资源与水工程学报，2005，16（2）：7-10, 15.

[93] 王建，沈永平，鲁安新. 气候变化对中国西北地区山区融雪径流的影响[J]. 冰川冻土，2001，23（1）：28-32.

[94] 王建群，张显扬，卢志华. 秦淮河流域数字水文模型及其应用[J]. 水利学报，2004（4）：42-47.

[95] 王金霞，李浩，夏军，等. 气候变化条件下水资源短缺的状况及适应性措施：海河流域的模拟分析[J]. 气候变化研究进展，2008，4（6）：336-341.

[96] 汪美华，谢强，王红亚. 未来气候变化对淮河流域径流深的影响[J]. 地理研究，2003，22（1）：79-88.

[97] 汪岗，范昭. 黄河水沙变化研究[M]. 郑州：黄河水利出版社，2002.

[98] 王明泉，张济世，程中山. 黑河流域水资源脆弱性评价及可持续发展研究[J]. 水利科技与经济，2007，13（2）：114-116.

[99] 王中根，刘昌明，黄友波. SWAT 模型的原理、结构及应用研究[J]. 地理科学进展，2003，22（1）：79-86.

[100] 王中根，刘昌明，吴险峰. 基于 DEM 的分布式水文模型研究综述[J]. 自然资源学报，2003，18（2）：1-6.

[101] 吴家兵，裴铁璠. 长江上游、黄河上中游坡改梯对其径流及生态环境的影响[J]. 国土与自然资源研究，2002（1）：59-61.

[102] 夏军，李璐，严茂超，等. 气候变化对密云水库水资源的影响及其适应性管理对策[J]. 气候变化研究进展，2008，4（6）：319-323.

[103] 杨晓婷，王文科，乔晓英，等. 关中盆地地下水脆弱性评价指标体系的探讨[J]. 西安工程学院学报，2001，23（2）：46-49.

[104] 叶佰生，赖祖铭，施雅风. 气候变化对天山伊犁河上游河川径流的影响[J]. 冰川冻土，1996，18

（1）：29-36.

[105] 张建云，王国庆. 气候变化对水文水资源影响研究[M]. 北京：科学出版社，2007.

[106] 张雪松，郝芳华，程红光，等. 亚流域划分对分布式水文模型模拟结果的影响[J]. 水利学报，2004
（7）：119-123，128.

[107] 赵人俊. 流域水文模拟——新安江模型与陕北模型[M]. 北京：水利电力出版社，1984.

[108] 邹君，傅双同，毛德华. 中国南方湿润区水资源脆弱度评价及其管理——以湖南省衡阳市为例[J].
水土保持通报，2008（2）：76-80.

[109] 邹君，杨玉蓉，谢小立. 地表水资源脆弱性：概念、内涵及定量评价[J]. 水土保持通报，2007，27
（2）：132-135.

[110] 左其亭，王中根. 现代水文学[M]. 郑州：黄河水利出版社，2002.

# 第 2 章

# 流域人地关系地域系统

随着人口增加、城市和经济快速发展，人、水、地的供需矛盾日趋紧张，调节人与水资源供需关系的过程，研究人对水资源变化的适应过程，已成为流域水资源变化过程的关键。然而现行水工程和水资源规划管理与适应措施，大多是采用基于"供给端"，而不是"需求端"的管理措施，而且管理与适应措施较少考虑气候变化的影响，在这样的背景下，基于供给端的水资源适应模式就显得不足。另一方面，目前对于水资源管理措施及模式，在较大流域尺度上已有不少成果，但对于区域和地方研究，缺乏更为详细和准确的区域系统适应模式，中国流域众多，且特点各异，因此应加强重点区域研究，采取有效的适应模式，以减少气候不确定性产生的风险。

本章首先探讨了流域人地关系地域系统理论结构组成、综合属性及其基本功能，分析了流域系统人、水、地间的互馈功能，给出了流域水资源变化机制、过程、驱动力的关系，认为流域水资源变化驱动力表现为气候变化、水资源变化和人类活动的"三力互动"。根据水资源系统脆弱性的内涵和外延，构建了水资源系统脆弱性概念模型；分析了水资源系统敏感性、适应性与脆弱性三者的关系，给出了水资源系统脆弱性评价体系；基于水资源适应理论模式，构建了水资源适应操作模式。

## 2.1 人地关系地域系统

中国地理学家吴传钧院士提出：地理学研究的核心是人地关系地域系统（吴传钧，1991）。人地关系地域系统是由地理环境和人类活动两个子系统交错构成的复杂的开放巨系统，两者内部具有一定的结构和功能机制。在这个巨系统中，人类社会和地理环境两个子系统之间的物质循环和能量转化相结合，形成了人地系统发展变化的机制。人地关系地域系统是以地球表层一定地域为基础的人地关系系统，也就是人与地在特定的地域中相互联系、互相作用而形成的一种动态结构。人地关系地域的规律是地理学研究人地系统的基本规律总结。

流域指由分水线所包围的河流集水区，它不仅是一个可定量的水文单元，而且与流域内的土壤、岩石、水体和植被等相互联系、相互作用形成一个完整的生态系统。流域经过水循环运动，将与之有关的自然过程和经济过程联系起来，因此，流域也是一个复杂的自然、社会、经济综合系统。流域人地关系地域系统，可理解为人地关系与流域系统的复合，其理论结构分 3 个维度（图 2-1）：一是流域自然系统与人文系统相互作用的综合属性维度；二是人地相互作用的流域系统空间维度；三是人地相互作用的流域系统时间维度。

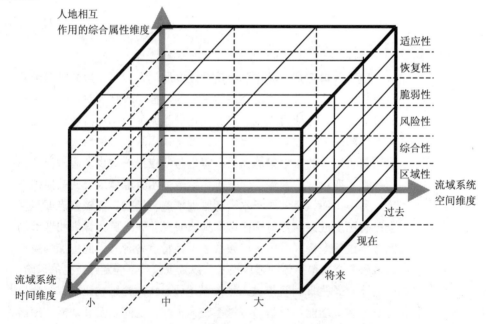

**图 2-1　流域人地关系地域三维结构**

流域人地关系地域系统的空间维度可以从两个角度理解：一是按照空间范围的大小划分为 4 个尺度域，即：微观尺度域，$1 \sim 10^6$ m$^2$ 的空间范围，中观尺度域，$10^6 \sim 10^{10}$ m$^2$ 的空间范围，宏观尺度域，$10^{10} \sim 10^{12}$ m$^2$ 的空间范围，超级尺度域（Mega-scale dominion），大于 $10^{12}$ m$^2$ 的空间范围；二是按照流域的级别划分为一级流域、二级流域、三级流域……小流域。

流域人地关系地域系统时间维度也可以从两个角度理解：一是从人地系统长时间的历史演进来看，它一般被划分为史前古人类活动的时期和现代人类活动的时期两部分。二是从短时期人地系统的演进来看，不仅关注流域水文过程，而且关注人类活动对水循环、水资源及其变化的影响。

流域人地关系地域系统的综合属性维度则包括了以下几个方面：①区域性，强调人与自然相互作用所形成的流域景观及其在空间上的差异；②综合性，强调人与自然的相互作用所形成的流域地带，例如源头、上游、中游、下游和河口等；③风险性，强调人与自然相互作用可能诱发的不利于流域可持续发展的因素，主要由人地系统的脆弱性、恢复性、适应性水平所决定的；④脆弱性，显示人地相互作用的流域安全水平，表现人类对各种不利因素的反应能力，例如：人类水资源系统对气候变暖的反应，往往脆弱性愈大，安全水平愈低，反之亦然；⑤恢复性，显示人地相互作用的响应能力，恢复力愈大，响应能力愈强。一般来说，脆弱性与恢复性成反比；⑥适应性，显示人地相互作用的应变能力，表现为人类对各种不利因素的应对和适应能力，例如：水资源系统对气候变化的适应性，表现为应变力愈大，则适应性愈强；反之应变力愈小，则适应性愈弱。流域人地关系地域系统理论对流域地学规律认知、野外实地调研、实验室数据处理与分析、数字流域平台的构建等有着重要的支撑作用（图2-2）。

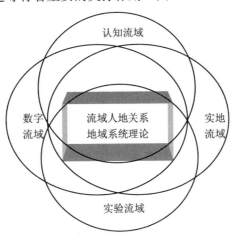

**图 2-2 流域系统支撑体系**

## 2.2 流域水资源的供给功能

流域自然系统是一个完整的生态系统，表现为一个具有一定结构、功能和自我调节的开放系统。以水为驱动力的能量流动和以水为介质的物质循环是流域自然生态系统的两大基本功能。

流域水资源供给功能是核心功能，主要指流域的水和水土组合，为人类社会的生产与生活提供资源供给和生存空间的功能（图 2-3）。水土资源协调是流域资源开发和利用的重要问题。

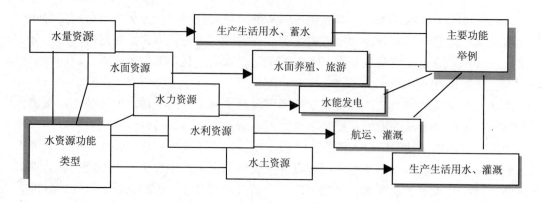

**图 2-3　流域的水资源供给功能**

　　流域水资源与人、地之间具有互馈功能。自然流域加载了人类社会，形成了流域自然—社会综合体，形成了人、水、地三者的基本互馈关系（图 2-4）。人—水关系的正向功能表现为：兴利除害，保障水资源的储量、洁净和安全，人能获得所需的充足与安全水资源；负向功能则为：造成水资源浪费、污染和次生灾害，人无法获得所需的充足与安全水资源等。人—地关系的正向功能表现为：保障土地资源的数量、肥力，人能获得所需的足量土地资源；负向功能则为：造成土壤侵蚀、肥力下降，有效土地面积减少，人无法获得所需的足量土地资源等。水—人关系的正向功能表现为：为人类生活、生产提供充足、洁净、安全的水资源；负向功能则为：造成洪水灾害及次生灾害威胁人身安全、污染水质威胁人体健康、水源短缺威胁人的饮水安全等。

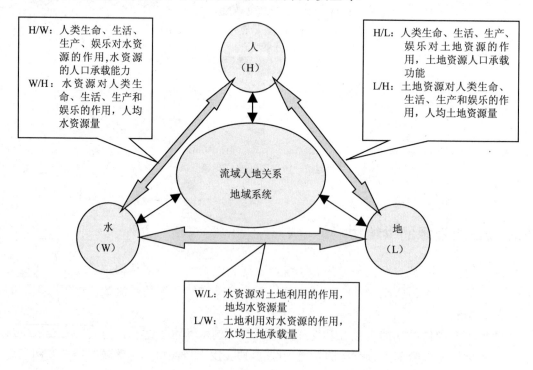

**图 2-4　流域系统人、水、地互馈功能**

　　流域水资源与天、地、人之间也具有互馈功能。天、地、人、水互馈关系也存在正
向和负向两种状态。正向是四者协调的关系，表现为天、地、人、水之间在作用方式和
作用强度上不损害被作用方，结果是互惠互利。负向是四者关系不协调，表现为天、地、
人、水之间在作用方式和作用强度上损害着被作用方，结果是互相危害。因此，在流域
功能开发，特别是人类对水土资源的利用，要重视这种互馈关系，兴利除害，保障流域/
区域的可持续发展。天、地、人、水的关系从"链式"发展到"耦合式"（图 2-5），"链
式"，即天、地、人、水是一种单方向链式关系，一旦水资源短缺只会找天气气候方面的
根源；耦合式，即天、地、人、水是一种互反馈、互作用的多方向耦合式关系。水资源
短缺不只是天气气候方面的原因造成的，还可能是包括土地利用、覆被变化在内的诸多
因素引起的。

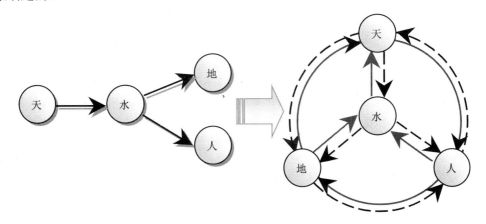

**图 2-5　流域系统天、地、人、水互馈关系**

　　流域水资源具有对不同社会单元的保障和制约功能，也称水资源的区域功能。由于
流域和政区之间存在复杂的空间关系，使流域呈现政区的多样性和政区呈现流域的多样
性，前者指一个流域服务多个行政管理区，后者指多个流域服务一个行政管理区（图 2-6）。

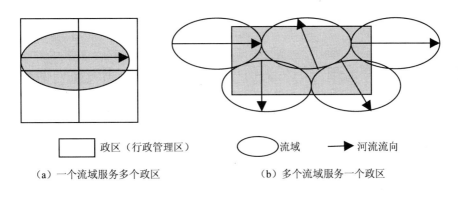

（a）一个流域服务多个政区　　　　　（b）多个流域服务一个政区

**图 2-6　流域与政区的空间关系**

　　"政区的流域多样性"对区域可持续发展的影响，可以从 4 个方面理解。第一，一个
政区的流域个数的多少，决定它与相邻省区在水资源开发利用方面的联系程度。一般来
说，区内的流域个数越多，其联系程度就越大。第二，由于一个流域可以划分为 5 个功

能不同的区域，即河源、上游、中游、下游、河口，因此对于一个政区来说，其流域的个数包括两种含义：其一，全流域的个数；其二，流域某些功能区域的个数，通常后者占主要。第三，一个政区内，其河流不同功能区的数量多少，直接影响着该省区在水资源方面对相邻省区的影响程度。如河源区越多，说明其生态服务的功能越强；如河口区越多，说明其承受水污染的压力就越大。第四，一个政区内，各流域水情要素的变化，不仅直接影响着省区内水资源保障的稳定性，还影响着相邻省区内水资源保障的稳定性。由以上可以看出，政区内的流域多少直接或间地接影响着它对相邻地区的作用程度，以及自身水资源保障的稳定性水平。

"流域的政区多样性"对区域可持续发展的影响，也可以从 4 个方面理解。第一，当流域固定，流域水资源总量就可确定，流域内所涉及的政区多少，则是影响流域水资源合理分配的关键因素，亦是流域可持续发展战略实施的关键性指标。第二，政区在流域中所处的区位，直接决定其对流域水文要素特征影响程度和水资源量分配数量的大小，若一个流域内政区数一样，则主要看这些政区是处在流域的哪个地段（是源区，还是上游、中游、下游或河口区）。处在不同段的政区对流域水文要素的影响是完全不一样的，如处在河源区的政区，主要决定流域的来水量，而处在下游区的政区，则主要决定流域的汇水量，并承担洪涝的风险。第三，若流域内政区数量及其位置都相似，则影响流域水文要素和水资源优化配置的因素，主要取决于政区的社会和经济水平，也就是人口数量和城市化水平、国内生产总值和产业结构等。第四，若流域内政区数、位置、社会经济水平都相似，则影响流域水文要素和水资源优化配置的因素，就只取决于流域内生态用水、生产用水和生活用水的比例。这就是说，流域总水量不变的情况下，流域内各政区生产和生活用水的增加，就意味着生态用水必然减少，进而导致水环境容量变小，从而在同等的污染排放量情况下，相对加重了环境污染，并导致生态系统退化。实际上不仅是由于水环境容量的变小，使流域水环境污染加重，而且常常是由于生产和生活用水的增加，伴之而来的是水污染排放量的增加，使流域水环境质量大大下降。

## 2.3 流域水资源变化的过程与驱动力

水资源是一种战略性资源，水资源变化，特别是淡水资源短缺和水环境污染已成为一个世界性问题，它不仅影响、制约现代社会的可持续发展，而且也是 21 世纪地球与人类健康面临的重大问题。在气候变化的背景下，流域水资源研究从"水"到"水资源系统"；天、地、人、水关系的认识从"链式"到"耦合式"；流域水文循环过程的研究从"线性机制"到"非线性机制"；水循环机理的研究从"点"到"典型流域"，等等，都表明对流域水资源过程和驱动力的认识，需要进行综合研究，即：由突发性因子引发的动力过程研究、渐发性因子累积形成的生态过程的研究，人文因素驱动的水资源再分配过程的研究。

图 2-7 给出了流域水资源变化机制、过程、驱动力的关系。

流域水资源变化机制可以理解为：大气降水—地表水—地下水的流域"三水转化"。流域水资源变化过程，发生在从上游到下游的水流物质循环与能量转化过程中，通常包括 3 个基本过程：一是水资源量的变化过程，或增多或减少，甚至断流，过多导致洪水，过少则导致缺水；二是水资源质的变化过程，影响最大的有水土流失过程及其导致的泥沙淤积过程，污染物输移导致清水污染过程；三是水利开发过程，也可以看成是人工对自然水文的干预过程和对水资源的再分配过程。综合这些过程，随着人口增加、城市和经济快速发展，人、水、地的供需矛盾日趋紧张，调节人与水资源供需关系的过程，研究人对水资源变化的适应过程，已成为流域水资源变化过程的关键。流域水资源变化驱动力则表现为气候变化、水资源变化和人类活动的"三力互动"。

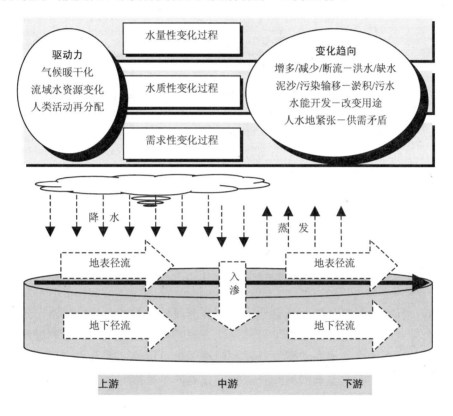

图 2-7　流域水资源变化机制、过程与驱动力

## 2.4　流域水资源系统脆弱性评价体系的构建

### 2.4.1　脆弱性、敏感性与适应性关系

（1）水资源系统脆弱性概念模型

水资源系统对气候变化（包括气候变率和极端气候事件）的敏感性是指流域的径流、蒸发及土壤水对气候变化情景响应的程度，包括不利和有利影响，若在相同的气候变化情景下，响应的程度愈大，水资源系统愈敏感；反之则不敏感。水资源系统对气候变化的适应性是指人类适应气候变化（包括气候变率和极端气候事件）、减轻潜在损失、高效、有序地利用水资源或对付气候变化后果的能力。水资源系统对气候变化（包括气候变率和极端气候事件）的脆弱性是指气候变化对水资源系统可能造成损害的程度，包括水资

源系统结构发生改变、水资源数量减少和质量降低，以及由此引发的水资源供给、需求、管理的变化和旱、涝等自然灾害的发生。根据水资源系统脆弱性的内涵和外延，构建水资源系统脆弱性概念模型如图 2-8 所示。

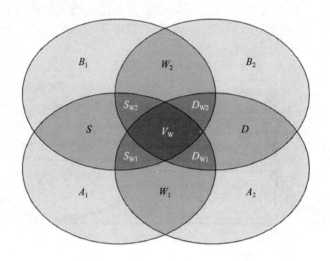

**图 2-8　水资源系统脆弱性概念模型**

注：$A_1$ 为自然环境，$A_2$ 为社会环境，$B_1$ 为气候变化，$B_2$ 为人类活动，$S$ 为系统敏感性，$D$ 为系统适应性，$W_1$ 为水资源系统，$W_2$ 为变化的水资源系统，$S_{W1}$ 为水资源系统敏感性，$S_{W2}$ 为变化的水资源系统敏感性，$D_{W1}$ 为水资源系统适应性，$D_{W2}$ 为变化的水资源系统适应性，$V_W$ 为水资源系统脆弱性。

模型第一层：水资源系统兼具自然属性和社会属性，前者主要指降水、地表径流、地下水、水文、地质、地貌、植被等自然属性，后者主要指与人类社会和经济发展有密切关系的社会经济属性，如在水资源开发利用和保护过程中，涉及生产用水、生活用水和生态用水等各个方面及三者间的相互关系、流域间水资源的调配关系等。模型第一层描述了水资源系统形成的自然环境（$A_1$）与社会环境（$A_2$），以及变化了的自然环境（气候变化 $B_1$）与社会环境（人类活动 $B_2$）。

模型第二层：水资源系统（$W_1$）不仅受自然环境（$A_1$）的影响，同时也与社会因素（$A_2$）密切相关，而当气候发生变化、人类活动日益增强时，水资源系统也随之发生了变化（$W_2$）。当自然环境发生变化时，系统对气候变化响应的程度不同，即敏感性（$S$）不同，而随着人类活动的影响日益加深，人类的适应性（$D$）也随之发生变化。

模型第三层：在自然因素与人类因素共同作用下的水资源系统，气候变化与自然环境共同作用。模型第三层描述了水资源系统敏感性与适应性形成及其变化的过程。包括水资源系统敏感性（$S_{W1}$）、变化了的水资源系统敏感性（$S_{W2}$）、水资源系统适应性（$D_{W1}$）以及变化了的水资源系统适应性（$D_{W2}$）。

模型第四层：水资源系统对气候变化的脆弱性（$V_W$）是由多重因素复杂的相互作用形成的。

（2）脆弱性、敏感性与适应性关系

水资源系统对气候变化的敏感性、适应性以及脆弱性三者的关系如图 2-9 所示。在气候变化及其不确定性的影响下（包括降水年变率及年内分配、气候暖干化、极端降水事件、极端高温事件等），水资源系统也将随之发生变化，例如径流的时序和量值等。这种影响既有可能是有利的，也有可能是不利的。有利的影响例如降水的适量增多，将有可能使水资源系统的功能更强；反之，不利的影响例如干旱化，将使得系统功能变弱。这种水资源系统对气候变化情景响应的过程也就是水资源系统敏感性形成的过程。在水资源系统功能发生变化之后，如果这时候积极采取高效、有序的规划管理措施，那么系统将很快恢复功能，相反，如果这时候采取的规划管理措施低效、无序，那么系统将无法恢复其原有功能。这种人类为了应对气候变化后果的能力也就是水资源系统适应性形成的过程，敏感性与适应性形成的过程就是脆弱性形成的过程。

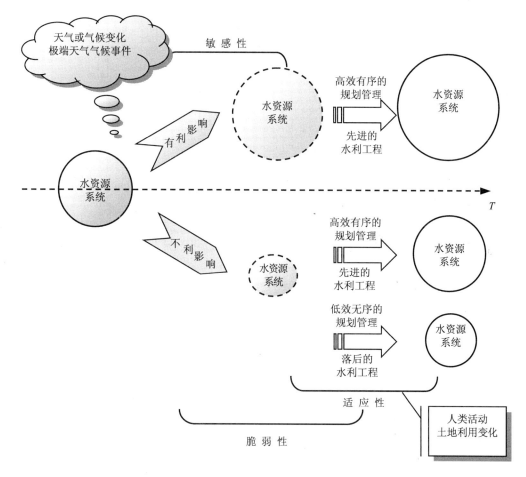

图 2-9　水资源系统对气候变化的敏感性、适应性、脆弱性三者关系

（3）脆弱性的变化

水资源系统脆弱性不是静止的，它是随时间和空间而变化的。图 2-10 给出了水资源系统敏感性、适应性与脆弱性变化的示意图。一般情况下，随着人类的进步，适应性应该是逐渐增强的，所以示意图中只考虑了适应性不变和增强的情形。其中，图 2-10a 代表系统敏感性不变，适应性随着时间逐渐增强的过程，结果是脆弱性逐渐降低；图 2-10b 代表系统敏感性随着时间增大，而适应性也逐渐增强，而且增加程度比敏感性大的过程，结果是脆弱性逐渐降低；图 2-10c 代表系统敏感性随着时间增大，而适应性也逐渐增强，

但是增加程度不如敏感性大的过程，结果是脆弱性逐渐增加；图2-10d代表系统敏感性随着时间增大，而适应性持续不变的过程，结果是脆弱性逐渐增大。除以上几种情况之外，还有其他情形，在此不一一表述。

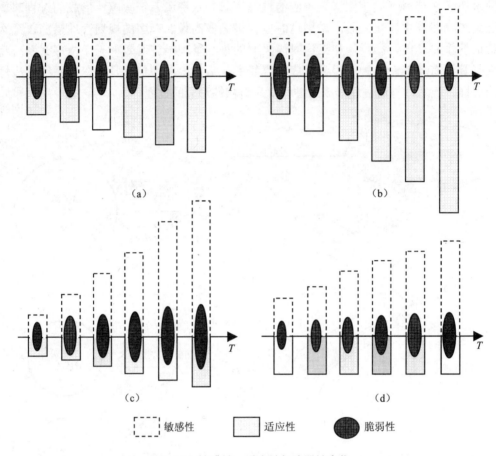

图 2-10　敏感性、适应性与脆弱性变化

水资源系统脆弱性是两个因素的函数：一是水资源系统对气候变化的敏感性——自然属性；二是水资源系统对气候变化的适应性——社会属性。

即：

$$V_W = f(S_W, A_W) \qquad \text{式 2-1}$$

式中，$V_W$——水资源系统对气候变化的脆弱性；

　　　$S_W$——水资源系统的敏感度；

　　　$A_W$——水资源系统的适应能力。

### 2.4.2 水资源系统脆弱性评价体系

（1）评价体系结构

水资源系统是由水资源自然子系统、水资源工程子系统、水资源管理子系统相结合组成的复杂系统，其中水资源自然子系统包括降水、径流及地下水和地貌、河系、岩石、土层及植被等；水资源工程子系统包括修建的地面水库、水电站、灌区、运河、输水管渠、防洪堤及分洪区、排涝站、城市供水系统等；水资源管理子系统是对上述两个子系统进行管理的组织系统，目的是使其处于稳定、有序的状态。因此，敏感性和适应性对所评价的系统来说，是问题的两面，只是敏感性概念中更多地包含了流域气候系统、水资源系统、生态环境系统的天然背景信息，即固有的脆弱性，而适应性概念中则更多地涵盖了水资源系统与社会经济系统组合以后的脆弱性，即人类活动对气候系统、水资源系统扰动后的水资源脆弱性。

　　水资源系统脆弱性评价体系主要涵盖水资源自然子系统的敏感性、水资源工程子系统的适应性，以及水资源管理子系统的适应性等方面。水资源自然子系统的敏感性主要表现在气候变化与水文变化的敏感性上（如年径流量、月径流量、日径流量和绝对径流总量等）；水资源工程子系统的适应性主要体现在水利、供水系统等的适应性；此外，水资源管理子系统的变化（如水资源权限所属的变更、水资源价格的调整、各种节水计划的实施等）也会改变水资源对气候等变化的脆弱性（图2-11）。

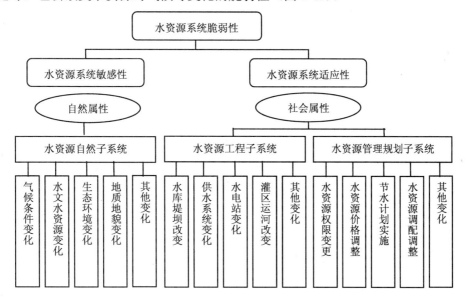

**图 2-11　水资源系统脆弱性评价体系**

（2）评价指标

　　由前文可知，流域水资源变化驱动力表现为气候变化、水资源变化和人类活动的"三力互动"，水资源脆弱性形成机制中有着广泛的自然与人类社会经济活动相互作用的驱动力在起作用。对气候变化下水资源脆弱性进行综合评价，目的是了解水资源脆弱性的程度、类型、区域分异规律及其动态变化的成因机制，通过改变人类社会经济活动方式，调整土地利用结构，确定可行的、有效的应对气候变化方案，最大可能地减小气候变化对工农业生产造成的影响。下面以对气候变化敏感、符合区域经济可持续发展和有利于水资源系统稳定等为原则，构建水资源敏感性与适应性指标体系。

　　敏感性是决定水资源脆弱性形成的前提，直接或间接对脆弱性起着加剧或缓减的作用，构建敏感性指标体系需要考虑的要素主要包括气候类、环境类，以及水资源类（表2-1）：

　　① 气候类，主要包括区域降水特征（如年降水量、降水量年际与年内变化等），蒸

（散）发、极端降水日数以及干旱发生的频率、时间和范围等；

② 环境类，主要包括区域土地利用与覆盖类型变化，土地利用结构现状，区域生态环境质量（如土壤肥力、水土流失状况、水土保持治理等），地形地貌特征等；

③ 水资源类，主要包括径流、基流、土壤湿度等。

表 2-1　水资源敏感性指标

| 指标类 | 代码 | 具体指标 |
|---|---|---|
| 气候指标 | $C_R$ | 年降水量 |
| | $C_V$ | 关键时段的降水变率 |
| | $C_E$ | 蒸（散）发 |
| | $C_D$ | 极端降水日数 |
| | $C_I$ | 干旱指数 |
| 环境指标 | $E_S$ | 土壤理化性质 |
| | $E_G$ | 草地退化、沙化比例 |
| | $E_D$ | 撂荒地面积 |
| | $E_A$ | 农牧林用地比例变化 |
| 水资源指标 | $H_R$ | 径流 |
| | $H_S$ | 土壤湿度 |
| | $H_U$ | 基流 |
| | $H_I$ | 径流系数 |

适应性是影响水资源脆弱性变化的关键，对脆弱性有着显著的放大或缩小作用，指标主要包括水资源利用与管理类、社会经济类、人口类，以及政策类（表 2-2）：

表 2-2　水资源适应性指标

| 指标类 | 代码 | 具体指标 | 指标类 | 代码 | 具体指标 |
|---|---|---|---|---|---|
| 水资源利用与管理 | $W_P$ | 单位 GDP 耗水量 | 社会经济 | $S_P$ | 人均 GDP |
| | $W_G$ | 地下水占用水量比例 | | $S_F$ | 农民纯收入 |
| | $W_C$ | 人均水资源量 | | $S_I$ | 财政总收入 |
| | $W_S$ | 节水灌溉率 | | $S_Y$ | 作物产量 |
| | $W_I$ | 应急灌溉率 | | $S_S$ | 种植结构 |
| | $W_E$ | 生态环境需水量 | | $S_I$ | 灌溉面积 |
| | $W_A$ | 牲畜耗水系数 | | | |
| | $W_R$ | 水库蓄水率 | 政策 | $P_E$ | 生态环境政策：退耕还林还草等 |
| | $W_U$ | 水资源利用率 | | $P_C$ | 经济政策：振兴东北等 |
| | $W_D$ | 水资源开发利用程度 | | $P_P$ | 人口政策：计划生育等 |
| 人口 | $R_M$ | 人口迁移比例 | | $P_I$ | 产业调整政策：发展畜牧业等 |
| | $R_E$ | 人口受教育比例 | | $P_A$ | 农业扶持政策：农业补贴等 |
| | | | | $P_W$ | 水资源利用政策：水权政策等 |

① 水资源利用与管理类，包括区域可调节利用的水资源量等，如可用于农业灌溉的地表水和地下水资源量等；

② 社会经济类，包括作物熟制变化、灌溉制度、种植结构、作物品种、生产投入、

作物产量、人均收入水平等；

③ 人口类，包括农业人口数量、教育文化程度、人均农业资源占有量、人均粮食产量、从业结构等；

④ 政策类，包括产业调整政策、水资源管理政策等。

水资源脆弱性评价指标体系是一个动态变化的体系，子系统要素和指标要素需要不断地改进、完善。实际操作的时候，在突出体现区域特色的基础上，要注意指标的可量化性和数据的可获取性，揭示主要影响因素，宜简不宜繁。

### 2.4.3 评价步骤

水资源系统对气候变化的脆弱性评价是对水资源系统自然属性与社会属性的综合评价，其主要内容涉及水资源的供给、需求、管理等，主要包括两个方面：一方面是气候变化对径流量的影响，即敏感性评价；另一方面是受气候变化影响的径流量对水资源供给和管理的影响，即适应性评价。由于水资源的需求与各项社会、经济活动密切相关，因此评价气候变化下水资源的需求要基于对区域人口增长、工农业生产和相关能源需求等的基本评价方案之上。

水资源对气候变化脆弱性评价过程（图 2-12），主要包括三部分：第一，未来气候变化情景、水资源供给；第二，区域人口经济增长、需求；第三，脆弱性。

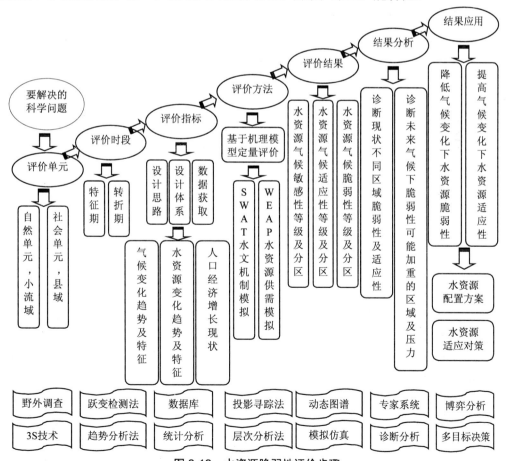

图 2-12 水资源脆弱性评价步骤

### 2.4.4　关键问题

（1）基本单元问题

即确定评价单元的类型和边界。评价单元可以是流域本身，也可以是流域内的某子流域；由于流域是以水文地理所形成的一个整体，每一个流域都涉及省区间、上下游、干支流、左右岸之间的利益，只有按流域进行统一规划和统一管理，从流域的尺度进行水资源脆弱性评价，开展生态重建与水资源调控的系统研究，才能体现江河治理与水资源管理的统一性和综合性，才能使整个流域的经济社会与供用水的"费用与效益"之间得到均衡和协调发展，因此，选取合适的评价单元是评价的前提。

（2）评价阶段划分及精度问题

利用时间序列趋势分析软件以及周期分析工具，根据研究区现有的气象与水文观测资料，确定研究时段，并对研究时段的气候与水文变化趋势、周期及其突变点等进行分析检测。

（3）评价重点与模型匹配问题

考虑指标的重要性与可获取性，结合评价区的特点，筛选水资源系统敏感性与适应性评价指标，基于 GIS 和数据库管理系统软件将上述资料数字化，构建评价指标空间库和属性库，确定指标的临界点或阈值，确定指标权重，构建综合评价模型。

利用综合评价模型，进行水资源现状脆弱性评价；利用降尺度区域环流模式（RCM）模拟结果生成评价区未来气候情景；应用流域水文模型，模拟计算评价区直接径流、地表径流、蒸（散）发、土壤水含量等水文要素；利用气候变化情景模拟结果驱动流域水文模型，评价气候变化对河川径流量及季节分配的影响。

（4）评价过程控制问题

根据评价区社会经济序列，选用一定的社会经济模型生成未来社会经济情景，在此基础上构建评价区未来水资源需求情景；结合未来社会经济系统的需水情景和供水情景（河川径流和季节分配），评估供需平衡状况，给出未来脆弱性评价结果。

（5）评价结果检验及应用问题

对气候变化下水资源脆弱性进行综合分析，结合评价区的特点，提出有针对性的、可行性的适应对策。

## 2.5　供需双端水资源适应理论的构建

水资源的合理开发利用与优化配置是实现区域可持续发展的首要前提，在供给方面，应通过协调各用水部门矛盾，改变水资源天然配置格局以适应生产力布局；在需求方面，通过调整区域产业结构、用水结构以及空间结构，建立节水型国民经济体系（方创琳，2001）。然而现行水工程和水资源规划管理，大多是采用基于"供给端"，而不是"需求端"的管理措施，而且管理措施较少考虑气候变化的影响，在这样的背景下，基于供给端的水资源适应模式就显得不足。另一方面，目前对于水资源管理措施及模式，在较大流域尺度上已有不少成果，但对于区域和地方研究，缺乏更为详细和准确的区域系统适应模式。中国流域众多，且特点各异，因此应加强重点区域研究，采取有效的适应模式，以减少气候不确定性产生的风险。以下综合考虑水资源"供给端"与"需求端"，首先构建基于供给端与需求端的水资源适应理论体系，并基于此建立水资源适应理论模式与操作模式。

## 2.5.1 水资源适应理论模式

在水资源管理中，"需求端管理"是指削减需水的策略，如减少从系统中渗漏或非法取水的计划、鼓励回用或更高效用水的计划、利用价格作为激励因素来削减需求的计划（SEI，2007）。"供给端管理"是增加供水的策略，如建造堤堰、水库、利用储水区来增加水资源存蓄与分配，从而增加供水的计划。目前国内外大多是采用基于"供给端"而不是"需求端"的管理措施，但后者是日益引起关注的焦点，尤其是在气候变化的背景下，如何更好地权衡供需端，给出合理的水资源利用方式，并加强水资源适应气候变化的能力，就显得尤为重要。

在分析水资源管理与适应过程中，发现水资源供给与需求在相互作用时，一般存在 3 种运行状态：第一种是开始不均衡，其运行也一直不均衡，但偏离均衡点的程度并不变化，这种模式称为供水端与需水端相当的适应模式；第二种是运行的起点不在均衡点上，其运行过程也一直不在均衡点上，但其运行越来越不平衡，即水缺短问题越来越严重，这种模式称为以供水端为主的适应模式；第三种是其运行起点不在均衡点上，但其运行的过程越来越接近均衡状态，水短缺问题越来越少，这种模式称为以需水端为主的适应模式。

以需水端为主的适应模式：在一定的范围内，随着水资源适应措施的增加，可以通过修建水利设施等措施增加水资源供给量，也可以通过水回用政策等措施减少水资源需求量。即当水资源出现供需缺口时，可以通过调整多种适应措施使需水量与供水量平衡，这时如果需水端适应、调节能力大于供水端，则只需将水资源适应措施调整较小的幅度，就能使水资源需求量与供给量相等；而当水资源适应措施调整较小的幅度时，供给量变化幅度较小，从而使供需缺口缩小。周而复始，水资源适应措施调整的幅度越来越小，供需缺口也将越来越小。需求端措施大于供给端措施为"水资源系统稳定条件"，即采取适应措施后，供水量增加少，需水量减少多，故供需差距变小。

以供水端为主的适应模式：当水资源出现供需缺口时，需要通过调整多种适应措施使需水量与供水量相等。由于需水端适应、调节能力小于供水端，因此需将水资源适应措施调整较大的幅度，才能使水资源需求量与供给量相等；而当水资源适应措施调整较大的幅度时，供给量变化幅度也较大，从而使供需缺口扩大。周而复始，水资源适应措施调整的幅度越来越大，供需缺口也越来越大。供给端措施大于需求端措施为"水资源系统不稳定条件"，即采取适应措施后，供水量增加多，但需水量降低少，故供需差距变大。

供水端与需求端相当的适应模式：当水资源供需出现缺口时，需要通过调整多种适应措施使需水量和供水量相一致。由于需水端适应、调节能力与供水端相当，因此调整水资源适应措施使供给量调整的幅度和需求量调整的幅度相同。供给端措施与需求端措施相当为"水资源系统中立条件"，即采取适应措施后，供水量增加量与需水量降低量相当，故供需差距不变。

图 2-13、图 2-14、图 2-15 分别给出了以上三种模式的图示。需水端措施大于供水端

措施意味着适应措施对水资源供给量的影响小于对需求量的影响，即需求点需要的水量减少得多，图 2-13 中显示为相对于"适应措施"轴斜率绝对值大，相对于"水量"轴斜率绝对值小。

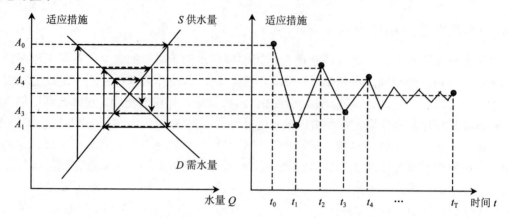

图 2-13　以需水端为主的适应模式

需水端措施小于供水端措施意味着适应措施对水资源供给量的影响大于对需求量的影响，即需求点供到的水量增加得多，图 2-13 中显示为相对于"适应措施"轴斜率绝对值大，相对于"水量"轴斜率绝对值小；反之，供水端适应能力弱。需水端措施与供水端措施相当意味着适应措施对水资源供给量的影响与对需求量的影响相当，即需求点供到的水增加量与需求点需要的水减少量相当，图 2-14 中显示为相对于"适应措施"轴斜率绝对值大。图中 $S$ 为供给曲线，$D$ 为需求曲线。

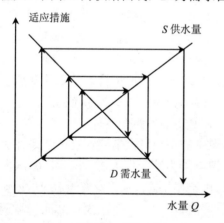

图 2-14　以供水端为主的适应模式

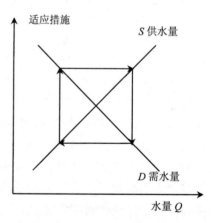

图 2-15　供水端与需求端相当的适应模式

在水资源管理方面，目前国内外更多采用的是以供给端为主的管理措施，而不是以需求端为主的管理措施。事实上，在水短缺问题比较严重时，一般希望运行以需求端为主的适应模型；在水短缺问题并不突出时，希望运行以需求端为主的适应模型，也容忍运行需求端与供给端相当的适应模型；但始终不希望运行以供给端为主的适应模型。

因此，水资源管理及适应方面的研究今后应在水资源供给端适应模式研究的基础上，重点突出对水资源需求端适应模式的研究，尤其是对于位于干旱、半干旱区域的水短缺问题比较严重的小流域，如何在气候变化的背景下，建立以需求端为主、供给端为辅的水资源适应模式，从而使供需逐渐达到均衡，保持水资源系统稳定就显得尤为重要。

### 2.5.2 水资源适应操作模式

基于上述水资源管理适应模式，给出以下操作模式，包括基于供给端的操作模式、基于需求端的操作模式，以及需求端为主导的操作模式，并对上述 3 种水资源适应操作模式进行对比分析。

（1）基于供给端的适应操作模式

基于供给端的适应操作模式是以供水端作为水资源管理对象，综合考虑充分利用地表水（如增加水库等）以及合理利用地下水（有限制地）等措施的水资源适应模式。其核心是如何增加可利用水资源量。基于供给端的适应模式其关键是一个"加"的过程（图 2-16）。

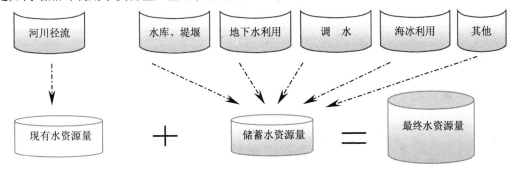

**图 2-16 基于供给端的适应操作模式**

（2）基于需求端的适应操作模式

基于需求端的适应操作模式是以需求端作为水资源管理对象，综合考虑改变种植结构、高效节水灌溉、减少生活用水、降低工业活动水平、提高水价、水回用计划等措施的水资源适应模式，其核心是如何有效利用有限水资源，缓解水资源系统压力。需求端模式关键是一个"减"的过程（图 2-17）。

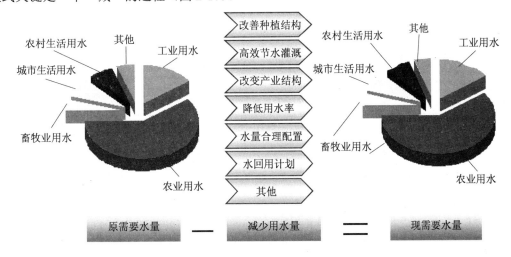

**图 2-17 基于需求端的适应操作模式**

**（3）需求端为主导的适应操作模式**

需求端为主导的适应操作模式（图 2-18）是同等考虑供水端与需水端模式，并以需水端为主，兼顾生产、生活与生态用水平衡，同时考虑气候变化影响的模式。

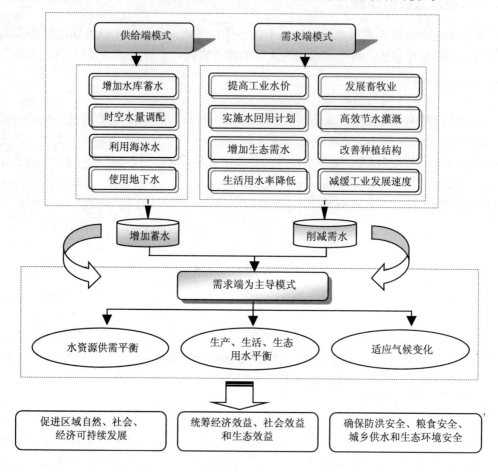

**图 2-18　需求端为主导的适应操作模式**

以上不同的水资源适应模式在管理对象、方式、研究领域、手段措施、特点以及是否考虑气候变化方面，均有所不同和侧重，表 2-3 给出了其对比结果。

**表 2-3　不同水资源适应操作模式对比**

| 管理机制 | 基于供给端的适应操作模式 | 需求端为主导的适应操作模式 |
| --- | --- | --- |
| 管理对象 | 供水端 | 需求端为主导，兼顾供给端 |
| 管理目的 | 增加水分收集与分配 | 有限水资源的有效利用、合理配置协调水分的供需平衡 |
| 管理方式 | 防止胁迫、消除胁迫 | 改变胁迫、减缓胁迫 |
| 是否考虑气候变化 | 较少考虑气候变化影响 | 较多考虑气候变化影响 |
| 主要研究问题 | 河流流量、地下水资源、水库和调水等 | 用水规律、设备效率、回用策略、成本和配水等 |

| 管理机制 | 基于供给端的适应操作模式 | 需求端为主导的适应操作模式 |
|---|---|---|
| 手段措施 | 加强洪水防御、建造堤堰、水库、利用储水区 | 部门需求分析、水权和分配优先顺序、项目损益分析 |
| 特点 | 有效,但不能兼顾生产、生活、生态,不可持续 | 有序,可以兼顾生产、生活、生态,可持续 |

## 2.6 小结

本章探讨了流域人地关系地域系统理论结构组成、综合属性及其基本功能,分析了流域系统人、水、地间的互馈功能,给出了流域水资源变化机制、过程、驱动力的关系;根据水资源系统脆弱性的内涵和外延,构建了水资源系统脆弱性概念模型;分析了水资源系统敏感性、适应性与脆弱性三者的关系,给出了水资源系统脆弱性评价体系;基于水资源适应理论模式,构建了水资源适应操作模式。

(1)流域人地关系地域系统,可理解为人地关系与流域系统的复合,其理论结构组成有 3 个维度:流域自然系统与人文系统相互作用的综合属性维度、人地相互作用的流域系统空间维度、人地相互作用的流域系统时间维度。流域人地关系地域系统具有区域性、综合性、风险性、脆弱性、恢复性、适应性等综合属性。

(2)流域水资源与天、人、地之间具有互馈功能。天、人、水、地互馈关系存在正向和负向两种状态。正向是四者协调的关系,表现为天、人、水、地之间在作用方式和作用强度上不损害被作用方,结果是互相得利;负向是四者关系不协调,表现为四者之间在作用方式和作用强度上损害了被作用方,结果是互相危害。

(3)流域水资源变化机制可以理解为:大气降水—地表水—地下水的流域"三水转化"。流域水资源变化过程通常包括 3 个基本过程:一是水资源量的变化过程;二是水资源质的变化过程;三是水利开发过程。流域水资源变化驱动力表现为气候变化、水资源变化和人类活动的"三力互动"。

(4)水资源系统对气候变化的脆弱性评价是对水资源系统自然属性与社会属性的综合评价,其主要内容涉及水资源的供给、需求、管理等,主要包括两个方面:一方面是气候变化对径流量的影响,即敏感性评价;另一方面是受气候变化影响的径流量对水资源供给和管理的影响,即适应性评价。以对气候变化敏感、符合区域经济可持续发展和有利于水资源系统稳定等为原则,构建了水资源敏感性与适应性指标体系。水资源对气候变化脆弱性评价过程主要包括如下问题:基本单元问题、评价阶段划分及精度问题、评价重点与模型匹配问题、评价过程控制问题、评价结果检验及应用问题等。

(5)基于水资源适应理论模式,构建了 3 种水资源适应操作模式,其中基于供给端的操作模式是以供水端作为水资源管理对象,综合考虑充分利用地表水以及合理利用地下水等措施的模式,其核心是如何增加可利用水资源量;基于需求端的操作模式是以需求端作为管理对象,综合考虑改变种植结构、高效节水灌溉、减少生活用水、降低工业活动水平、提高水价、水回用计划等措施的模式,其核心是如何有效利用有限水资源,缓解水资源系统压力,需求管理的适应模式比供给管理的适应模式可持续性更高;需求端为主导的操作模式是同等考虑供水端与需水端模式,并以需水端为主导、兼顾生产、生活与生态用水平衡，同时考虑气候变化影响的模式。

# 参考文献

[1]　IPCC. Climate Change 2001 Impacts，adaptation and vulnerability [M]. IPCC New York，USA：Cambridge University Press，2001.

[2]　SEI. WEAP water evaluation and planning system. Stockholm Environmental Institute，Boston Center，Tellus Institute，2007.

[3]　方创琳. 区域可持续发展与水资源优化配置研究——以西北干旱区柴达木盆地为例[J]. 自然资源学报，2001，16（4）：341-347.

[4]　吴传钧. 论地理学的研究核心——人地关系地域系统[J]. 经济地理，1991，11（3）：1-5.

# 第 3 章

# SWAT–WEAP 耦合模型的构建

　　水文模型是全球气候变化和人类活动影响研究的基础。在针对气候变化与人类活动对水循环及水资源安全的影响模拟研究中，目前亟须基于"气候变化—水资源—生态环境—社会经济"复合系统，构建能综合反映气候系统变化、社会经济系统变化、水资源系统变化以及生态系统变化的耦合模型。

　　本章首先介绍了长时段流域分布式水文模型 SWAT，以及水资源评估和规划系统模型 WEAP 的特点、原理、方法等，在此基础上，探索了一种耦合模型(SWAT–WEAP)方法，并对 SWAT 模型与 WEAP 模型在耦合模型中的主要应用价值以及耦合模型的结构、特点和应用前景等进行了说明。本章为深入研究气候变化和人类活动对水资源变化的驱动机制以及定量分析水资源系统脆弱性提供了模型基础。

## 3.1 SWAT 模型原理与应用

SWAT（Soil and Water Assessment Tool）是美国农业部（USDA）农业研究局（ARS）开发的长时段流域分布式水文模型，主要用于模拟和预测土地管理方式对不同土壤类型、土地利用与土地覆盖类型及管理条件下流域地表及地下水量、水质等方面的影响（Neitsch *et al.*，2000）。SWAT 模型是在 SWRRB（Simulator for Water Resources in Rural Basins）模型的基础上发展起来的，并逐步融合了若干农业研究局（ARS）的模型，包括：非点源污染模型 CREAMS（Chemicals，Runoff，and Erosion from Agricultural Management Systems）、地下水模型 GLEAMS（Groundwater Loading Effects on Agricultural Management Systems）和土壤侵蚀与生产力计算模型 EPIC（Erosion-Productivity Impact Calculator）等。自 20 世纪 90 年代初问世以来，SWAT 模型经过不断完善和扩展，先后开发了 SWAT94.2、SWAT96.2、SWAT98.1、SWAT99.2、SWAT2000、SWAT2003、SWAT2005 等版本。其中，SWAT2003 属于较为成熟的应用版本，与 SWAT2000 相比，SWAT2003 中增加了参数敏感性自动分析和参数自动校正功能，大大简化了传统流域水文模型中繁琐复杂的参数敏感性分析和参数校正过程，进一步提高了 SWAT 模型的应用性。

### 3.1.1 模型原理

SWAT 模型中将流域水文过程分为两大部分进行模拟：水循环的陆面部分（产流和坡面汇流部分）（图 3-1）和水循环的水面部分（河道汇流部分），前者控制着每个子流域内主河道的水、沙、营养物质和化学物质等的输入量；后者决定水、沙等物质从河网向流域出口的输移运动（王中根等，2003）。SWAT 模型对水循环过程的模拟如图 3-1 所示。

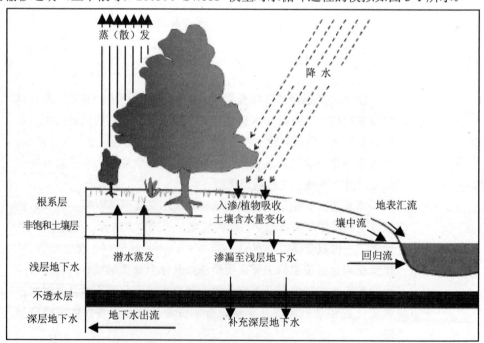

图 3-1　SWAT 单元系统水文循环示意图（S.L. Neitsch *et al.*，2001）

（1）水循环的陆面部分

SWAT 模型中水循环过程陆面部分的模拟基于以下水量平衡公式：

$$SW_t = SW_0 + \sum_{i=1}^{t}(R_{day} - Q_{surf} - E_a - W_{seep} - Q_{gw})$$ 式 3-1

式中：$SW_t$ ——土壤在时段末的水分含量（mm）；$SW_0$ ——土壤在时段初的含水量（mm）；$t$ ——时间步长（天）；$R_{day}$ ——第 $i$ 天降雨量（mm）；$Q_{surf}$ ——第 $i$ 天的地表径流量（mm）；$E_a$——第 $i$ 天的蒸（散）发量（mm）；$W_{seep}$ ——第 $i$ 天从土壤剖面进入渗流层的水量（mm）；包括下渗量和侧流量；$Q_{gw}$——第 $i$ 天地下径流量（mm）。

水循环陆面部分的模拟主要涉及气候、水文和植被 3 个方面：气候是水循环模拟的重要输入，SWAT 模型运行需要包括最高与最低气温、降雨量、平均风速、相对湿度及太阳辐射量等气象要素的日资料，这些资料由用户提供，或者由 SWAT 模型自带的天气生成器 WXGEN（Sharpley 和 Williams，1990）根据研究区各气象要素的多年统计特征模拟生成。在这些气候资料的基础上，SWAT 模型对水循环的陆面部分、作物生长、营养物质循环等进行模拟。对任意一个水文响应单元，SWAT 考虑的各种陆面水分运动包括冠层截留、地表径流、入渗、蒸发蒸腾、土壤水分再分配、表层土壤壤中流、基流和池塘、湿地等，如图 3-2 所示。

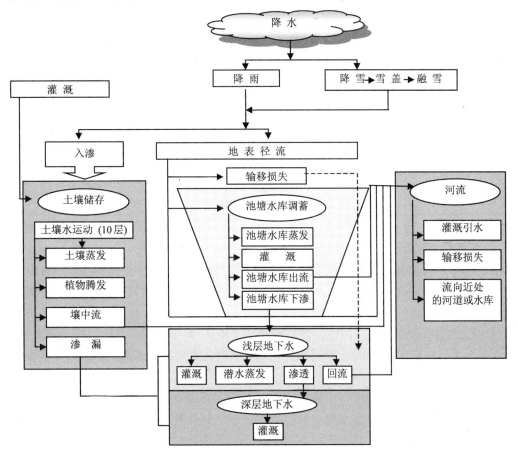

图 3-2　SWAT 模型结构示意图（S.L. Neitsch *et al.*，2001）

水文是水循环模拟的重要内容，主要包括地表径流、蒸（散）发、土壤水、地下水等 4 个过程，具体又涉及产流、汇流、冠层蓄水的蒸发、植物蒸腾、土壤水蒸发、下渗、壤中流、土壤水分的重新分配、浅层地下水运动、深层地下水运动等众多的子过程。SWAT 模型中主要水文过程模拟原理如表 3-1 所示。

表 3-1　SWAT 模型中主要水文过程模拟原理

| 水文过程 | 概念 | 计算方法 |
|---|---|---|
| 地表径流 | 地表径流包括流域产流及汇流两个过程 | 对每个水文响应单元（HRU）的产流及汇流进行单独模拟，从而得到每个水文响应单元的地表径流量和洪峰流量。SWAT 模型对地表径流量提供两种计算方法：SCS-CN 产流方法和 Green-Ampt 下渗产流法 |
| 蒸（散）发 | 蒸（散）发是水面蒸发、土壤蒸发和植被蒸腾等的总和 | 潜在土壤蒸发根据以潜在蒸（散）发和叶面积指数为自变量的函数进行计算；实际土壤蒸发根据土壤深度以及土壤含水量的指数函数计算；植被蒸腾通过潜在蒸（散）发以及叶面积指数线性函数进行计算 |
| 土壤水 | 水分在进入土壤剖面以后会以不同的方式继续运动：通过植物根系的吸收或在蒸发作用下离开土壤；渗漏至土壤底层并最终补给地下水；或者在土壤剖面中侧向流动，即形成壤中流，最终进入河流。即使降雨或灌溉停止了，水分在土壤剖面中仍然会进行重新分配 | SWAT 模型将土壤剖面分为数层，应用动力储水模型对各个土壤层中的水流进行计算。认为当某一土壤层中蓄水量超过田间持水量，而其下一土壤层水分含量又不饱和时，便发生下渗。壤中流，又称侧向流，是指地表以下、饱和层以上的土壤剖面中对河道径流产生贡献的部分 |
| 地下水 | 将地下水分为两个不同的含水层系统：浅层非承压含水层和深层承压含水层 | 浅层非承压含水层中产生的地下径流汇入流域内的河道，而深层承压含水层中产生的地下径流则汇入流域外的河道。植被是影响到水分和营养物质运动和分配的重要因素，SWAT 模型利用一个单一的植物生长模型对各种植被覆盖进行模拟，并通过各种参数的设置对一年生植物和多年生植物进行区分 |

（2）水循环的水面部分

水、泥沙、营养物质和杀虫剂等经过坡面汇流或地下径流进入主河道后，SWAT 模型即应用类似于 HYMO（Williams 和 Hann，1973）的命令结构对这些物质沿河网的输移运动进行模拟，具体包括主河道和水库的演算。

主河道的演算包括径流、泥沙、营养物质和杀虫剂 4 个方面。其中，径流演算通过变动存储系数方法或 Muskingum 法实现。同时，模型还对河道中水流的蒸发和输移损失，以及人类用水等进行模拟。

水库中的演算包括对入流、出流、降水、蒸发和渗漏等水量平衡要素的模拟，以及泥沙、营养物质、杀虫剂等在水库中的扩散、沉积、转化等过程。其中，SWAT 模型对水库出流量的估算提供了 3 种方法：实测出流数据的输入；对无出流观测数据的小水库规定一个出流速率，当水库容量超出库容时按照该出流速率泄洪；对于没有出流观测数据的大型水库，可由用户确定每个月的调控目标，模型根据此对水库水量进行控制。

综上所述，由于 SWAT 模型具有较强的物理机制，因而能够应用于无观测资料流域的水文模拟，并且能够对各种输入的变化，例如土地利用与覆盖变化、管理措施变化以及气候变化等，对水量水质等输出的影响进行定量分析研究。

### 3.1.2 模型应用优势

本书在模型选取上主要考虑应用分布式水文模型 SWAT，其优势主要表现在以下方面：

（1）具有很强的物理机制。基于气象、地形、土壤、植被、土地管理措施等输入，能够对流域内的水循环、泥沙运动、植被生长、营养物质循环等诸多过程进行模拟。

（2）模型运行需要的基本数据较少。尽管 SWAT 模型对很多物理过程进行了模拟，但是其运行所需要的数据并不是很多，且多数较容易获得。

（3）计算效率较高。SWAT 模型根据子流域内不同的土地利用与土壤类型的组合划分水文响应单元（HRU，Hydrological Response Unit），并对每个 HRU 单独计算径流量，不仅保证了模拟的物理意义，而且极大地提高了计算效率；此外，模型中子流域及水文响应单元数量的多少均可由用户进行定义，这样在模拟大流域时就能保证计算的效率。

（4）可以用于长期变化过程的研究。作为长时段流域分布式水文模型，SWAT 模型为用户模拟分析各种物理化学渐变过程，例如气候变化、土地利用变化对水文的影响，以及污染物的累积及其对下游水体的影响等提供了可能。

（5）界面友好，使用简单。SWAT 模型与 ESRI 公司开发的 ArcView 系列 GIS 软件进行了紧密的集成与耦合，从基础数据的预处理和输入、模拟的参数设置和运行，到模拟结果的分析、图表的生成都可以在 ArcView 界面下进行，使用比较简单；另外，SWAT 模型具有参数敏感性自动分析和参数自动校正功能，从而为使用者大大减少了工作量。SWAT 模型运行界面如图 3-3 所示。

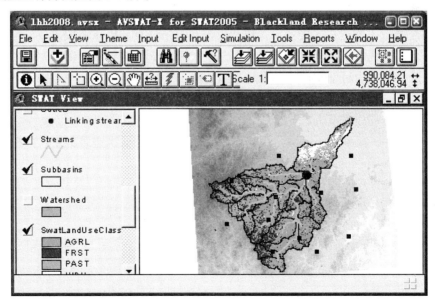

图 3-3 SWAT 模型在 LRB 的运行界面

## 3.2 WEAP 模型原理与应用

世界上很多地区面临严重的淡水管理的挑战。有限水资源的分配、生态环境质量以及可持续用水政策等问题已经引起政府和公众越来越多的关注。常规的以供给为导向的模拟模型在处理这些问题时有时显得不足。因此亟待研究一种将供水项目置于需求端问题、水质和生态系统保护背景之下考虑水资源开发的综合方法。

水资源评估和规划系统模型 WEAP（Water Evaluation and Planning System）是瑞典斯德哥尔摩环境研究院研制开发的水资源评估与规划工具，并广泛应用在世界上许多国家水资源评价上（Yates，2005；Raskin，1992；SEI，2007；Institute-Boston，2003；Onstad 和 Jamieson，1970）。

### 3.2.1 模型原理

WEAP 以月为间隔计算系统中每个节点和连接的水和污染物质量平衡。水被分配以满足河道内和消耗性要求，受需求优先顺序、供给择优顺序、质量平衡和其他限制约束。WEAP 从现状基准年的第一个月计算到预案最后一年的最后一个月。每个月都独立于前面的一个月，水库和地下水储量除外。因此，在一个月中，所有进入系统的水（如源头来水、地下水补给，或到河段的径流）或者储存在潜水层或水库中，或者在月末之前离开系统（例如，河流末端的出流、需求点消耗、水库或河段蒸发、输送及回流连接损失）。由于时间尺度相对较长（月），所有流量被假定瞬时出现。因此，一个需求点可以从河流取水、消耗一部分，将其余部分返回到废水处理厂加以处理和返回到河流。该回流可为下游需求点在同一个月所用。每个月计算遵循以下次序：

① 需求点和流量要求的年需求和月供给要求；

② 集水盆地径流和下渗，假定（目前还）没有灌溉入流；

③ 系统中每个节点和连接的水入流和出流（包括计算从供水源取水以满足需求、分派水库存水），由线性规划求解，受需求优先序、供给择优顺序、质量平衡等限制；

④ 需求点产生的污染物，污染物的量和处理，受体水体负荷，河流中浓度；

⑤ 水力发电；

⑥ 资本和运行成本及收入。

WEAP 支持广泛系列的函数，用户可以在表达式中包括这些函数来生成模型。函数分为 3 类：

① 模拟函数：用于模拟数据的主要函数；

② 数学函数：标准数学函数，句法与微软 Excel 的相似；

③ 逻辑函数：可以用于生成复杂的条件模拟表达式。

WEAP 模型中主要参数计算方法见表 3-2。

表 3-2　WEAP 模型中主要参数计算方法

| 指标 | 计算方法 | 说明 |
|---|---|---|
| 年需求量 | 年需求$_{DS}$ = $\sum\limits_{Br}$(总活动水平$_{Br}$×用水率$_{Br}$) | 一个需求点（DS）的需水是该需求点所有底层分支 $B_r$ 需水总和 |
| 月需求量 | 月需求$_{DS,m}$ = 月变化比例$_{DS,m}$×调整后的年需求$_{DS}$ | 一个月（m）的需求等于该月在调整后的年需求中所占比例 |
| 月供水要求 | 月供水要求$_{DS,m}$ = 月需求$_{DS,m}$×(1−回用率$_{DS}$)×<br>(1−需求端管理结余$_{DS}$)/(1−损失率$_{DS}$) | 供水要求是实际需要从供水水源输出的水量 |
| 径流、下渗和灌溉 | 降雨径流法；FAO 作物需求方法的仅考虑灌溉需求的版本；土壤湿度法 | 提供 3 种算法 |
| 需求点流量 | 需求点入流$_{DS}$ = $\sum\limits_{Src}$输送连接出流$_{Src,DS}$ | 供给需求点（DS）的水量是其输送连接入流的总和 |
| 输送连接流量 | 输送连接出流$_{Src,DS}$=输送连接入流$_{Src,DS}$−输送连接损失$_{Src,DS}$ | 在从供水水源（Src）到需求点（DS）的输送连接上，输到需求点的水量等于从水源的取水量减去连接内部的任何损失 |
| 需求点回流连接流量 | 需求点回流连接入流$_{DS,Dest}$ = 需求点回流路由比例$_{DS,Dest}$×<br>需求点回流流量$_{DS}$ | 需求点回流连接从需求点（DS）将废水输送到目的地（Dest）废水处理厂或受体水体。流入该连接的量是需求点回流的一部分 |
| 地下水流量 | 月末储量$_{GW}$ = 月初储量$_{GW}$ + 天然补给$_{GW}$ +<br>$\sum\limits_{DS}$需求点回流$_{DS,GW}$+$\sum\limits_{TP}$处理厂回流$_{TP,GW}$ +<br>河段到地下水流量$_{GW,Rch}$ −<br>$\sum\limits_{DS}$输送连接入流$_{GW,DS}$−地下水到河段流量$_{GW,Rch}$ | 月末储量等于月初储量加上天然补给入流、需求点（DS）和处理厂（TP）回流及河流河段（Rch）的亚表层流，减去需求点取水和流入河流河段的亚表层流 |
| 河段流量 | 上游入流$_{Rch}$ = 下游出流$_{Node}$ | 从上游（不是第一个河段）到一个河段（$R_{ch}$）的入流定义为从紧邻河段的上游节点（Node）流出的水量 |
| | 下游出流$_{Rch}$=上游入流$_{Rch}$+地表水入流$_{Rch}$+地下水至河段的流量$_{GW,Rch}$−河段至地下水的流量$_{GW,Rch}$−蒸发$_{Rch}$ | 流出一个河段进入下游节点的流量等于从上游入河段的流量，加上到河段的地表水径流和地下水入流，减去蒸发和地下水出流 |

## 3.2.2　模型应用特点

WEAP 由 5 个主要界面构成：图示、数据、结果、总览和注释。

① 图示 Schematic：包含基于 GIS 的工具，用于帮助设置系统。"目标"（如需求点、水库）可通过在菜单上拖放相应项目生成并置于系统中。GIS 矢量或栅格文件可作为背景图层添加。通过点击目标，可以迅速打开任何节点上的数据和结果（图 3-4）。

　　② 数据 Data：允许用户生成变量和关系，输入假设和利用数学表达式形成预测，以及与 Excel 动态链接（图3-5）。

　　③ 结果 Results：以图和表格形式及在图示上详细和灵活地显示模型输出结果（图3-6）。

　　④ 总览 Overviews：用户可以以此突出系统的关键指标，帮助快速浏览。

　　⑤ 注释 Notes："注释显示视窗"为用户提供进一步解释说明数据和假设。

图 3-4　WEAP 模型区域设置与显示窗口

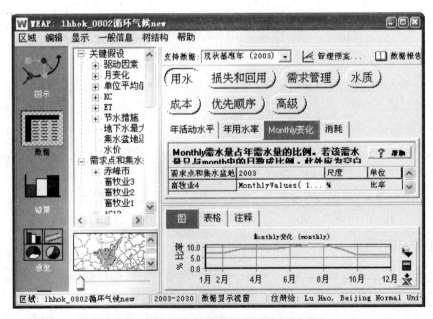

图 3-5　WEAP 模型参数设置及数据录入窗口

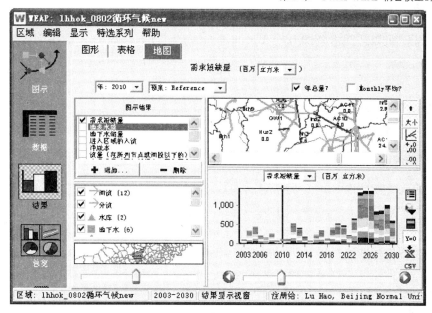

图 3-6　WEAP 模型结果输出窗口

WEAP 的模拟基于计算水收支平衡这一基本原则,可用于城市和农业系统、单个集水盆地或复杂的跨界河流系统。此外,WEAP 可解决的问题广泛,包括如部门需求分析、水资源保护、水权和分配优先顺序、地下水和地表水模拟、水库运行、水力发电、污染追踪、生态系统要求、脆弱性评价和项目损益分析等。

用户根据以下部分表述相关系统:各种水源(如河流、溪流、地下水、水库和海水脱盐设施);取水、传输和废水处理设施;生态系统要求、用水需求和产生的污染。

总之,WEAP 的独特之处在于其模拟水系统的综合方法和其政策导向。WEAP 把需求端问题,如用水规律、设备效率、回用策略、成本和配水与供给端问题(如河流流量、地下水资源、水库和调水),放在同等地位来考虑。作为数据库,WEAP 提供一个管理水需求和供给的系统;作为预测工具,WEAP 模拟水的需求、供给、流量和存储,以及产生的污染、处理和排放;作为政策分析工具,可以全面评估水资源开发和管理选择,并考虑水资源系统多元和互相竞争利用方式,综合模拟水资源系统自然要素与工程要素。WEAP 的独特之处还在于其表述需求管理对水系统影响的能力。可以详细分解终端用户或不同经济部门的"用水服务"并以此导出供水要求。例如,农业部门可以按作物类型、灌区和灌溉技术细分;城市用水部分可以按县、市和水管理区来细分;工业需水可以分成工业子部门并进一步分解成工艺过程用水和冷却水。该方法把发展目标"提供终端产品和服务"放在水资源分析的基础位置,并可以评估技术改进以及价格变动对水需求量的影响。此外,用户还可以指定特定的需求配水或优先从特定的水源取水。WEAP 预案分析还可以考虑水生生态系统的要求,可以概述不同用水加于总体系统的污染压力,可从污染物产生到处理和流入地表和地下水体追踪污染,并模拟河流中水污染物浓度(SEI,2007)。

WEAP 直观的图形界面提供了一种简单但有效的构建、查看和修改系统及其数据的方法。其主要功能"加载数据、计算和查看结果"可为用户提供提示、捕捉错误以及在屏导引的交互式使用方式。WEAP 可扩展和可修改的数据结构在具备了更好的资料和规划问题改变时可以适应水资源分析人员演进的需要。此外，WEAP 允许用户形成自己的变量和等式来进一步精调系统或使分析适应当地的制约和条件。

## 3.3 SWAT–WEAP 耦合模型

### 3.3.1 模型耦合

分布式水文模型 SWAT 运行需要的基本数据较少、计算效率较高与 GIS、RS 等技术的结合方面优势明显，具有参数敏感性自动分析和参数自动校正功能，可以用于长期变化过程的研究。作为长时段流域分布式水文模型，SWAT 具有很强的物理机制，可以模拟分析各种物理化学渐变过程，例如模拟和预测气候变化、土地管理方式对不同土壤类型、土地利用与土地覆被类型及管理条件下流域地表及地下水量、水质等方面的影响。因此，SWAT 模型作为水资源供给端，主要用来模拟流域水文过程，其输出结果（如子流域划分、河网水系生成、河流入流以及不同气候变化与 LUCC 情景下的水资源供给状况）与作为水资源需求端的 WEAP 模型耦合（图 3-7），以此模拟不同气候变化与人类活动情景下水资源供需与短缺状况，并对水资源脆弱性进行分析。

WEAP 把需求端问题与供给端问题放在同等地位来考虑，主要用来模拟水资源的需求、供给，以及需求短缺量、需求点满足度等，并考虑水资源系统多元和互相竞争利用方式，综合模拟水资源系统自然要素与工程要素，全面评估水资源开发和管理选择。WEAP 的独特之处还在于其表述需求管理对水系统影响的能力。可以详细分解终端用户或不同经济部门的"用水服务"并以此导出供水要求。WEAP 预案分析还可以考虑水生生态系统的要求。因此，WEAP 模型在耦合模型中主要作为水资源需求端（图 3-7），用来模拟评估多种人类利用情景下的水资源及其管理规划。

### 3.3.2 模型参数

要求的水量（Supply Requirement）：每个需求点在考虑配水损失、回用和需求端管理节约后的要求。

供到的水量（Supply Delivered）：供到需求点的水量，按来源（供水）或者按目的地（需求点）列出。按目的地列出时，报告的数量为实际到达需求点的量，所有输送损失已经减去。

需求短缺量（Unmet Demand）：每个需求点要求的但没有得到满足的水量。在某些需求点需水没有完全得到满足的情况下，该报告对于了解短缺的程度有帮助。

满足度（Coverage）：每个需求点的要求（经过配水损失、回用和需求端管理节约调整）得到满足的百分比，从 0（没有输到任何水）～100%（全部需水都输到了）。满足度报告提供了需求满足情况的快速评估。

地下水储量（Groundwater Storage）：各月末潜水层储量水平。

供水择优顺序（Supply Preference）：需求点对特定水源的偏好。每个输送连接都有一个择优顺序号，范围从 1（偏好程度最高）～99（偏好程度最低）。

　　需求优先顺序（Demand Priority）：需求点或河道内流量要求在区域范围内接受供水的优先顺序，范围为 1（优先顺序最高）～99（最低）。这些优先顺序代表用户对向各需求点和河道内流量要求供水的重要性的排序。

　　输送连接（Transmission Link）：输送连接从地方供水水源、水库节点和取水节点输送水，以满足需求点的最终需求。

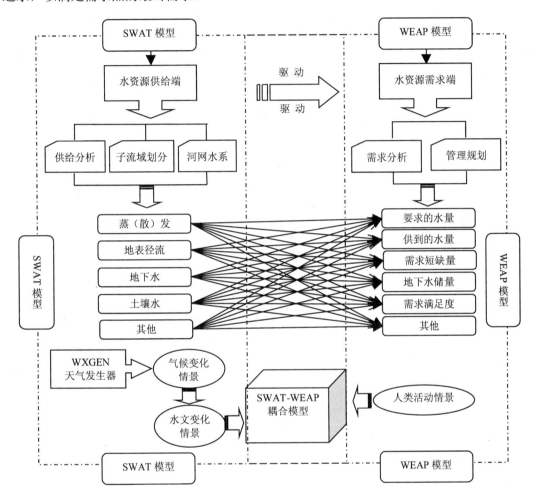

**图 3-7　SWAT 模型与 WEAP 模型耦合**

### 3.3.3　模型应用

　　SWAT-WEAP 耦合模型的应用通常包括几个步骤：①流域离散化；②流域参数化；③水资源供需系统地理空间构建；④现状基准构建：包括供给端信息、需求端信息设置；⑤情景构建：包括气候变化情景构建、人类活动（包括土地利用、覆盖）情景构建等；⑥研究定义：设置时间跨度、空间界限、系统组分和问题结构；⑦水文要素模拟：对地表径流、蒸（散）发、土壤水、地下水等水文要素进行模拟；⑧水资源评估：就水的充足程度、成本和效益、环境目标的兼容性及对关键变量不确定性的敏感程度对各预案进行评估。

（1）水资源供需系统地理空间的构建

根据流域历年水文、水资源、社会经济以及实地调查数据，设置流域水资源供给与需求系统中有形实体的空间布局图。首先输入矢量图层，包括研究区县域、土地利用图等，以及由 SWAT 模型生成的流域边界及其河网、子流域图等；然后根据研究区水利工程分布图，以及玉米、谷子等主要作物的分布图，进行需求点、输送连接、回流连接、集水盆地、地下水、水库，以及流量测站等要素的设置，给出供给和需求优先顺序，并输入和编辑相关数据。考虑数据的可获取性，选取合适年份作为"现状基准年"，并设置预案的时间范围。所有预案将建立于现状基准数据集之上。

（2）现状基准年的构建

选取"现状基准年"。现状基准（Current Accounts）代表水资源系统当前状况的基本定义。建立"现状基准"要求用户"校准"系统数据和假设到能够准确反映系统观察到的运作的程度。"现状基准"包括研究的第一年的各月供给和需求数据的指定（包括水库、管道、处理厂等定义）。"现状基准年"是所有预案的起始年，它不是一个"平均"的年份，而是当前系统目前的最佳估计，是分析时段的第一年和系统"校准"的年份，现状基准年被用作模拟的基础年，所有系统信息（如需求、供给数据）都被输入现状基准中。每年 12 个时间步长，以日历月为基础，从 1 月份开始。

（3）需求端信息的设置

需求端一般包括城市生活用水需求点、农村生活用水需求点、畜牧业用水需求点、工业用水需求点以及农业用水需求点等（图 3-8）。驱动需求的年活动水平通常是指使用生活用水的人口或工业产值，年用水率以及月变化等。需求优先顺序按照流域实际用水的顺序来设置。

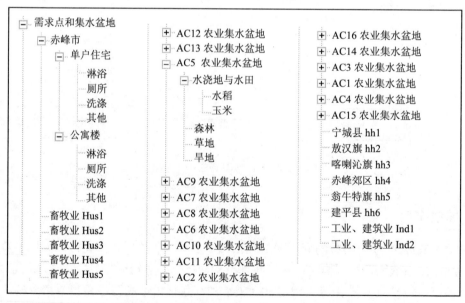

**图 3-8　LRB 需求点和集水盆地树结构样例**

模型模拟需要的降水数据根据流域或流域周边气象台站的逐月降水数据，经过 IDW 插值处理给出。根据 SWAT 模型输出子流域土地利用数据，结合统计数据及野外调查数据，估算农业集水盆地及其水浇地和水田、旱地面积与比例。

（4）供给端信息设置

包括连接需求与供给、径流与入渗、河流、地下水及回流（图 3-9）。

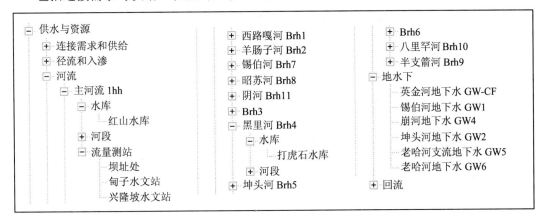

**图 3-9　LRB 供水端与资源树结构样例**

河流源头来水入流数据采用由 SWAT 模型模拟结果。地下水根据流域地下水资源分布以及野外调查数据设置相关值。

另外，模型中的关键假设（Key Assumptions）指在分析中用于"驱动"计算的用户定义的自变量。关键假设包括按需求端划分的（城市、农业、工业）单位水成本预测的变量，以及宏观经济驱动因子，如人口、GDP 和水价增长率。根据流域的实际情况设置（图 3-10）。

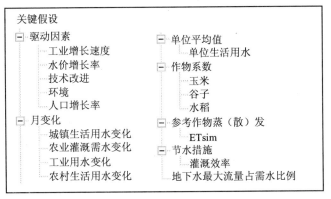

**图 3-10　关键假设树结构样例**

### 3.3.4　模型特点

从 SWAT 模型、WEAP 模型以及 SWAT-WEAP 耦合模型对不同情景的模拟功能对比可以看出，SWAT 模型对气候变化、水文要素变化、土地利用与覆被变化情景的模拟较强，而对多种形式的人类活动、生态环境以及水资源管理规划等的模拟较弱；而 WEAP 模型正好相反；SWAT-WEAP 耦合模型兼二者所长，把社会经济变化、人类活动影响、气候变化与水资源耦合在一起来建立模型，为深入研究气候变化和人类活动对水资源的驱动机制以及定量分析水资源系统脆弱性提供了模型基础。

目前的水文模型大多以供给为导向，这在探讨多种形式人类活动对水资源的影响方面以及进行水资源规划和管理时显得不足，阻碍了水循环模型作为基础模型对气候变化和人类活动影响的研究以及水资源可持续利用的研究。SWAT-WEAP 耦合模型把需求端问题，如用水规律、设备效率、回用策略、成本和配水等，与供给端问题，如河流流量、地下水资源、水库和调水等放在同等地位来考虑，结合了 SWAT 模型与 WEAP 模型各自的优势，可以全面评估各种水资源开发和管理选择，并考虑水资源系统多元和互相竞争的利用方式，因此是水资源脆弱性评估和分析的有效工具。

表 3-3　模型情景模拟功能对照表

| 情景模拟功能 | SWAT 模型 | WEAP 模型 | SWAT-WEAP 耦合模型 |
|---|---|---|---|
| 气候变化 | 较强 | 较弱 | 较强 |
| 水文要素变化 | 较强 | 较弱 | 较强 |
| 土地利用、覆盖变化 | 较强 | 较弱 | 较强 |
| 多种形式人类活动 | 较强 | 较弱 | 较强 |
| 生态环境 | 较弱 | 较强 | 较强 |
| 水资源管理规划 | 较弱 | 较强 | 较强 |

## 3.4　小结

本章探索了一种耦合模型（SWAT-WEAP）方法，介绍了分布式水文模型 SWAT、水资源评估和规划系统模型 WEAP 的特点、原理、方法，以及二者在耦合模型中的主要应用价值等，并对耦合模型的结构等进行了说明。

（1）SWAT 模型应用的主要价值

作为长时段流域分布式水文模型，SWAT 具有很强的物理机制，可以模拟分析各种物理化学渐变过程，而且其运行需要的基本数据较少、计算效率较高，与 GIS、RS 等技术的结合方面优势明显，具有参数敏感性自动分析和参数自动校正功能。因此，SWAT 模型作为水资源供给端，主要用来模拟流域水文过程，其输出结果（如子流域划分、河网水系生成、河流入流以及不同气候变化与 LUCC 情景下的水资源供给状况等）与作为水资源需求端的 WEAP 模型耦合，以此模拟不同气候变化与人类活动情景下水资源供需与短缺状况，并对水资源脆弱性进行分析。

（2）WEAP 模型应用的主要价值

WEAP 主要用来模拟水资源的需求、供给，以及需求短缺量、需求点满足度等，并可以考虑水资源系统多元和互相竞争利用方式，全面评估水资源开发和管理选择。因此，WEAP 模型在耦合模型中主要作为水资源需求端，用来模拟评估多种人类利用情景下的水资源及其管理规划。

（3）SWAT-WEAP 耦合模型的特点与应用前景

SWAT-WEAP 耦合模型把需求端问题与供给端问题，放在同等地位来考虑，是水资源脆弱性评估和分析的有效工具。同时，SWAT-WEAP 耦合模型把社会经济变化、人类活动影响、气候变化与水资源耦合在一起来建立模型，为深入研究气候变化和人类活动对水资源的驱动机制以及定量分析水资源系统脆弱性提供了模型基础。

# 参考文献

[1] Hanson C L，Cumming K A，Woolhiser D A，et al.. Micro-computer program for daily weather simulations in the contiguous United States[M]. Washington D C：USDA-ARS Publ. ARS-114，1994.

[2] Institute-Boston S E. Water Evaluation and Planning System[EB/OL]. Boston http：//www.weap21. org/index.asp，2003.

[3] Neitsch S L，Amold J G，Kiniry J R，et al..Soil and water assessment tool theoretical documentation version 2000[M]. College Station：Texas Water Resources Institute，2002.

[4] Nicks A D，Lane L J，Gander G A.Weather generator[M]. Washington D C：USDA-ARS-NSERL，1995.

[5] Onstad C A，Jamieson D G .Modelling the effects of land use modifications on runoff [J].Water Resources Research，1970，6（5）：1287-1295.

[6] Raskin P，Hansen E，Zhu Z，et al.. Simulation of Water Supply and Demand in the Aral Sea Region[J]. Water International 17，1992（2）：55-57.

[7] Richardson C W，Wright D A. WGEN：A model for generating daily weather variables[M]. Washington D C：USDA-ARS Publ. ARS-8，1984.

[8] Neitsch S L，Arnold J G，Kiniry J R，et al.. Soil and Water Assessment Tool User's Manual Version 2000[R].2001.

[9] SEI. WEAP water evaluation and planning system[R]. Tutorial，Stockholm Environmental Institute，Boston Center，Tellus Institute，2007.

[10] Sharpley A N，Williams J R，Eds. EPIC-Erosion Productivity Impact Calculator，1. model documentation [M]. U.S. Department of Agriculture，Agricultural Research Service，Tech. Bull，1990.

[11] Williams J R，Hann R W. HYMO，a problem-oriented computer language for building hydrologic models[J]. Water Resour，1973，8（1）：79-85.

[12] Yates D，Sieber J，Purkey D，et al.. WEAP21：A Demand，priority，and preference-Driven Water Planning Model.Part 1：Model Characteristics [J].Water International 30，2005（4）：487-500.

[13] 王中根，刘昌明，黄友波.SWAT 模型的原理、结构及应用研究[J]. 地理科学进展，2003，22（1）：79-86.

# 第4章

## LRB 数字流域信息平台

作为"数字地球"的一个应用层次，广义地讲，"数字流域"是把流域及与之相关的所有信息数字化，并用空间信息的形式组织成一个有机的整体，从而有效从各个侧面反映整个流域完整的、真实的情况，并提供对信息的各种调用要求。

本章对老哈河流域（LRB）的地理环境、基础设施、自然资源、人文景观、生态环境、人口分布、社会和经济状态等各种信息进行了数字化采集、存储与处理，综合运用遥感、地理信息系统，基于VB+MapObjects，结合数字流域理论与技术，运用组件式 GIS 技术，建立 LRB 数字流域可视化地理信息平台。平台不仅解决了基本单元匹配和复合、空间离散化和参数化等空间信息处理问题，而且也实现了"天—水—地—人"互馈功能等属性信息的融合。为开展气候变化与人类活动对水文水资源的定量研究提供了一个多层次、多方位的数字流域科学可视化信息平台，即虚拟实验室。

## 4.1 数字流域信息平台构建目标与框架

### 4.1.1 目标

以空间信息系统为基础平台，为流域水资源可持续利用研究提供基础信息支持。能够较全面地收集管理流域各类数据（包括行政区划、水文信息及人文经济信息、土地类型及农业管理信息等有关流域经济的属性数据以及流域的空间数据等），直观地显示、查询、统计和分析各种信息，并能在统一的集成环境下进行空间综合分析，为水资源对气候变化与人类活动的脆弱性研究提供科学的信息平台支持。其建设目标如下：

（1）集成目标：构建一个集成多源数据进行存储、查询、处理和分析的平台，可以实现在统一的集成环境下进行多种空间综合分析；

（2）分析目标：构建一个基于"气候—水资源—生态环境—社会经济"复合系统的基础信息整合平台，可以实现流域水资源脆弱性与适应性分析；

（3）管理目标：采用先进的 GIS 技术构建一个科学可视化的研究平台，直观地再现流域资源分布状况，为水资源管理与规划服务。

### 4.1.2 原则

实用性与完备性原则。从平台构建的实际需要、研究目标出发，突出基于老哈河流域的水资源分析研究的特点，建立一个与研究内容相适应的平台模式，方便、有效地为流域水资源分析、模拟、管理服务。根据平台需求分析，设计各种功能模块并提供友好的用户界面以实现平台功能完备性；系统中存储的信息足以满足需要以实现数据完备性。

多源信息整合原则。采集流域多源信息，建立流域基础信息数据库，是构建流域可视化平台的前提和基础。信息采集手段、采集方法、采集数量、采集面的广泛与否，都将直接影响信息分析管理层以及模型层的构建。平台是对自然、资源、水系、气候、水利、经济、社会、人口、环境等多源数据的全面整合，并实现多源信息的单元匹配、信息的空间离散化与参数化，最终以空间信息的形式组织成一个有机的整体。

科学性与真实性原则。保证采集数据的科学性与真实性是建立数据库和进行水资源管理和模拟的重要前提和基础，同时，对数据进行动态管理，通过日常的数据更新，保证管理数据的及时、可靠，建立具有实际指导意义的可操作的最佳信息平台，为流域水资源研究提供基础。

可扩充性与阶段性原则。平台当前的建设重点是在基础 GIS 平台的基础上构建 LRB 数字流域信息平台，但由于数字流域概念本身广泛的外延和内涵，决定了系统的功能、系统管理的数据、系统的应用领域以及软硬件设备必须可以扩充，使之能够适应未来研究发展需要；数字流域系统是一个复杂的实用系统，平台建设采用分阶段实施的方法，将目标分解成若干子目标，各功能模块既相对独立，又相辅相成，分阶段、有步骤地自下而上逐步实施和完成。

可视化与人机交互原则。根据老哈河流域特点，平台充分利用 GIS 管理流域环境信息的优势，在可视化的环境下，把传统的流域环境信息的管理、分析功能和 GIS 技术相结合，实现平台信息的自动化与可视化，并通过人机交互的方式，实现流域水资源的虚拟管理。

### 4.1.3 框架

基于数字流域的思想，在平台具体实现过程中，大致划分为基础信息层、信息分析管理层以及模型层 3 个子模块，它们既相对独立，又相辅相成，可以分阶段、有步骤地自下而上逐步实施和完成。基础信息层录入数据并对数据进行预处理，通过分析管理层将老哈河流域信息指标量化，进行自然单元与社会单元的匹配，并对信息进行管理维护，以供模型层调用，进行流域水文过程机理以及水资源的评估与规划研究。老哈河数字流域可视化地理信息平台框架设计如图 4-1 所示。

## 4.2 数字流域平台开发模式与 GIS 组件选择

### 4.2.1 开发模式

系统开发模式的选择是应用型地理信息系统建设的关键，它直接影响到系统的性能。对应用型地理信息系统的开发，一般有 3 种模式：利用现有基础地理信息平台进行二次开发、利用可视化编程语言从底层开发以及利用可视化编程语言与 GIS 组件进行开发（林坤泉，2005）。其中第一种模式虽然可以在较高起点上直接进行系统的组织和开发工作、可靠性好，但是也存在可扩展性差等问题，而且在实际应用中，要开发的往往不是传统意义上的 GIS 系统，而是将 GIS 技术与 MIS 和 CAD 等系统集成的系统，在这种情况下，应用基础 GIS 平台进行二次开发，很难实现与这些实用系统的无缝集成。第二种模式有较强的灵活性，它可以根据系统的需要来实现功能，设计的系统短小精悍，软硬件要求低，运行速度快，而且易于扩展。在开发时可以根据实际项目的需要，在设计时就可以考虑与 MIS、DDS 等系统集成，实现系统间的无缝连接。但是因为各种技术都需要从底层进行开发，技术难度大，需要较高的开发技术和很强的开发力量，而且从底层开发软件系统需要经过反复的调试和测试，而这个过程一般需要较长的时间。第三种模式即可视化编程语言与 GIS 组件进行开发，组件式 GIS 是随着近年来计算机软件技术的发展而产生的，代表了 GIS 系统的发展方向。基于 COM，美国微软推出了 ActiveX 控件技术，已成为当今可视化程序设计的标准控件，新一代组件式 GIS 大都采用 ActiveX 控件实现。如 Intergraph 公司的 GeoMedia、ESRI 公司的 MapObjects、MapInfo 公司的 MapX 等。本书即采用第三种模式进行平台开发。

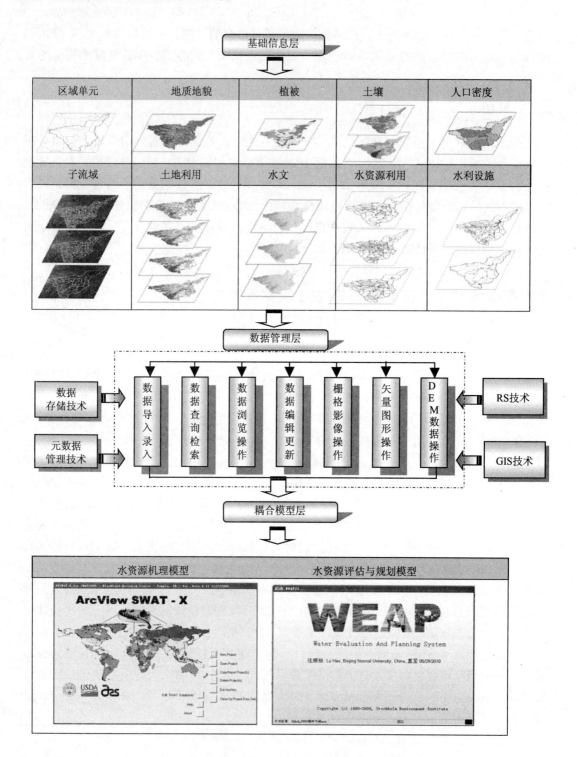

**图 4-1   LRB 数字流域可视化地理信息平台框架设计**

## 4.2.2 GIS 组件选择

组件式 GIS 是随着近年来计算机软件技术的发展而产生的，代表了 GIS 系统的发展潮流。基于 COM，美国微软推出了 ActiveX 控件技术，它已成为当今可视化程序设计标准控件，新一代组件式 GIS 大都采用 ActiveX 控件实现。这类 GIS 提供了完成各种 GIS 系统功能的标准 ActiveX 控件，这就使得 GIS 系统开发者在了解了组件式 GIS 的各个控件的属性、方法和事件后，就可以利用各种可视化开发语言（如 VC$^{++}$，VB）和这些控件组织实现 GIS 系统，所以，组件式 GIS 在系统的无缝集成和灵活性方面具有巨大的优势。

本书根据平台需要选用 VB 做开发集成环境，用 Access 管理数据，利用 ESRI 公司的 ActiveX 控件 MapObjects（MO）实现 GIS 的有关功能，MapObjects 是美国 ESRI 公司为开发人员提供的一套图形和 GIS 组件（ESRI，1998；2000），其结构合理、简洁、易于扩充，是目前较为流行的 GIS 控件。MapObjects 包括一个 MAP 控件以及超过 35 个 OLE 可编程对象。调用时其 MAP 控件将直接放置到各通用开发环境的工具栏上。利用 MapObjects 控件不仅能完成地图应用常用基本功能，而且可以构造出具有一定复杂度的空间分析模型，其主要功能特点如下：①支持多种矢量数据和栅格数据；②可实现地图缩放、漫游和标注；③支持通过微软 ODBC 规范进行的外部数据库访问；④可以绘制点、线、多边形等图形要素；⑤可进行图形、属性双向查询，用标准 SQL 表达式进行特征选择和查询；⑥丰富的特征表现方式：按值润色、分类显示、绘制密度图、产生各种专题图；⑦能进行地图投影；⑧能进行 Buffer、Union、Intersect 等空间分析；⑨根据地址进行匹配（王伟长，2000）。

## 4.2.3　平台模型调用

平台模型层部分，调用 SWAT 分布式水文模型（Arnold *et al.*，1998；Neitsch *et al.*，2002）与 WEAP 水资源评估与规划模型（SEI，2007）进行水文水资源区域响应研究。

SWAT 模型基于 ArcView 平台开发，而且提供了基于 Visual Fortran 环境的 SWAT2000 源码，因此可以直接调用编译文件，或在 Visual Fortran 环境下新建工程插入 SWAT 的代码文件（*.f 文件），修改相应文件。

WEAP 可以作为"COM 自动服务器"，即其他软件（如 Excel 通过 VBA）、编程语言（如 Visual Basic、C）或源程序[如 Visual Basic Script（VB Script）、JavaScript、Perl、Python]可以直接控制 WEAP 改变数据值、计算结果并将其输出为文本文件或 Excel 电子数据表，这是极其强大的功能（SEI，2007）。

WEAP 模型中，界面由几个"类"组成，每个都有自己的"属性"和"方法"。"属性"是可以检查或改变的值，而"方法"是可以做某些事的功能。WEAP 定义了以下的"类"：

WEAPApplication：最高等级的属性和方法，包括对所有其他类的访问；

WEAPArea：WEAP 区域（数据集）；

WEAPAreas：所有 WEAP 区域的集合；

WEAPScenario：当前区域中的一个 WEAP 预案；

WEAPScenarios：当前区域中所有 WEAP 预案的集合；

WEAPBranch：数据树结构上的一个特定的分值（如\需求点\South City）；

WEAPBranches：特定分支的所有子分支的集合 [如分支（"\需求点"）.Children]；

WEAPVariable：给定分支的一个变量（如某一分支的消耗\需求点\South City）；

WEAPVariables：一个分支的所有变量的集合（如全部变量\需求点\South City）；

WEAPVersion：当前区域的指定版本；

WEAPVersions：当前区域的全部版本集合。

### 4.2.4　平台地理信息分析功能

建立平台的首要任务是建立流域基础信息数据库。这里所指数据库的一个重要特点是具有空间属性，一切其他信息都是以地理空间数据为载体，它包括空间数据库及与其相对应的属性数据库和元数据库，因而可以实现文字、表格和图形的无缝连接。基于基础数据库，建成流域可视化地理信息平台，使用户快速实现流域地理、社会经济、水文、分析数据、档案等主要历史资料和自然信息的检索和查阅，为流域水资源科学研究等工作提供基础信息支持。

具体地，基础信息数据库的建设，分以下步骤加以实施：首先，收集和整理流域各类基础地理信息，通过建立统一的原则和标准，进一步确定并划分出各类基础地理信息的主要类型；在此基础上，根据不同类型信息的各自特点，制定出其相应的数据结构、数据格式和数据标准，通过遥感遥测、地面调查、自动监测、行业统计及文字报表等形式，多途径获取流域各类信息资源，建立相应元数据文档；运用数字化技术分别对获取的信息进行数字化采集和存储，建立流域基础信息的空间数据库及其相应的属性数据库和元数据库，并开发出相应数据库管理和分析系统。

## 4.3　LRB 数字流域信息平台的开发

### 4.3.1　流域概况

老哈河流域位于辽河流域西北方，流域位于北纬 41.05°～43.50°，东经 117.30°～120.85°。老哈河为西辽河南源，发源于河北省七老图山脉的光头山，流经内蒙古自治区赤峰市东南部，在翁牛特旗与奈曼旗交接处与西来的西拉木伦河汇合后称西辽河。老哈河全长 425 km，主要支流有八里罕河、坤头河、英金河、羊肠子河等 10 余条，均系长年流水河。干流上游河谷狭窄，两岸山地围绕；中游进入黄土丘陵区，水土流失严重；下游进入冲击平原，河床有所抬高。中游河道上建有红山水库是一座有防洪、灌溉、发电、养鱼等综合效能的大型水库。

老哈河流域地跨内蒙古自治区、河北及辽宁 3 省区，流域面积 27 977.14km² （图 4-2），流域大部分位于赤峰市境内。流域开发利用历史悠久，是一个以农为主，农牧结合的半农半牧区。老哈河是西辽河的源头之一，历来是辽河平原的水源供给地，同时，流域海拔高出京津地区 500m，沙质化地表土壤极易被风力侵蚀，又处在上风向，是京津地区的风沙源，生态区位十分重要。

图 4-2　LRB 位置图

（1）自然地理条件

① 地质地貌。老哈河流域海拔 405～1 935m，黄土丘陵、台地是本区的主要地貌类型，海拔自西向东降低。分布有山地、高平原、熔岩台地、低山丘陵、沙丘平原等，总观地貌属山地丘陵区，有部分冲积平原，形成"五山四丘一分川"地貌景观，中低山和丘陵占土地总面积一半以上，北西南三面多山，山地主要分布在翁牛特旗、赤峰市、喀喇沁旗、宁城县西部和敖汉旗南部，西部山地属于七老图山脉。

② 气候条件。老哈河流域属温带半干旱大陆性季风气候区，处于暖温带向寒温带过渡地区。流域四季分明，春季干燥，多风沙天气；夏季短促炎热、多雨，雨量集中；秋季历时短，气温下降快，霜冻来临早；冬季漫长寒冷，降雪量少。多年平均气温 6.9℃，年内温差较大，绝对最高温度达 42.5℃，绝对最低温度达－41.1℃。年平均降雨量 412.6mm，流域内降水的时空分布极不均匀，流域年降水量的分布趋势是自西南向东北逐渐递减。由于受地形影响，局部地区偏多。宁城县西部、喀喇沁旗西南部年降水量较大，一般在 450mm 以上，黑里河任家营子雨量站最大多年平均雨量为 705mm，东部年降水量一般在 300～350mm，年降水量最小值清河子站多年平均降水量仅 248.0mm。降水的季节分布不均，4—5 月降水量占全年降水量的 10%左右，春旱比较严重。6—8 月降水量占年降水量的 67%～75%，对大秋作物有利，但因降水变率较大，伏旱和秋旱也较频繁。降水年际变化较大，最大和最小年降水量之比为 3 倍以上，而且有连续数年多水或少水的交替现象。多年平均蒸发量 1 100～2 500mm，自东向西逐渐加大。年平均相对湿度在 49%～70%。全年日照时数为 2 400～3 000h。无霜期为 150～180d。在少雨地区，由于日照充足，地表植被稀疏，所以蒸发旺盛，由于年蒸发量远大于年降水量，干旱已成为影响农牧业生产最主要的气象灾害。其他如低温、霜冻、大风、寒潮、暴雨、冰雹、牧区白灾、冷雨等，有的年年发生，有的几年交替出现。

老哈河流域地处不同气候区的过渡地带，具有较高的气候敏感性，近几十年，在中国北方干旱化的背景下，气候变暖明显。

③ 水文、水资源。老哈河流域天然径流主要来源于大气降水，属降水补给型，降水量充沛的年份，径流量较大，干旱年份，径流量相应减少。因此，降水年际变率大，径流深空间分布与年降雨量相似，总的趋势是：南部、西南部较大，一般在50mm以上，由老哈河上游向汇合口方向逐渐减弱。老哈河径流年内分配很不均匀，主要径流产生于6—9月，汛期径流量较大，7—8月径流量占全年径流量的45%以上，汛期常有山洪暴发成灾，最枯季为12月至翌年2月。流域地表水资源比较丰富，但由于降水变率大，径流年际丰枯变化悬殊，地表水资源开发利用难度较大，而且因地形限制，只有河谷平原及河流沿岸缓坡地才可得到灌溉之利，广大黄土丘陵及台地利用较少。流域主要用水项目有灌溉用水（包括农田灌溉、牧业饲草基地灌溉、林业育苗、果园及造林用水）、人畜饮用水及工业用水等几项，其中灌溉用水量最大（高秀花等，2005）。老哈河流域赤峰段，地表径流量32.7亿 $m^3$（包括境外客水5.1亿 $m^3$），地下水资源21.2亿 $m^3$，其中可开采量10.1亿 $m^3$，人均占有水资源894 $m^3$，仅为全国人均水资源占有量的40%，耕地亩均占有水资源208$m^3$，约为全国亩均占有水量的13%。目前已利用地表水7.7亿 $m^3$，地下水10.3亿 $m^3$，合计18.0亿 $m^3$。其中农业用水14.6亿 $m^3$，占用水总量的81.2%，工业用水1.0亿 $m^3$，占用水总量的5.8%，生活用水1.3亿 $m^3$，占用水总量的7.01%（王阳，2005）。近年，老哈河流域地表水资源呈下降趋势，20世纪90年代地表径流量较50年代有明显锐减现象，河流断流现象日趋增多。

老哈河流域地下水分布普遍，但水量差异甚大。河谷平原与山间盆地地下水比较丰富，其中老哈河中下游平原最大可能涌水量大于5 000 t/d，上游河谷及丘间洼地，含水层厚度一般小于15m。黄土台地与波状平原地下水比较贫乏，含水层不稳定，埋藏深，富水性差。自20世纪80年代以来，由于干旱频率增大，人类大造河渠引水，无节制地抽取地下水灌溉农田和草场，致使地下水位严重下降。20世纪70年代与50年代相比，奈曼旗地下水位平均下降1.65m，最大下降达2.31m。据不完全统计，老哈河流域内旗县级以上城市污水排放量严重，赤峰市松山区等地地下水污染也已十分严重，导致有限水资源不能得到充分利用（高秀花等，2005）。流域内有大型水库红山水库，位于赤峰市境内，地处老哈河中游，地理位置为北纬42.8°，东经119.7°，控制流域面积24 486km²，占老哈河流域面积的74%。

④ 土壤和植被。老哈河流域主要土壤类型有黄土、褐土，其次是灰褐土、棕壤、灰潮土以及盐化类型。山地主要是棕壤和灰褐土，黄土丘陵、台地大面积分布的是黄土，局部为黑垆土和褐土，波状平原主要是沙质栗钙土，河谷低地为草甸土。黄土和褐土是本区耕地的主要土壤。沿河两岸有一些潮土及其他冲积类型的土壤分布，其肥力较高，再加上生产条件较好，是本区稳产高产田集中的土壤类型。灰褐土和棕壤是本区的山地土壤，多为荒山荒地或自然林地，耕地面积较少。老哈河流域处在典型草原植被地带，广大低山、丘陵荒坡及波状平原为典型草原分布地域，建群植物为旱生禾草及小半灌木，有本氏针茅、冰草、隐子草、达乌里胡枝子、百里香等。山地植被由次生林、灌丛和草甸草原群落构成。由于流域地理位置独特，南北气候差异较大，形成野生植物种类繁多，资源丰富。仅赤峰市就有野生植物1 863种，分属118科，545属。其中：草本1 531种，乔木96种，灌木232种，藤木22种。由于自辽代以来人类活动加强，特别是清代以后

屯垦活动的增多，生态环境逐步恶化，生物多样性减少，植被结构趋于简单，植物生长状况变差，植被覆盖度降低，牧场产草量和可食牧草比例下降。

（2）人口、社会、经济、土地利用状况

① 人口、社会、经济。老哈河流域包括内蒙古自治区、河北省和辽宁省的 3 个省区的 9 个全部或部分县（旗），即内蒙古奈曼旗、翁牛特旗、敖汉旗、赤峰市区、喀喇沁旗和宁城县 6 个旗县市，河北承德市的围场县和平泉县 2 个县，辽宁朝阳市的建平县。

2007 年，流域人口密度近似于 102 人/km²。从老哈河流域各旗县人口密度与人均耕地面积变化可以看出（图 4-3），与 1990 年相比，流域内 2007 年所有旗县人口密度均明显增高，其中赤峰市辖区增高最为明显，与此相反，人均耕地面积呈逐年减少趋势。20世纪 80 年代以来，随着人口的显著增加，以及工农业的发展，流域内灌溉以及其他用水显著增加，导致流域内径流持续减少，河流断流和地下水位下降，人均水资源可利用量明显减少，2002 年人均水资源可利用量，敖汉旗人均 689 m³、翁牛特旗 623 m³、宁城县759 m³、喀喇沁旗 342 m³、奈曼旗 610 m³、建平县 524 m³。

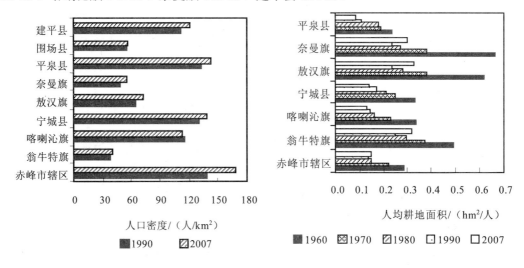

图 4-3　老哈河流域社会经济状况统计表（1960—2007 年）

本区以农业为主，农作物种植以旱作杂粮为主，粮食作物中谷子、玉米、高粱三大作物种植面积占粮豆面积的 60% 以上，产量占粮豆总产的 82% 以上，其他作物有糜、黍、荞麦、薯类、小麦、水稻、莜麦等，谷子大多种植在旱坡地上，玉米大多种植于水浇地。由于气候、土地资源以及水利建设等方面存在地区差异，各旗县作物种植结构也不相同，宁城县玉米和高粱比重较高，翁牛特旗谷子比重较高。

② 土地利用。流域土地类型以耕地、林地、草地为主，伴有沙地、裸地、未利用地等类型；流域上游以草地和林地为主，中下游以耕地为主。流域内林地与草地占整个流域面积的 50% 以上，由于人类活动的影响加剧，流域土地类型近 30 年来发生明显变化，2000 年，林地占总土地面积的 21.0%；草地占总土地面积的 29.5%；耕地占 39.5%，其他用地占 10%。

流域内生态环境退化较为严重，草地退化、沙化、盐碱化面积逐年增加，部分地区已出现大面积的裸露地和沙地。据流域内奈曼旗土壤普查资料，自 1958 年到 1983 年，奈曼旗平均每年沙化面积扩大 $5.2×10^3 hm^2$，平均每年有 $7.7×10^3 hm^2$ 流动与半流动风沙土活化（杨恒山等，2000）。赤峰市沙地面积也明显增加，全市沙地面积 1958 年仅为 $1.08×10^6 hm^2$，到了 2000 年全市沙地总面积已达到 $2.43×10^6 hm^2$（马东荣等，2005）；赤峰市草地中正常没有退化的草地只占草地总面积的近 20%，轻度退化草地面积为 $1.69×10^6 hm^2$，占草地退化总面积的 36.66%；中度退化草地面积为 $1.57×10^6 hm^2$，占草地退化总面积的 33.98%；重度退化草地面积 $1.35×10^6 hm^2$，占退化草地总面积的 29.36%（许民，2005）。至 2000 年，赤峰市退化草地面积已达到 $4.61×10^6 hm^2$，比 20 世纪 60 年代初增加了近 10 倍（马东荣等，2005）；流域内由于过度放牧、不合理的耕作及农田的大水漫灌，还导致了土壤次生盐渍化的发展。

### 4.3.2 数据库基础

老哈河流域数据库包括基础地理数据库与专题数据库。老哈河流域基础地理数据库分为遥感图像、DEM、水系、土壤、道路、居民区、水文参数、气象水文监测数据、社会经济数据等信息类，是流域水资源管理和规划的重要基础。老哈河流域专题数据库分为水库等水利设施、水资源利用、水资源管理等信息类，是老哈河流域水文、水资源分析与预测的主要支撑。

（1）信息获取

背景数据：遥感数据从卫星地面接收站或相关机构购买。DEM 可以直接购买或利用电子地形图生成。

地理特征与土地数据：主要通过购买得到，其中水系、行政界等为重要数据，也可以通过专题图矢量化等方式获得。

气象水文数据：从水文站点和气象站点获得，或通过专题图矢量化、调查、统计等方式获得。

社会经济数据：从统计年鉴等获取，或者通过统计、调查获得。

其他专题信息：通过收集、调查、多媒体信息转换、设计报告、公报及监测等方式获得。如部分水资源数据（包括地下水位、灌溉方式、打井深度等）来自于野外考察与问卷调查，考察线路图见附图 1，问卷调查点见附图 2，调查问卷见附表 1。

（2）信息组织原则

分布式与集中式相结合原则。老哈河流域信息专题数据库应采用分布和集中相结合的数据设计和管理方式。

数据结构一致性原则。为了实现数据共享和数据一致性，各级系统的数据库结构必须一致，包括数据库划分一致、数据项描述格式（中文和英文标识符、单位、类型和取值范围）一致、数据库表结构一致和接口一致。

先进性与实用性相统一原则。数据库的建设应先进合理、灵活高效、容易控制管理，具有良好的可扩展性和可升级性。

元数据、数据库与数据仓库相结合原则。基本代码的维护通过元数据管理来实现，保证在运行过程中对程序的修改工作较少；按数据仓库原理构建数据库，在满足当前需要的同时利用数据挖掘技术进行动态分析。

动态时空数据库原则。空间数据库要建成动态数据库，以便系统正常更新。

（3）空间信息库

对老哈河流域各种信息进行了数字化采集、存储与处理，构建流域空间信息库，流域的空间信息包括土地利用数据、植被类型数据、DEM 数据、土壤类型图、流域边界、子流域及不同分辨率下的河网水系、水文响应单元（HRU）以及遥感影像等。

地图投影和坐标变换，由于涉及空间形态的多类图层，为了方便对图层进行统一管理和综合应用，将所有图层转换到统一的地理坐标系和地图投影中。

图层格式，图层格式均为 .grd 和 .shp，即栅格类型和分点、线、面的矢量类型图，其中 DEM、土壤类型图、土地利用类型图都为栅格图，而流域边界、流域水系和气象站点位图则分别为面型矢量图、线型矢量图和点型矢量图。在 ArcGIS 的帮助下，进行两种格式图形的相互转换。

土地利用数据，将基于遥感影像分类得到的各期土地利用图转换为 GRID 格式，并进行投影转换，然后提取老哈河流域；同时建立土地利用类型查找表，将土地利用类型与土地利用图中各像元值进行关联。

植被类型数据，包括老哈河流域植被类型图。

DEM 数据，采用 90m 精度的 USGS 格式 DEM 作为基准 DEM，在 ArcGIS 的帮助下，将分幅的 DEM 按照研究区域的大小进行融合和剪切。

土壤类型图，使用比例尺为 1∶100 万全国土壤类型图，并借助 GIS 软件为不同土壤类型赋属性值。土壤类型图地理编码则依据 SWAT 模型土壤类型定义规则，建立老哈河流域土壤类型的分类编码。

子流域及河网，DEM 数据是流域水文模型中流域划分、水系生成以及汇流模拟与河道推演的基础。采用 90m 精度的 USGS 格式 DEM，结合流域野外调查资料，进行河网生成和子流域划分。

水文响应单元（HRU），为了充分考虑土地利用和土壤类型的空间异质性对流域水文过程的影响，以及充分表达空间数据的分布与输出，运用 ArcMap 软件分析处理并给出 HRU 空间分布图。

（4）属性数据库

流域河流网络数据，为弧段型空间数据，另外还有对应的河道特性数据，如河流名称、等级、河流长度、河流宽度、流量等。

流域地形数据，为弧段型或栅格型空间数据，对应的属性数据有高程值。

土地利用数据，为多边形空间数据，对应的属性数据有土地利用类型等。

土壤数据，为多边形空间数据，对应属性数据有土壤类型、理化性质。物理属性包括土壤分层数、每层土层厚度、土壤水文分组、饱和导水系数、有机碳含量、土壤机械组成、土壤侵蚀因子、土壤可利用水含量等；化学属性有硝态氮、有机氮和有机磷浓度。

主要城镇数据，为点状空间数据，对应的属性数据有名称、坐标、总人口、人均日生活用水量、工业用水量、工业产值等。

农业管理数据，包括灌溉措施、播种季节、种植结构、灌溉面积、有效灌溉面积、旱涝保收面积、蓄水灌溉面积、引水灌溉面积、纯井灌面积，以及牧草灌溉面积、灌溉草库仑数与面积等。

行政区数据，为点状空间数据，对应的属性数据有行政区名称、面积、人口、耕地面积、粮食总产量、国民生产总值、工业生产总值、农业总产值等统计资料。

水文监测站（断面）数据，为点状空间数据，对应的属性数据有名称、坐标、所在河名、控制面积、监测项目、监测数据等。

水库数据，包括水库名、地理位置、总库容、水面面积、控制流域、年均供水、灌溉面积、最大泄流量等。

气象数据，包括降水量、气温等属性数据。其中观测数据包括 1960—2008 年逐日降水量、蒸发、风速、最高气温、最低气温、相对湿度、太阳辐射等。考虑到流域内降雨和气温的空间差异随地形变化较大，选择 14 个气象站点的降雨和气温资料。再分析数据主要为多年逐月平均气象资料，包括降水量、降水量的标准偏差、平均降水天数、月内干日日数、湿日日数、降水的偏度系数、风速、太阳辐射、最高气温、最低气温、最高气温标准偏差、最低气温标准偏差、露点温度以及最大半小时降水量等数据。

卫星或航空影像数据。

属性数据库的库结构围绕研究目标而建立，根据研究的要求筛选、建立指标体系。如社会经济数据库除了包括行政区名称、行政区编码外，还包括人口、牲畜、土地总面积、耕地面积、GDP 等 22 个主要字段，涵盖流域 9 个旗县，时间跨度 57 年（1949—2005年），时间分辨率为每年记录一次。

### 4.3.3 平台界面

LRB 数字流域平台界面包括地物控制工具栏、操作工具栏、地图显示窗口、地图控制窗口、状态栏等，是一个可视化的地理信息平台（图 4-4）。

图 4-4 LRB 数字流域可视化地理信息平台运行界面

操作工具栏，该工具栏中的按钮主要用于控制地图操作，尤其方便了使用频率高的操作。操作工具栏的默认位置是在主窗口的正上方。

地物控制工具栏，通过地物控制工具栏中的快捷按钮可以控制在地图中显示哪些类型的地物。

地图显示窗口，用于显示地图，也可以响应用户通过工具栏按钮执行的一些请求。地图显示窗口位于主窗口的正中央。

地图控制窗口，主要用于控制地图显示窗口中的内容。

状态栏，状态栏主要显示工具栏、菜单功能及部分操作的提示信息。状态栏所显示信息要求简单明了、语言通俗易懂。状态栏也是独立的，其显示状态也可由用户控制。默认情况下，状态栏位于主窗口的最底端。

### 4.3.4 平台功能

按照流域特点，在 LRB 数字流域可视化地理信息平台开发中充分利用 GIS 管理流域环境信息的优势，在可视化的环境下，把传统的流域环境信息的管理、分析功能和 GIS 的电子地图相结合，实现平台信息的自动化与可视化。

平台能有效地管理空间数据和非空间数据，并对其进行查看分析，同时可以在两种数据之间建立连接。平台的主要功能特点是：支持多种格式的数据源，包括属性数据、矢量数据、栅格数据和文本数据；数据列表在整个操作过程都可见，使用者可任意切换数据表；数据可实现跨库、跨表间的计算和分析；提供一些简单的数学统计计算模型；属性数据表可用标准的 SQL 表达式进行特征选择和查询。

（1）数据管理功能

① 图层控制。用户可以根据需要，随时将某一专题图层叠加到当前图层中，让用户了解更多的地理信息，同时也可随时将某一不需要的图层关闭或隐藏。为方便用户对图层显示区域的控制，在图层显示窗口的右上角设置了具有鹰眼功能的小显示窗口。这个小窗口显示了图层集完整的区域，用户只要用光标在鹰眼显示窗内的图层上，任意勾画矩形区域，在图层显示窗口内就会显示该区域的图层，便于用户对显示区域在整个老哈河流域中地理位置的把握。

② 数据浏览与显示。每一个图层在概念上来说是一个数据库，但不是普通形式的数据库，它包括地理信息和属性信息，平台提供了图层操作的功能，可以对图层进行放大、缩小和漫游等。如图 4-3 所示，平台界面左侧的数据栏被分为上下两个，分别显示非空间数据和空间数据。通过下面的空间数据栏可以实现对空间数据的浏览查看。图层之间的顺序切换也很方便，只要双击图层列表中的某一项，这个图层就会被置顶。工具栏里地图操作按钮可以实现对地图的移动、放大、缩小、查看（包括全景查看）、选择和地图输出。

③ 地理信息查询。查询功能是任何一个地理信息系统软件所必备的重要功能之一，该平台的查询包括地理信息数据从图到表的查询、从表到图的查询及从表到表的查询。从图到表的查询：通过空间数据直接查询属性数据，例如点击图形中的某个图斑，可直接得到土壤的类型和土壤剖面属性信息，实现即点即查；从表到图及从表到表的查询：可以让用户指派查询条件，在图形窗口将满足条件的空间地理要素标识出来，并以表格

的形式显示其属性，用户也可用系统提供的 Info 工具，逐一反查其属性。平台提供了单条件查询、多条件组合查询，方便用户根据不同需要完成查询。空间属性信息查询显示的信息来自于空间数据，主要包括该空间实体的 ID、名称、周长、面积等。而专题属性信息查询显示的信息来自于与空间实体相关联的专题属性数据库，如水文站建站时间、监测流量等。

④ 地名查找功能。地名查找功能实现的原理是利用 MapObjects 提供的，由空间实体的属性到空间位置的查询函数来实现。有时候用户知道某个地点的地名，但不知其在地图上的具体地理位置，无法对该地点的信息进一步查询，这时可以利用地理位置查找功能，在图层上查找该地点。首先输入该地点的地名，然后开始查找，系统会把该地点在图层上闪烁显示，向用户提示该地点的地理位置。

⑤ 图形工具。提供一些数学计算模型，可以对旗县数据进行计算生成全流域数据，并可实现数据指数计算、绘制趋势线等，平台运用 VB 自带的 MSCHART 控件来实现。

（2）空间分析功能

平台可实现各种空间操作与分析。根据作用的数据性质不同，可以分为：基于空间图形数据的分析运算；基于非空间属性的数据运算；空间和非空间数据的联合运算。空间分析赖以进行的基础是 LRB 平台地理空间数据库，其运用的手段包括各种几何的逻辑运算、数理统计分析、代数运算等数学手段，最终的目的是提取和传输地理空间信息，特别是隐含信息，以辅助进行水资源管理决策。平台空间分析的基本功能，包括空间查询与量算、缓冲区分析、叠加分析、路径分析、空间插值分析、统计分类分析等。

（3）专题图制作功能

系统能利用数据库中的图形数据及空间分析所得到的各种数据结果，设计出符合规范和精度要求的专题地图。一个成熟的地理信息系统，其地图输出功能是十分重要的。地理信息系统软件可以输出普通地图和专题地图。普通地图强调地物的位置及相互关系，专题地图表现多种地理特征。制作专题地图是根据某个特定专题对地图进行符号化的过程。专题表达，就是以某种图案或颜色填充来表明地图对象（点、线、区域）的某些信息（如人口、大小、年降水量、日期等）。例如，利用 MapObjects 的着色功能（Renderer），根据数据库表中的属性数值来赋给地图对象颜色、图案或符号，从而创建不同的专题地图。MapObjects 为创建专题地图提供了强有力的支持，用户可以用点密度符号、分级显示和按属性值显示等方式来创建不同的专题地图。

点密度符号 DotDensityRenderer：此着色方法就是在地图上用点来显示数据，每一点都代表一定数量，某区域中点的总数与该区域数值成比例，每个点代表一定数量的单元，该数乘以区域内总的点数，就等于该区域的数据值。

分级显示 ClassBreakRenderer：分级显示是将根据规定字段值，将图形特征分成不同的级别，而每一级别以不同的符号显示图形特征，通过设置 BreakCount 值和设置上限进行分级。

按字段值显示特征 ValueMapRenderer：此种方法按属性字段的值，每一个值显示一种符号，以 Symbol（I）设定具体的符号特性，以 SymbolType 设定图形特征的类型（点、线和多边形），ValueCount 设定字段多少值提供符号，其他的值由 UseDefault 属性设定是否利用缺省符号，缺省符号由 Default Symbol 属性设定。

（4）模型模拟功能

在系统属性与空间数据库的支持下，通过调用模型层，可以运用基础信息层的数据直接运行 SWAT 分布式水文模型以及 WEAP 水资源的评估与规划模型，快速模拟水文过程等，进行流域水文过程机理分析以及水资源的综合评估与规划研究。

### 4.3.5　平台特点

LRB 数字流域信息平台具有以下特点：① 信息源丰富，包括地理环境、基础设施、自然资源、人文景观、生态环境、人口分布、社会和经济状态等各种信息；② 信息量大，如社会经济时间跨度 57 年（1949—2005 年），气象数据从建站至 2008 年，土地利用图 4 期；③ 空间与时间分辨率较高，如社会经济数据以县域为单元录入数据，模拟过程以水文响应单元 HRU 为单元进行，土壤类型图分别有 1∶100 万以及 1∶400 万比例尺，时间序列有年、季、月、旬、日等不同分辨率，以便于降尺度对流域状况进行分析；④ 平台自动化与可视化程度较高，提供图形化的用户界面、灵活的查询和分析、统计功能，系统具有较清晰的模块化结构，接口设计合理，既保证系统内部各模块之间的数据迅速传递，又实现与外部模型的动态关联；⑤ 流程化的操作模式，平台通过基础信息层、信息分析管理层以及模型层 3 个子模块，可以分阶段、有步骤地自下而上逐步实施和完成水资源分析与模拟工作。基础信息层录入数据并对数据进行预处理，通过分析管理层将流域信息指标量化，进行自然单元与社会单元的匹配，以及空间离散化处理，并对信息进行管理维护，通过调用模型层，可以直接运行 SWAT-WEAP 耦合模型，快速模拟水文过程等，进行流域水文过程机理分析以及水资源的综合评估与规划研究。

### 4.3.6　解决的关键问题

LRB 数字流域可视化地理信息平台通过交互式用户界面，使水资源系统信息管理置身于可视化的地理空间中，为流域水资源分析与管理提供了一种新途径。在该平台的构建中，有两类关键问题：一是空间信息处理，如基本单元复合、空间离散化和参数化处理；二是属性信息处理，如"天—水—地—人"互馈功能实现等。

（1）基本单元匹配和复合问题

LRB 数字流域可视化地理信息平台是多数据源的自然、人文综合型数据库平台，主要包括自然因子数据、社会经济数据、遥感影像数据等，不同数据源的数据记录和存储单元不同，分别为自然单元、社会单元（地市、旗县）和像元，这就导致自然因子数据库、社会经济数据库、遥感数据库基本统计单元之间的相互不匹配。为了便于数据的管理和分析，数据库中相同属性的数据是按层存储的，这些层叠加起来就是完整的一套数据。要实现研究目标下的综合分析，就必须将不同层的属性匹配起来。平台通过数据层之间的相互关系，采用面积权重法将一种空间单元的信息转换到另一种空间单元上，从而实现两大数据间的匹配。具体操作方法可采用 GIS 技术来进行。

社会单元匹配自然属性是指以行政单元为基本单元，把各种自然因子数据最后归结到行政单元上，使得每个行政单元成为一个信息综合体的过程。采用以下公式：

$$A_j = \sum_{i=1}^{n} a_i w_i \qquad\qquad 式 4\text{-}1$$

式中：$A_j$——第 $j$ 个社会单元中的自然属性值；$n$——第 $j$ 个社会单元中自然单元的斑块数；$a_i$——第 $i$ 个斑块的自然单元所代表的属性值；$w_i$——第 $i$ 个斑块在第 $j$ 个社会单元中所占的面积百分比。

以土地利用为例来说明社会单元匹配自然属性的过程。如果一个县域中只包含一个自然单元，则直接将这个自然单元的属性数据赋予这个县域社会单元。假设有两个相同类型的土地利用斑块，要将其分配到政策管理和经济发展一致、跨越的 4 个行政县域单元上，行政边界如图 4-5a，土地利用的图斑分布如图 4-5b 所示，其中的 $a$ 和 $b$ 表示两块不相邻的土地利用斑块，面积分别为 $A$ 和 $B$，图 4-5c 为二者的叠加，可以看出 4 个县的行政界线将两块土地利用图斑分割为 5 块，其面积分别为 $a_1$，$a_2$，$a_3$，$a_4$，$a_5$。

由上述的公式计算得到的 4 个县域行政单元的土地利用数据为：$A_1=a_1$，$A_2=a_2+a_3$，$A_3=a_4$，$A_4=a_5$。

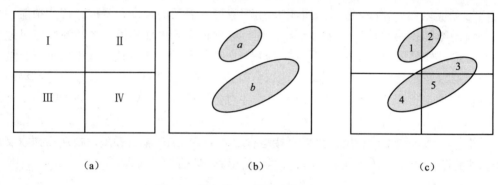

（a）　　　　　　　　　　（b）　　　　　　　　　　（c）

**图 4-5　社会单元匹配自然属性的过程**

自然单元匹配社会属性是指把空间单元内的行政地市人口、社会、经济统计信息按照一定的规则分配到自然地理特征相对均一的自然单元上去的过程。采用以下公式：

$$X_i = \sum y_j(X_{ij}/Y_j)$$ 式 4-2

式中：$X_i$——第 $i$ 个自然单元的社会经济属性；$y_j$——第 $j$ 个社会单元的社会经济属性值；$X_{ij}$——第 $j$ 个社会单元在第 $i$ 个自然单元中的面积；$Y_j$——第 $j$ 个社会单元的面积。

自然单元、社会单元还须与信息单元复合。信息单元中所包含的信息，既有自然特征，又有一定程度的社会特征（史培军，2001），因此，信息单元是对自然与社会属性的一种综合集成，为此，采取解析的方法，即可获得自然与人文因素在地表信息单元中各自所占的份额，可用式 4-3 表达：

$$\sum_{i=1}^{n} I_i = \sum_{i=1}^{n} N_i + \sum_{i=1}^{n} S_i$$ 式 4-3

式中：$n$——单元数；$I$——信息单元；$N$——自然单元；$S$——社会单元。

（2）空间离散化处理

对于模拟多种气候条件、多种地面覆盖、多种土壤类型、多种管理措施的复杂流域而言，模型的空间分辨率非常重要，分辨率太低则难以描述流域内部多种地理因素的空间变化以及这些变化对地理过程的影响。因此，提高模型运行的空间分辨率，选择适宜的空间离散方式，把复杂的流域离散成为众多的、地理上相对均一的地域元，这个地域元的大小既可以运行模型，也可以反映流域内部各地理因子和地理过程的空间可变性，以此实现流域尺度的地理过程高度定量化研究（李硕，2002）。

空间离散化就是采用一定的方法，将一个大的区域（或流域）科学地划分为更小的区域，划分出来的区域中，地理因素和地理过程可以认为是相对均一的。本书采用了"流域—子流域—水文响应单元"的空间离散方法。

利用基于数字高程模型（DEM）的流域水文建模的方法，在 GIS 系统辅助下，首先生成流域河网；然后将整个流域从空间上划分成为一个个子流域；在每个子流域内部通过土地利用图和土壤图的叠加分析生成多个由特定土被组合而成的水文响应单元 HRU（Hydrological Response Unit）。

HRU 是在 SWAT 模型 94.2 版本后引入的概念，其含义是子流域内具有相同土地利用与覆盖、土壤类型以及管理措施的水文单元。此外，SWAT 模型还假设相同子流域内的水文响应单元具有相同的气象条件、地形因素（坡度、坡长）、河流河道特征（坡度、河宽、河床渗透率等）以及地下水特征等，在运行时对每个水文响应单元的水文过程单独进行计算，之后将运行结果在子流域出口进行汇总。水文响应单元概念的引入使得 SWAT 模型更多地考虑了流域内土地利用、土壤类型等的空间异质性，对水循环过程的模拟更具有物理意义，而且模拟的精度也得以提高。

在确定水文响应单元之前首先要输入土地利用及土壤图层，并对这两个图层进行叠加分析，得到每个子流域内不同土地利用与土壤类型的组合以及空间分布情况；之后通过确定土地利用类型和土壤类型的比例阈值，将面积比例较小的土地利用类型和土壤类型排除（剩余土地利用类型和土壤类型的面积会重新计算以保证总面积不变），并最终确定各子流域的水文响应单元。这种方法使得模型在充分考虑土地利用及土壤的空间异质性的同时能够保证计算具有较高的效率。但同时也导致了另外的一些问题，如当比例阈值大于零时，水文响应单元的空间位置无法确定，而且也使得模型对地形因素（坡度、坡长）、河流河道特征（坡度、河宽、河床渗透率等）以及地下水特征等要素的空间异质性考虑不够；此外，由于土地利用及土壤类型比例阈值大于零时水文响应单元的空间位置无法确定，SWAT 模型在对模拟结果进行图形表达时只能以子流域为单元，因此不能够充分表达模拟结果的空间异质性（郑璟，2007）。

LRB 数字流域可视化地理信息平台为了充分考虑土地利用和土壤类型的空间异质性对流域水文过程的影响，以及对模型模拟结果的空间分布的充分表达，将土地利用和土壤类型的比例阈值均设为 0，首先基于 ArcMap 软件对土地利用图和土壤类型分布图进行叠加分析，得到不同土地利用、土壤类型组合，即水文响应单元的空间分布情况；其次将 SWAT 模型对每个水文响应单元的输出结果与其空间位置一一对应，从而基于水文响应单元进行模拟结果空间分布图制作。

综上所述，LRB 数字流域可视化地理信息平台应用了基于 DEM 的流域水文建模方法，进行了流域河网的自动生成，子流域的自动划分以及流域边界生成研究，将老哈河流域最多离散成为 27 个子流域、127 个水文响应单元 HRU，实现了流域的空间离散化，并实现了基于水文响应单元 HRU 进行模拟结果空间分布图制作。

（3）空间参数化实现

对空间离散化处理后所生成的离散地域元的属性进行说明和定值的方法，称为空间参数化。SWAT 模型运行需要的输入数据主要可以分为地形、气象、地面覆盖、土壤、水质、水库、农业管理措施等多种类型，每个类型下又包括多项内容。空间参数化方法通常涉及遥感、GIS 以及数理统计等多种技术、方法的综合应用。例如，土地利用类型图采用了遥感卫星 TM 图像监督分类的方法获得；子流域地形属性是通过数字高程模型（DEM），利用数字地形分析技术来提取的；气象数据则通过空间插值方法修正到每个子流域。

其中，气象站观测得到的或由模型模拟得到的气象数据一般都是单站点数据。在模型运行时，需要将其离散到子流域面上。SWAT 模型的空间插值方式采用邻近站点的原则，即将距离子流域中心最近站点的气象数据直接作为该子流域面上的气象数据从而实现单站点数据的空间离散，这种空间插值方法本身存在的局限性会对流域水文模拟产生较大影响。为了适应不同气候环境条件下气象参数的空间离散，提高模型的适用性，平台采用反距离加权法、泰森多边形法和基于 DEM 的 PRISM 插值法（赵登忠等，2004），与模型进行了松散耦合。首先根据插值方法求出每一个栅格上的气象要素值，然后将子流域图层栅格化，与栅格气象要素层进行空间叠加，求出同一子流域内栅格气象要素的平均值即为该子流域的气象要素值。3 种插值方法的选择可以根据站点的实际分布情况以及站点气象要素随高程的变化情况来选择（张东等，2005）。具体应用时，在模型外部首先根据所选用的插值方法进行空间插值，生成时间序列的子流域气象要素文件，然后通过修改模型输入数据接口的方式，将子流域气象要素值读入模型内部，直接分配到相应的子流域和 HRU 上，进行水文模拟运算。

SWAT 模型中需要输入的土壤数据可以分为空间分布数据、土壤物理属性数据和土壤化学属性数据 3 大类。土壤空间分布数据表示在每一个子流域中不同土壤类型的分布和面积的统计，是通过数字土壤图和子流域界线图的空间叠加来实现的，土壤空间分布数据是生成水文响应单元的基础。

土壤数据参数化过程中，土壤粒径级配数据插值处理较为重要。土壤粒径级配，亦即土壤机械组成数据是土壤属性数据中最重要的一类，其他的许多土壤参数，如容重、饱和水导率、可利用水含量等由于目前的土种志中没有相应测量值都需要基于土壤粒径级配数据计算得到。SWAT 模型采用的土壤粒径级配标准为美国农业部制定的美国标准，而本书中原始土壤数据采用的土壤粒径级配标准则是国际粒径分级标准。由于这两种标准中划分黏土与粉砂的粒径不相同，因此，需要通过插值获得 0.05 mm 下土壤粒径的累积分布。插值方法的选取与土壤累积粒径分布模型的选取有关，常见的插值方法有线性插值、对数线性插值、三次样条插值以及基于逻辑生长、Van Genuchten 方程等参数模型的插值（郑璟，2007）。考虑到改进的逻辑生长模型在预测土壤粒径分布中的效果较好（刘建立等，2003），平台采用该模型，对各土壤类型不同土层的土壤粒径分布进行拟合，进而计算得到美国土壤粒径分级标准下的土壤粒径级配数据。

将美国土壤粒径分级标准下的土壤粒径级配数据、土壤有机质含量数据输入到美国华盛顿州立大学开发的土壤水分特性软件（Soil Water Characteristics）（Saxton 和 Rawls，2006）（图 4-5），可以计算得出 SWAT 模型中所需的土壤容重、可利用水含量、饱和水导率等参数。在计算得到上述参数后，将土壤层数、土壤各层厚度、各层土壤的机械组成、有机质含量、土壤容重、可利用水含量、饱和水导率等参数分别输入，建立 SWAT 模型所需的土壤属性数据库。

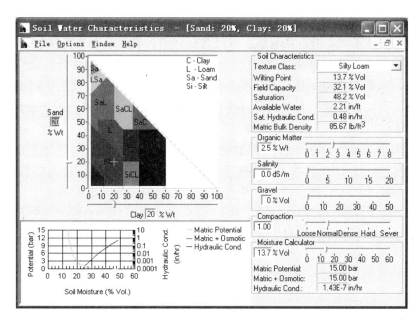

**图 4-6　土壤水分特性软件界面**（Saxton 和 Rawls，2006）

　　LRB 数字流域可视化地理信息平台实现了离散单元地理参数提取技术：在老哈河流域现有数据的基础上，应用遥感、GIS 以及数理统计等多种技术手段提取了包括地形、土壤、气象、土地利用等多方面模型运行所需要的参数，实现了流域的空间参数化过程。

　　（4）"天—水—地—人"互馈功能的实现

　　首先，平台整合了流域地形、土地利用、水系、土壤、道路、居民区、水文参数、气象水文监测数据、社会经济数据等基础地理多源信息，以及水库等水利设施、水资源利用、水资源管理等专题信息，并实现了多源信息的单元匹配、信息的空间离散化与参数化，最终以空间信息的形式组织成一个有机的整体，体现了"气候—水资源—生态环境—社会经济"复合水资源系统的理论思想。

　　其次，平台在模型层部分设置了多种气候变化情景（包括暖干化气候、暖湿化气候等）、土地利用变化情景（包括草地减少、林地增加等）以及水资源利用情景（包括改变种植结构、提高工业水价、实施水回用计划、限制使用地下水等），这些情景的设置为进行气候变化和人类活动影响下的水循环及水资源脆弱性变化及适应模式研究，对于理解人地系统相互作用，特别是探讨气候变化、水文过程和人类活动三者的相互驱动机制及变化规律提供了可能。

　　最后，平台通过构建 3 层体系结构"基础信息层—数据管理层—模型层"，及其在数字老哈河集成 GIS 平台中的具体实现过程，形成了老哈河流域"自然—社会综合体"。通过基础信息层，实现了气候、水资源、生态环境、社会经济多源信息的整合；通过数据管理层，实现流域自然属性与社会属性的融合；通过模型模拟层，可以揭示流域水资源系统"天—水—地—人"关系的互馈功能。

## 4.4 小结

干旱化趋势加剧、水资源短缺是气候变化和人类活动共同影响，是自然因素和人文因素共同作用的结果。本书旨在阐明流域气候变化与人类活动对水资源系统的驱动机制，量化气候变化与人类活动对水资源变化的贡献率，并尝试构建能综合反映气候变化、社会经济变化、水资源变化以及生态环境变化的耦合模型，这就要求数字流域信息平台具有独特的功能和特点，能够有效地从各个侧面反映整个流域完整、真实的情况，并提供对信息的各种调用、空间分析和模型模拟。

首先，本章针对数字流域平台建设的技术路线进行了分析，对平台建设所涉及的体系结构层次模型以及 GIS 技术、组件技术、面向对象技术成等相关技术作了简要的介绍，重点分析了数字流域平台建设的技术难点及相应的解决方案，在此基础上讨论确定了平台建设的集成体系结构；其次，讨论了基于 GIS 技术的系统平台设计目标及开发策略，详细探讨了平台的总体结构设计及相应的关键技术实现；最后，以老哈河流域为案例，讨论了平台环境的建立、"气候—水资源—生态环境—社会经济"多源信息库的实现，给出了 3 层体系结构"基础信息层—数据管理层—模型层"在数字老哈河集成 GIS 平台中的具体实现过程。

LRB 数字流域信息平台提供了数据管理、空间分析、专题图制作以及模型模拟等功能，具有信息源丰富、信息量大、空间与时间分辨率较高、平台自动化与可视化程度较高、流程化的操作模式等特点。LRB 数字流域可视化地理信息平台通过交互式用户界面，使水资源系统信息管理置身于可视化的地理空间中，为流域水资源分析与管理提供了一种新途径。平台解决了两类关键问题，一是空间信息处理，如基本单元匹配和复合、空间离散化和参数化处理；二是属性信息处理，如"天—水—地—人"互馈功能实现等。

## 参考文献

[1]　Arnold J G，Srinivasan R，Muttiah R S，*et al.*. Large area hydrologic modeling and assessment，pt.1：Model Development[J]. Journal of the American Water Resources，Association，1998，34（1）：73-89.

[2]　ESRI，Inc. MapObjects Internet Map Server User Guide[R]. California，USA. 1998.

[3]　ESRI. MapObjects LT Programmer's Reference：MapObject LT 2 ArcGIS. Environmental Systems Research[M]. USA：Institute，Inc. 2000.

[4]　Hao Lu, Wang Jingai，He Junjie, *et al.*. Laohahe River Basin information system based on the map objects[C]//Bartel Van de Walle, Yan Song，Siyka Zlatanova，Jonathan Li. Information systems for crisis response and management. 哈尔滨工程大学出版社，2008.

[5]　Neitsch S L，Amold J G，Kiniry J R，*et al.*.Soil and water assessment tool theoretical documentation version 2000[M]. College Station：Texas Water Resources Institute.2002.

[6]　Saxton K E，Rawls W. Soil Water Characteristics Hydraulic Properties Calculator [EB/OL]. http：//

hydrolab.arsusda.gov/soilwater/Index.htm.

[7]　SEI. WEAP water evaluation and planning system[R]. Stockholm Environmental Institute，2007.

[8]　高秀花，何江涛，段青梅，等. 西辽河（内蒙古）严重缺水区地下水资源及开发利用对策[J]. 西北地质，2005，38（1）：83-88.

[9]　辽宁省统计局，辽宁统计年鉴 2002[M]. 北京：中国统计出版社，2002.

[10]　李硕. GIS 和遥感辅助下的流域模拟的空间离散化与参数化研究与应用[D]. 南京师范大学博士学位论文，2002.

[11]　林坤泉. 长江水资源决策支持系统——空间数据库设计及 MapObjects 组件开发[D]. 华中科技大学硕士学位论文，2005.

[12]　刘建立，徐绍辉，刘慧. 几种土壤累计粒径分布模型的对比研究[J]. 水科学进展，2003，14（5）：588-592.

[13]　马东荣，李俊有. 赤峰市气候变暖及其利弊影响分析[J]. 内蒙古科技与经济，2005（19）：42-44.

[14]　内蒙古自治区统计局. 2002 年内蒙古统计年鉴[M]. 北京：中国统计出版社，2002.

[15]　史培军，李晓兵，王静爱，等. 生态区评价中的空间范围确定及其对全球变化的响应——自然单元、社会单元与信息单元的复合[J]. 第四纪研究，2001，21（4）：321-329.

[16]　王伟长. 地理信息系统控件（ActiveX）——MapObjects 培训教程[M]. 北京：科学出版社，2000.

[17]　王阳. 西辽河流域赤峰段水资源现状及保护对策[J]. 内蒙古环境保护，2005，16（4）：35-38.

[18]　许民. 赤峰草地退化及其原因分析[J]. 赤峰学院学报，2005，21（5）：54-56.

[19]　杨恒山，李华，李志刚，等. 内蒙古西辽河平原生态环境问题与农业持续发展对策[J]. 中国农学通报，2000，16（6）：45-47.

[20]　张东，张万昌，朱利，等. SWAT 分布式流域水文物理模型的改进及应用研究[J]. 地理科学，2005，25（4）：434-440.

[21]　赵登忠，张万昌，刘三超. 基于 DEM 的地理要素 PRISM 空间内插研究[J]. 地理科学，2004，24（2）：205-211.

[22]　郑璟. 快速城市化地区土地利用变化的水文响应模拟研究——以深圳布吉河流域为例[D]. 北京师范大学硕士学位论文，2007.

# 下篇

## 应用与实证

# 第 5 章

# LRB 气候—水资源—人类活动变化的检测

气候变化对水资源的产生与变化具有重要作用，降水和气温共同决定了区域气候的湿润与干燥程度，影响着径流的形成和地域分布。目前，基于历史数据的水文过程变化规律分析成为水文系统研究的基础性工作，通过分析与处理大量表征气候和水文过程变化的时间序列参数（如降雨、气温与径流等），并建立参数间的相互关系，不仅可以探寻与气候变化密切相关的水文过程变化的特征与规律，并且可以预测未来气候变化对水文过程的影响。另外，在对长时间序列实测水文与气象历史数据的研究中，还须考虑人类活动的影响因素。本章通过运用多种时间序列分析方法，检测了老哈河流域近 50 年气候、水文、水资源变化趋势及转折特征、不同时段土地利用变化特征以及社会经济变化特征，在此基础上确定了水资源变化的关键区域与关键期，找出了控制流域水资源变化的关键因素，并初步给出水资源系统变化的成因，为进一步进行流域水资源脆弱性变化的定量分析提供基础。

## 5.1 时间序列检测方法

气候变化和水文过程变化是非常复杂的问题，虽然有一定的规律性可循，但是随着时间尺度的延长，它们也存在着一定的非线性变化，表现为线性与非线性变化的耦合，线性变化常常包括周期变化和趋势变化等，它是组成气候变化和水文过程变化非常重要的一部分；非线性变化，即气候的相对稳定性和突变现象。

### 5.1.1 趋势分析

趋势分析有很多方法，包括参数检验法和非参数检验法，与参数统计检验法相比，非参数检验法更适合于非正态分布的资料。其中非参数 M-K（Mann-Kendall）趋势检验法是常用检验方法之一（符淙斌和王强，1992；Yue 和 Wang，2002；Zhang，2001；Molnar 和 Ramirez，2001；Easterling 和 Petersen，1995；Kendall，1975；Rebstock，2002；Fealy 和 Sweeney，2005），M-K 法可以较有效地检测序列的变化趋势，并能大体确定突变发生的位置。它以适用范围广、人为性少、定量化程度高而著称，其检验统计量公式是：

$$s = \sum_{i=2}^{n} \sum_{j=1}^{i-1} sgn(x_i - x_j) \qquad \text{式 5-1}$$

式中，$sgn$ 为符号函数，当 $x_i - x_j$ 小于、等于或大于零时，$sgn\,(x_i - x_j)$ 分别为 $-1$、$0$ 或 $1$；M-K 统计量公式 $s$ 大于、等于、小于零时分别为：

$$z = \begin{cases} (s-1)\big/\sqrt{n(n-1)(2n+5)/18} & s>0 \\ 0 & s=0 \\ (s+1)\big/\sqrt{n(n-1)(2n+5)/18} & s<0 \end{cases} \qquad \text{式 5-2}$$

式中，$z$ 为正值表示增加趋势，负值表示减少趋势，$z$ 的绝对值在大于或等于 1.28、1.64、2.32 时分别表示通过了置信度为 90%、95%、99% 的显著性检验。

### 5.1.2 跃变检测

在分析较长期气候变化时，多年来人们习惯于把显著性周期的检测作为一个重点，并往往基于线性响应的认识，而把分析出的周期跟某些天文现象（如太阳活动）中的周期相联系。但从整体或大尺度上着眼，过分强调周期性可能不利于我们准确地把握气候系统的非线性本质，或许它是更重要的一些变化特征，例如气候跃变（严中伟等，1990）。气候跃变（Climatic jump）泛指气候从一种状态到另一种状态的较迅速（跳跃性）转变的现象。近年来，气候跃变及其引起其他系统的一连串的剧烈反应引起气候研究界的注意，于是发展以统计方法检验时间序列是否有不连续点（Discontinuity）（或是否有 Regime shift 现象出现）也成为新兴研究项目之一。有些统计方法采用 Student's 或 M-K 等标准统计方法或其变形来搜寻不连续点，Easterling 和 Petersen（1995）对此进行了很好的综述。另外也有学者使用相对于平均值之偏差的累积和曲线（Cumulative sum of deviations，CUSUM）来寻找不连续点，如 Rebstock（2002）、Fealy 和 Sweeney（2005）等。

其中，M-K 法是在气候序列平稳的前提下，定义了一统计量：

$$d_k = \sum_{i=1}^{k} m_i \qquad (2 \leqslant k \leqslant N) \qquad \text{式 5-3}$$

式中：$m_i$——第 $i$ 个样本 $x_i$ 大于 $x_j$（$1 \leqslant j \leqslant i$）的累计值。

在原序列随机独立的假设下，对 $d_k$ 标准化后为 $U(d_k)$，给定一显著性水平 $a_0$，当 $a_1 < a_0$ 时，则拒绝原假设，它表示此序列将存在一个强的增长或减少趋势。所有 $U(d_k)$（$2 \leqslant k \leqslant N$）将组成曲线 $C_1$。把此方法引用到反序列中，得到另一条曲线 $C_2$，如果曲线 $C_1$ 和 $C_2$ 的交叉点位于信度线之间，这个点便是突变的开始。

本书采用 TREND 软件综合分析老哈河流域 40 年期间径流的变化趋势，以及是否存在统计上显著的跃变点。TREND 是一个用来对水文要素等进行趋势检测的软件，包括 WMO 推荐的 M-K 等 12 种趋势分析方法（CRC for Catchment Hydrology，2007；Kundzewicz 和 Robson，2000）。本书主要采用其中的 M-K 方法、CUSUM、Cumulative deviation 以及 Student's 方法，以上几种方法在对气候与水文序列的趋势以及突变分析过程中各有利弊，因此本书将综合上述几种方法使用。

### 5.1.3 周期分析

时间序列的周期（包括简单周期、复合周期以及近似周期）的识别、判定是一个较困难的问题，其周期成分分析的优劣将直接影响到水文或气候特征的预测精度，因此，如何有效地进行时间序列周期的分析检测非常重要。其中小波分析属于时频分析，它不同于 Fourier 分析，Fourier 分析使用的是一种全局的变换，无法表述信号的时频局域性质。小波变换具有多分辨率分析的特点，在时频域都具有表征信号局域特征的能力（刘俊萍等，2003）。小波分析理论由连续小波变换和离散小波变换构成，连续小波变换是小波分析理论的一个重要组成部分。

设小波函数为 $\phi(t) \in L^2(R)$，其 Fourier 变换为 $\psi(\omega)$，且满足允许条件：

$$C_\phi = \int_R \frac{|\psi(\omega)|^2}{|\omega|} d\omega < \infty \qquad \text{式 5-4}$$

对于任意函数 $f(t) \in L^2(R)$ 的连续小波变换为：

$$W_f(a, b) = \langle f, \phi_{a,b} \rangle = |a|^{-1/2} \int_R f(t)\, \phi\left(\overline{\frac{t-b}{a}}\right) dt \qquad \text{式 5-5}$$

$\overline{\phi(t)}$ 表示 $\phi(t)$ 的复共轭，$a, b \in R$，$a \neq 0$，$\phi_{a,b}(t) = |a|^{-1/2} \phi\left(\frac{t-b}{a}\right)$，$\phi_{a,b}(t)$ 不一定是彼此正交的。

其重构公式为：

$$f(t) = \frac{1}{C_\phi} \int_{-\infty}^{\infty} \int_{-\infty}^{\infty} \frac{1}{a^2} W_f(a,b)\phi\left(\frac{t-b}{a}\right) \mathrm{d}a\mathrm{d}b \qquad\qquad 式\ 5\text{-}6$$

Morlet 小波是使用最普遍的一种复值小波，母函数为：$\phi(t) = e^{-\frac{t^2}{2}} e^{j\omega_0 t}$，是经 Gauss 函数平滑而得到的谐波，其应用十分广泛，复值小波比实值小波具有更多的优点（Meyer，*et al.*，1993），以下对老哈河流域 40 年期间降水与径流的计算均采用 Morlet 复值小波连续变换。

Matlab 是一种解释性执行语言，具有强大的计算、仿真、绘图等功能。自 Matlab 诞生以来，因其高度的集成性及应用的方便性，受到了极大的欢迎。历经十几年的发展，现已成为国际公认的最优秀的科技应用软件之一。另外，Matlab 和其他高级语言也具有良好的接口，可以方便地实现与其他语言的混合编程，进一步拓宽了 Matlab 的应用潜力。本书利用 Matlab 实现小波分析的算法。

## 5.2 气候变化检测与分析

### 5.2.1 降水变化特征

（1）空间变化

老哈河流域内降水的空间分布极不均匀，流域年降水量自西南向东北逐渐递减。受地形影响，局部地区年降水量偏多。宁城、喀喇沁旗西南部年降水量较大，一般在 450mm 左右，北部如翁牛特旗年降水量一般在 350mm 左右（图 5-1）。

（2）趋势分析

各种趋势检测方法均显示老哈河流域 1961—2000 年的年降水量没有明显的趋势变化，也就是说没有明显减少的趋势（图 5-2）。从时间序列上看，总体上年降水量在 300～550mm 波动，与多年平均值相比整体波动性不大，个别年份超出此范围。分季节来看，春季降水有显著的增加趋势，通过置信度为 95%的显著性检验；而其他 3 个季节则没有显著特征（图 5-3）。

从老哈河流域年平均降水量累积距平曲线图中可以看出（图 5-4）：春季、夏季、秋季上升段和下降段持续时间较长，反映丰水和枯水连续性较强，说明连丰或连枯的概率较大。由于降水过程的随机性及年际变化的复杂性，从原始降水数据资料也可以分析得到，老哈河流域降水过程有丰水年和枯水年交替出现的周期性现象。

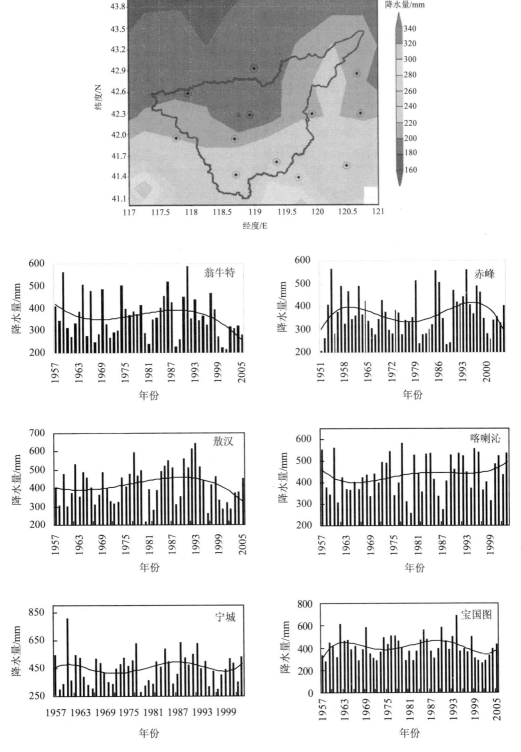

**图 5-1　LRB 年降水量空间分布（1951 年 1 月—1999 年 12 月）以及
流域内部分台站年降水量变化（1957—2005 年）**

注：空间分布图以及数据使用 NASA's Goddard Earth Sciences（GES）Data and Information Services Center（DISC）在
线分析软件 GES-DISC 所作，序列图采用国家气象中心年降水数据。

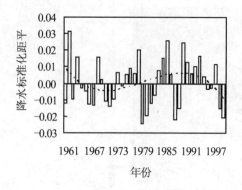

图 5-2 LRB 年降水量变化（1961—2000 年）

图 5-3 LRB 季降水量趋势检测（1961—2000 年）

注：虚线离横坐标由近及远依次
代表置信度 90%、95% 以及 99%。

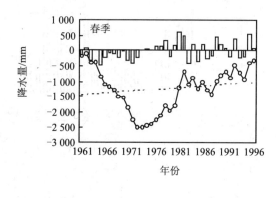

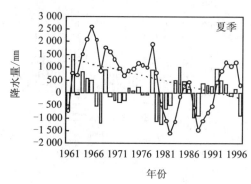

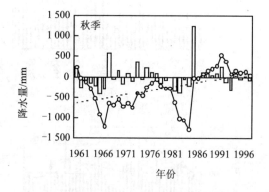

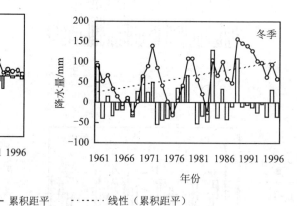

图 5-4 LRB 各季降水量变化（1961—2000 年）

（3）周期分析

采用 Morlet 复值小波对降水序列进行连续小波变换，可以得到小波变换系数的实部、虚部、模、模平方、相位等信息，通过对这些信息分析，揭示降水变化的多时间尺度结构。

　　小波系数的实部包含给定时间和尺度下，相对于其他时间和尺度，信号的强度和位相两方面的信息（邓自旺等，1997）。小波系数实部为正时，表示径流量偏多，图中用实线绘出，"+"表示正值中心；小波系数实部为负时，表示径流量偏少，图中用虚线绘出，"－"表示负值中心。从小波系数的实部可以看出不同尺度下的丰枯位相结构，表明不同的时间尺度所对应的丰枯变化是不同的。小尺度的丰枯变化则表现为嵌套在较大尺度下的较为复杂的丰枯变化。从图 5-5a 中可以看出，老哈河流域降水存在明显的年际变化。

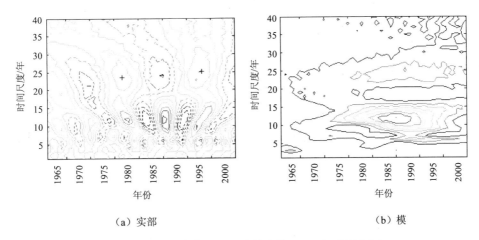

（a）实部　　　　　　　　　　　　　（b）模

**图 5-5　LRB 年降水 Morlet 小波变换（1961—2000 年）**

　　从上至下可以看出降水存在 20～28 年、7～17 年以及 6～7 年 3 类尺度的周期变化规律。从 20～28 年尺度分析，降水出现准 3 次振荡，具体表现为：1967 年以前偏丰，1968—1974 年偏枯，1975—1982 年偏丰，1983—1988 年偏枯，1989—1997 年偏丰，1998 年以后偏枯，而且这一偏枯曲线直到 2000 年仍未闭合。20～28 年尺度的周期变化在整个分析时段表现得较稳定，具有全域性。7～17 年尺度的降水的周期变化，主要在 20 世纪 70 年代中期至 90 年代末表现活跃，存在 3 次振荡：1975—1980 年偏丰，1981—1983 年偏枯；1984—1987 年偏丰，1988—1992 年偏枯；1993—1997 年偏丰，1998 年以后偏枯。大尺度下的一个丰期（或枯期），包含小尺度下的若干个丰枯期。5～7 年尺度的降水年际变化主要发生在 20 世纪 70 年代末期以后，其他时间尺度的周期变化不明显。对于小尺度而言，降水突变点增多，不同时间尺度下，降水突变点个数、时间位置都有所不同。

　　Morlet 小波变换系数的模值表示能量密度，模值图把各种时间尺度的周期变化在时间域中的分布情况展示出来，小波变换系数的模值越大，表明其所对应的时段和尺度的周期性越明显。从图 5-5b 中可以看出 7～17 年尺度的小波变换模值最大、20～28 年尺度的小波变换模值较大，说明这两个周期变化较为明显。

## 5.2.2　温度变化特征

　　与降水量变化不同的是，各种趋势检测方法均显示老哈河流域年均气温有明显的正趋势变化，并通过显著检验（$a<0.01$）（图 5-6）。而且有明显的跃变点，跃变点为 1986

年（$a<0.01$）（图 5-7），即流域 1986 年以后的气温要明显高于之前。年均气温，20 世纪 60 年代为 6.64℃，70 年代为 6.65℃，80 年代为 6.92℃，90 年代为 7.37℃，从 60 年代至 90 年代，气温持续升高 0.73℃。

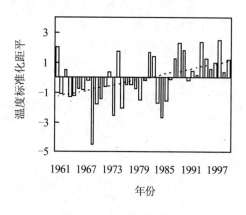

| 图 5-6 LRB 年平均气温变化 | 图 5-7 LRB 年均气温跃变检测 |
|---|---|
| （1961—2000 年） | （Sk-Cumulative deviation）（1961—2000 年） |

### 5.2.3 土壤湿度变化特征

土壤湿度作为气候变化研究中的一个重要的物理量一直受到有关研究的重视。它能够通过改变地表的反照率、热容量和向大气输送的感热、潜热等从而影响气候变化（U S National Research Council，1994；Chahine，1992）。另外，土壤湿度还可作为地表水文过程的一个综合指标，积累了地表水文过程大部分信息。

森林砍伐、农田开垦、过度放牧及城市化的发展都将造成地表覆盖的减少，从而造成蒸发增加，土壤含水量减少，土壤表面的水黏膜力减小，引起风对土壤的风蚀（Darer，et al.，1983；Bever，et al.，1983），土壤风蚀的结果引起土壤的沙漠化；除此之外，地表水分的减少有利于扬沙现象的发生，而滞留在大气中的沙尘粒子会引起到达地球表面太阳辐射的变化，从而引起气候及环境的变化。另外，地下水的过度开采也是形成土壤干化的重要原因，近几十年来北方干旱化的加剧和水资源的缺乏等一系列现象均是人类生存环境恶化的具体表现（马柱国和符淙斌，1991）。不难发现，上述现象的发生、发展都与土壤湿度的变化存在密切关系。因此，对土壤湿度的变化进行分析是研究水文水资源对气候变化与人类活动响应机制的重要内容。

从 2002 年 7 月—2007 年 5 月土壤湿度变化图（图 5-8）可以看出，流域所在区域（117°～121°E，41°～44°N）内土壤湿度呈现出波动中下降的趋势。

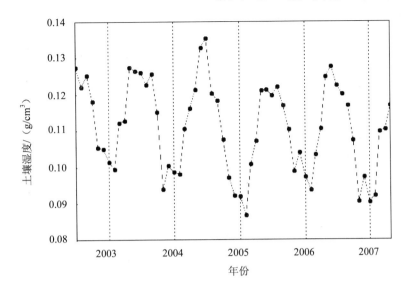

**图 5-8　研究区土壤湿度月变化（2002 年 7 月—2007 年 5 月）**

（117°～121° E，41°～44° N）

注：图与数据来自 NASA's Goddard Earth Sciences（GES）Data and Information Services Center（DISC）

在线分析软件 GES-DISC。

### 5.2.4　干旱化趋势及跃变点检测

气候变化对水资源的存量与变化具有重要作用，降水和气温共同决定了区域气候的湿润与干燥程度，影响着径流的形成和地域分布。为了反映这种影响，运用温度降水均一化指数（吴洪宝，2000）进行分析。

一般地，在其他条件相同时，高温有利于地面蒸发，反之则不利于蒸发，因此当降水少时，高温将加剧干旱的发展或导致异常干旱，反之将抑制干旱的发生与发展，从气温对干旱影响物理机制上讲是可行的。而且温度降水均一化指数与实际土壤重量含水率的观测结果有较好的负相关性（谢安等，2003），基本能够反映流域与生态相关的干旱程度和变化。因此选定温度降水均一化指数作为干旱化指数检测流域干旱化趋势，干旱化指数越大，表明越干旱；反之则越湿润。温度降水均一化指数（以下统称干旱化指数）$I_S$ 是温度标准化变量与降水标准化变量之差，是一个无量纲数值，其表达式如下：

$$I_s = \frac{T - \overline{T}}{\sigma_T} - \frac{R - \overline{R}}{\sigma_R} \qquad 式 5\text{-}7$$

式中，$R$ 为某时段降水量，$\overline{R}$ 为多年平均降水量，$\sigma_R$ 为降水量均方差，$T$ 为某时段平均气温，$\overline{T}$ 为多年平均气温，$\sigma_T$ 为气温均方差。

图 5-9 是老哈河流域年干旱化指数变化曲线图，利用干旱化指数分析老哈河流域干旱发展趋势的结果表明，各种趋势检测方法都显示干旱化指数有明显的正趋势变化，并通过显著检验（$a<0.01$）。对比图 5-6 和图 5-9 可以看出，干旱化指数上升的总趋势与年温度的上升趋势完全一致，而降水量的变化却没有明显的趋势，另外，趋势跃变检测发现，

干旱化指数有明显的跃变点，跃变点也与气温一致，同为 1986 年（$a<0.01$）（图 5-10），即流域 1986 年以后的干旱化指数要明显高于之前。这说明在影响老哈河流域干旱化演变趋势的气候因素中，气温的逐年升高、气候变暖起主要作用，降水的年际变化使得干旱化指数呈年际波动。

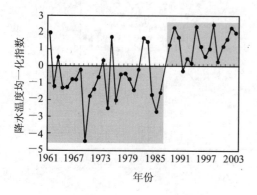

图 5-9　老哈河流域年干旱化指数变化
（1961—2003 年）

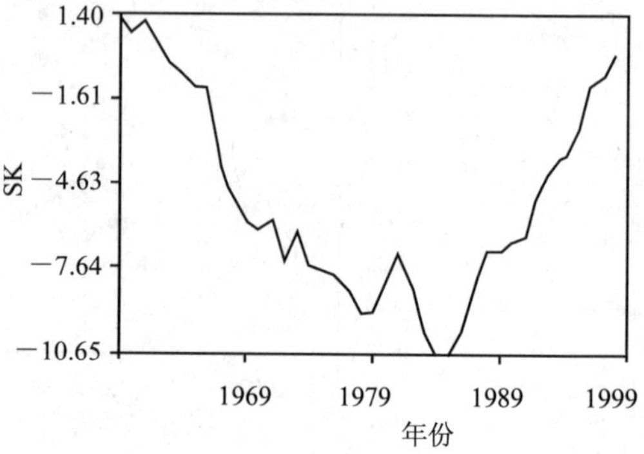

图 5-10　老哈河流域年干旱化指数跃变检测
（Sk-Cumulative deviation）（1961—2000 年）

## 5.2.5 极端天气变化分析

近几十年来，极端事件对人类影响越来越大，如极端降水增多导致汛期降水更为集中，旱涝频率及灾害程度加剧，可利用水减少，水资源更加短缺，供需矛盾更加突出，因而关于极端天气、气候事件的强度、趋势和频率变化的研究也越来越多（陈正洪等，1999；杨宏青等，2001；潘晓华和翟盘茂，2002）。我国地域广阔，跨越几个不同的气候带，各个地区界定暴雨的临界值也不尽相同，因此，本书采用百分位定义法，即累积频率法（陈正洪等，1999）分析极端降水量与气温。为了避免台站资料缺失过多等引起的资料误差，本书挑选出老哈河流域 8 个站，利用各站 1961 年 1 月—2000 年 12 月共 40 年的日降水和气温资料，其中温度包括日平均气温，日最高气温和日最低气温。

百分位定义法可用累积频率（CFD）表征，所谓累积频率是变量小于某一上限值的出现次数与总次数之比。可表示为：

$$CFD = \frac{F_i}{F_n} \times 100\% , \quad i=1, 2, 3, \cdots, n \qquad 式 5-8$$

$$F_i = \sum_1^i f_i \qquad 式 5-9$$

式中：$n$——在变量取值范围内（介于最小值与最大值之间的取值范围）划分的数值等级数；$f_i$——在第 $i$ 个数值等级内变量发生的频数；$F_i$——变量在不大于该数值等级内的频数，即变量小于等于某上限值的发生频数。因此，若变量为日降水量，则当日降水量累积频率达到一定的概率分布（一般 90%或者 95%）时，可将此概率分布所对应的降水临界值定义为极端降水的阈值，并认为该日发生极端降水事件，极端高温事件类似。

实际处理可以简化如下：例如，翁牛特旗 40 年夏季日降水资料，按数值大小排序，然后对数据序列 100 等分，第 95 等分位上的点对应的降水量数值即为极端降水的阈值，超过阈值的日降水称为极端降水事件，故该方法又称百分位法。老哈河流域夏季（6—8 月）95%降水、98%降水、气温阈值如表 5-1、表 5-2 所示。

表 5-1　LRB 降水及最高气温 95% 阈值（6—8 月）

| 台站 | 降水/mm | 台站 | 降水/mm | 台站 | 最高气温/℃ | 台站 | 最高气温/ ℃ |
|---|---|---|---|---|---|---|---|
| 敖汉旗 | 17.1 | 宁城 | 20.3 | 敖汉旗 | 33.5 | 宁城 | 33.6 |
| 赤峰 | 16.1 | 翁牛特旗 | 16.5 | 赤峰 | 34.5 | 翁牛特旗 | 33.5 |
| 喀喇沁旗 | 17.5 | 八里罕 | 20.8 | 喀喇沁旗 | 32.7 | 八里罕 | 32.8 |
| 奈曼旗 | 16.6 | 岗子 | 16.9 | 奈曼旗 | 34.2 | 岗子 | 31.0 |

表 5-2　LRB 降水及最高气温 98% 阈值（6—8 月）

| 台站 | 降水/mm | 台站 | 降水/mm | 台站 | 最高气温/℃ | 台站 | 最高气温/℃ |
|---|---|---|---|---|---|---|---|
| 敖汉旗 | 30.0 | 宁城 | 34.4 | 敖汉旗 | 34.8 | 宁城 | 34.9 |
| 赤峰 | 27.4 | 翁牛特旗 | 28.8 | 赤峰 | 35.7 | 翁牛特旗 | 35.0 |
| 喀喇沁旗 | 30.7 | 八里罕 | 35.1 | 喀喇沁旗 | 34.1 | 八里罕 | 34.0 |
| 奈曼旗 | 29.7 | 岗子 | 29.5 | 奈曼旗 | 35.7 | 岗子 | 32.6 |

从流域不同年代极端降水事件发生日数年平均值可以看出（表 5-3），无论是对于 95% 阈值，还是对于 98% 阈值，流域极端降水日数在 20 世纪 90 年代均为最多，分别为 40.0d 和 18.9d；其次为 60 年代和 70 年代；80 年代较少，分别为 33.3d 和 12.0d；近两年也偏少。而流域降水量 60 年代年均为 402.5mm，70 年代为 412.3mm，80 年代为 380.1mm，90 年代为 445.4mm，可以看出，虽然 90 年代降水量最多，然而由于极端降水天气增多，因而导致流域可利用水资源未必增多。极端高温事件在 60 年代最多，其次为 80 年代，70 年代，90 年代较少，近几年较多。

表 5-3　流域不同年代极端事件发生日数年平均值（6—8 月）

| 时间 | 95%降水日数/d | 98%降水日数/d | 98%累计降水量/mm | 95%最高气温日数/d | 98%最高气温日数/d |
|---|---|---|---|---|---|
| 20 世纪 60 年代 | 38.9 | 15.3 | 741.29 | 40.2 | 15.7 |
| 20 世纪 70 年代 | 37.6 | 14.2 | 638.87 | 31.3 | 14.1 |
| 20 世纪 80 年代 | 33.3 | 12.0 | 550.42 | 39.7 | 15.1 |
| 20 世纪 90 年代 | 40.0 | 18.9 | 964.23 | 25.9 | 8.9 |
| 2000—2003 年 | 30.3 | 11.0 | 550.55 | 32.4 | 16.1 |

## 5.3　水文、水资源变化检测与分析

水文序列是一定气候条件下流域下垫面径流量变化的反映，对于一个流域来说，当下垫面或气候条件发生较大变化时，水文序列的平稳性就会遭到破坏而呈现趋势性或跳跃性的变化。国内在流域径流演变趋势方面有诸多研究（王西琴和李力，2007；闫百兴

等，2000；王阳，2004；曾代球等，1997；王根绪等，2001；秦年秀等，2005；李林，2006），在比较典型的大流域（如长江、黄河、黑河以及辽河流域），有关径流方面的研究已经很多，但在较小空间尺度（小流域）与较小时间尺度（月、季）上，还须更为细致的研究。而且目前有关辽河流域水文变化趋势分析的相关成果中，多采用序列滑动平均法和线性回归法定性地描述序列的趋势性变化。本书采用非参数 Mann-Kendall（M-K 法）趋势检验等方法，对 20 世纪 60 年代以来老哈河流域的径流演变趋势及跃变点进行分析检测。

### 5.3.1 数据来源

本书采用红山水库坝址处 1961—2000 年的年、月流量资料，分不同时间尺度，对流量的变化趋势及其跃变进行了全面分析。红山水库位于赤峰市境内，地处老哈河中游，地处北纬 42.8°，东经 119.7°，控制流域面积 24 486km²，占老哈河流域面积的 74%。红山水库以上的流域范围内多年平均降水量 407.3mm。坝址平均年径流量为 7.385 亿 m³，其中 67.8%集中在汛期，并主要集中在 7—8 月。水库有 3 个入库流量站，分别是兴隆坡站、干沟子站、沟门子站。红山水库坝址径流由入库站径流扣除损失水量加上区间径流形成，坝址径流主要取决于 3 个入库站径流的大小。兴隆坡站控制的老哈河干流流域和主要支流英金河是形成坝址径流的决定因素，而干沟子站控制的羊肠子河和沟门子站控制的崩河对坝址径流作用不显著（贾文明和孙旺，2000）（表 5-4）。

表 5-4  红山水库入库站径流情况

| 入库站名称 | 控制面积/km² | 占水库流域面积/% | 年径流量/亿 m³ | 占入库站径流量/% |
|---|---|---|---|---|
| 兴隆坡 | 18 112 | 74 | 6.102 | 86.8 |
| 干沟子 | 2 477 | 10 | 0.526 | 7.5 |
| 沟门子 | 1 321 | 5.4 | 0.406 | 5.7 |

### 5.3.2 径流演变趋势及特点

在某一时段内通过河流某一过水断面的水量称为该断面的径流量。径流是水循环的主要环节，径流量是陆地上最重要的水文要素之一，是水量平衡的基本要素。流量是反映径流量的主要方法及其度量单位之一，指单位时间内通过某一过水断面的水量，常用单位为 m³/s。各个时刻的流量是指该时刻的瞬时流量，此外还有日平均流量、月平均流量、年平均流量和多年平均流量等。以下通过分析流量变化以描述流域径流的变化特点。

（1）年变化

图 5-11 给出了 1961—2000 年老哈河流域流量年与年际的变化。可以看出，老哈河流域 40 年间总体上流量的年变化特点是有不显著的微弱降低趋势。分阶段来看，1961—1990 年的 30 年有明显的降低趋势，并通过显著性检验（$a<0.05$），1961—1975 年的流量较 1976—1990 年明显要高；年际变化的特点是：20 世纪 60 年代径流为最大值，其次为 90 年代、70 年代，80 年代流量最小，70 年代与 60 年代相比，减少幅度为 25.1%；80 年代与 60 年代相比，减少幅度为 50.0%；90 年代与 60 年代相比，减少幅度为 11.9%。

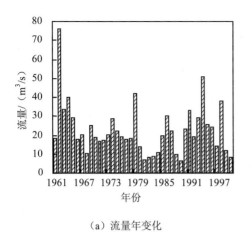

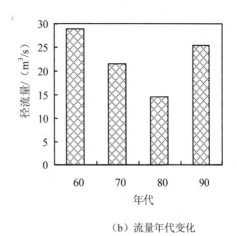

（a）流量年变化　　　　　　　　　　　（b）流量年代变化

**图 5-11　LRB 年及年代流量变化（1961—2000 年）**

从图 5-12a 中可以看出，流量存在明显的周期变化，从上至下可以看出流量存在 33 年以上、15～33 年、7～15 年以及 5～7 年 4 类尺度的周期变化规律，与降水的周期变化类似，但也有不一致的地方。从 15～33 年尺度分析，流量出现准 3 次振荡，具体表现为：1967 年以前偏丰，1968—1974 年偏枯；1975—1982 年偏丰，1983—1989 年偏枯；1990—1998年偏丰，1999 年以后偏枯，而且这一偏枯曲线直到 2000 年仍未闭合。15～33 年尺度的周期变化在整个分析阶段表现得非常稳定，具有全域性。7～15 年尺度流量的周期变化，主要在 20 世纪 70—90 年代末表现活跃，存在 4 次振荡：1968—1973 年偏丰，1974—1978年偏枯；1979—1981 年偏丰，1982—1984 年偏枯；1985—1987 年偏丰，1988—1992 年偏枯；1993—1997 年偏丰，1998 年以后偏枯，而且这一偏枯曲线直到 2000 年仍未闭合。大尺度下的一个丰期（或枯期），包含小尺度下的若干个丰枯期。5～7 年尺度流量的年际变化主要发生在 80 年代中期以后，其他时间尺度的周期变化不明显。对于小尺度而言，流量突变点增多，不同时间尺度下，流量突变点个数、时间位置都有所不同。

图 5-12b 为老哈河流域年流量 Morlet 小波变换模值，可以看出老哈河流域 15～33 年、7～15 年尺度流量的小波变换模值较大，说明这两个周期变化最明显。

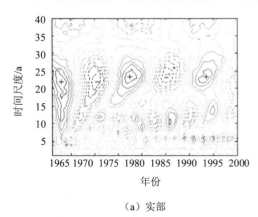

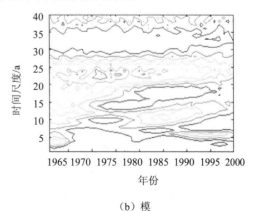

（a）实部　　　　　　　　　　　　　（b）模

**图 5-12　LRB 年流量 Morlet 小波变换（1961—2000 年）**

（2）月变化

图 5-13 给出了老哈河流域年内月流量的分布特点，可以看出，流量年内分配很不均匀，主要径流产生于 6—9 月，汛期流量较大，7—8 月流量占全年径流量的 45% 以上，最枯季为 12 月至翌年 2 月。流域月流量的年内分布特点与年降水量的年内分布类似，这是由于老哈河天然径流主要来源于大气降水，属降水补给型。

图 5-14 给出 20 世纪 70—90 年代月平均流量与 60 年代的比较，从图 5-14 中明显可以看出，70—90 年代以流量减少的月份占大多数，70 年代平均流量比 60 年代都减少的有 3—4 月、6—8 月、10—12 月，其中 3 月、7 月、8 月减少尤为明显；80 年代平均流量除 5 月外，其余月份均比 60 年代减少，其中 3 月、4 月、6 月、7 月、8 月减少尤为明显；90 年代平均流量比 60 年代都减少的有 3—4 月、7—12 月，其中 4 月、7—9 月减少尤为明显。另外，70—90 年代平均流量比 60 年代都减少的有 3 月、4 月、7 月、8 月、10—12 月，其中 3 月、4 月减少量较大，7 月、8 月减少量非常大；比 60 年代都增加的只有 5 月；而 1 月、2 月、6 月和 9 月平均流量变化比较复杂，既有增加也有减少的趋势。事实上，80 年代各月的减幅几乎均最大。

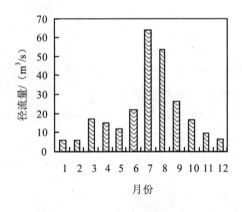

图 5-13　LRB 月流量
（1961—2000 年）

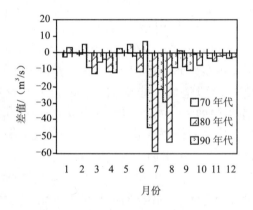

图 5-14　LRB 20 世纪 70—90 年代
月均流量与 60 年代差值

使用 M-K 趋势分析法，对老哈河流域 1961—2000 年月流量年变化趋势进行分析，结果如图 5-15a 所示：1961—2000 年，1 月、2 月和 5 月表现为正趋势变化，其余月份表现为负趋势变化，有部分月份通过显著性检验。其中流量增加月份中，2 月表现出很强的正趋势变化，通过 99% 显著性检验；流量减少月份中，4 月份表现出很强的负趋势变化，通过 99% 显著性检验，3 月、7 月、9 月和 12 月流量也有较强的减少趋势，通过 90% 显著性检验，其余月份没有通过显著性检验。

（3）季节变化

老哈河流域流量季节性变化很大，按平均值而言，春（3—5 月）、夏（6—8 月）、秋（9—11 月）、冬（12 月至翌年 2 月）四季分别占总流量的 17%、56%、20% 和 7%（1961—2000 年）。

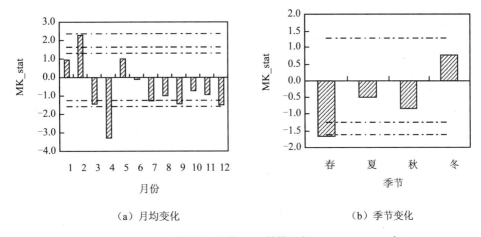

（a）月均变化　　　　　　　　　　（b）季节变化

**图 5-15　LRB 月、季节平均流量 M-K 趋势分析（1961—2000 年）**

（虚线离横坐标由近及远依次代表趋势检测置信度 90%、95%、99%）

图 5-16a 给出了老哈河流域 70—90 年代季平均流量与 60 年代的比较，可以很明显地看出，流量季节性变化比较明显，以流量减少的季节占绝大多数。表现在 70 年代、80 年代和 90 年代春、夏、秋三季平均流量比 60 年代同期平均流量都有所减少，夏季减幅最大；而冬季，90 年代较 60 年代要有所增加，70 年代和 80 年代也有所减少。其中夏季减幅最大的是 80 年代，其次为 70 年代，90 年代相比减幅较小。事实上，80 年代春、夏、秋和冬季减幅均最大。图 5-15b 给出了四季流量 M-K 趋势分析结果。在 1961—2000 年 M-K 趋势分析中，冬季流量表现为弱正趋势变化，夏季与秋季表现为弱负趋势变化，春季表现为显著的负趋势变化，通过 99%显著性检验。结合老哈河流域春季降水变化，可以发现，老哈河流域春季降水是呈增加趋势的，在这种降水增加的情况下，流量不增反减，说明该区域影响径流变化的因素除了气候因素，还有人类活动等。

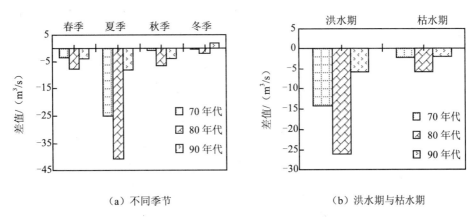

（a）不同季节　　　　　　　　　　（b）洪水期与枯水期

**图 5-16　LRB 20 世纪 70—90 年代平均流量与 60 年代差值**

**（4）洪水/枯水季节**

图 5-16b 给出了 70—90 年代洪水季节（5—9 月）流量、枯水季节（10 月至翌年 4 月）流量与 60 年代的比较。可以看出，无论洪水季节，还是枯水季节，70—90 年代流量都比

60 年代同期流量有所减少。其中，80 年代减少最为明显，洪水季节减少达 53%，枯水季节减少达 42%；其次为 70 年代，洪水季节减少为 28%，枯水季节减少达 17%；减少最不明显的是 90 年代，洪水季节减少为 11%，枯水季节减少达 13%。洪水季节较枯水季节流量减少要更为显著。同样采用 M-K 法分析洪枯季节流量的趋势变化，1961—2000 年 M-K 趋势分析中，无论洪枯季节流量都表现为负趋势变化，但减少趋势都没有通过显著性检验。分阶段来看，1961—1990 年 30 年期间洪水季节有明显的降低趋势，并通过显著性检验（$a<0.05$）。

（5）流量跃变分析

水文学或气候学上的跃变（突变）是指系统从一种稳定状态跳跃到另一种稳定状态的现象。为了检验流域流量变化有无跃变发生，采用 TREND 提供的 CUSUM、Student's 及 Cumulative deviation 等检验方法。图 5-17a 是年流量 CUSUM 跃变检验曲线。

由曲线可见，CUSUM 检测的近 40 年年流量有不显著的跃变（$a<0.10$）；Cumulative deviation 检测年流量也存在不显著的跃变（$a<0.10$）；Student's 检测年流量为不显著跃变（$a<0.10$），3 种检测的跃变年份并不相同，因此总的来看，可以得出从 40 年来看，年流量有不显著跃变。分阶段来看，在 1961—1990 年的 30 年间，大部分方法检测年流量存在显著的跃变（$a<0.10$），跃变年份为 1976 年（$a<0.10$），1976 年以前流量明显高于之后。

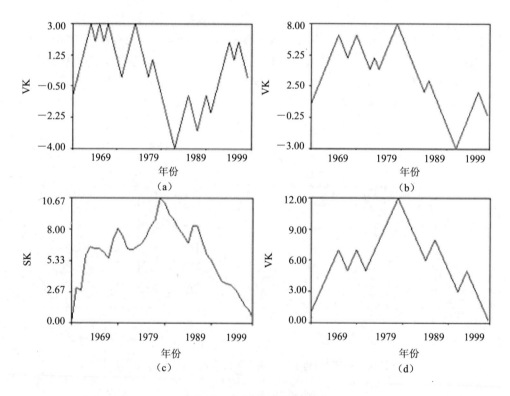

**图 5-17    LRB 流量跃变检测**

注：a—年变化（VK）；b—春季变化（VK）；c—4 月份（SK）；d—4 月份（VK）；VK—CUSUM；SK—Cumulative deviation，1961—2000 年。

图 5-17b 是春季（3—5 月）流量 CUSUM 跃变检验曲线。图 5-17c 和图 5-17d 分别是 4 月份流量 CUSUM 和 Cumulative deviation 突变检验曲线。由曲线可见，利用 CUSUM 及 Cumulative deviation 等趋势检测方法均得出一致结果：近 40 年春季的流量有显著的跃变（$a<0.10$），跃变年份为 1980 年，1980 年以后春季流量较之前明显降低，即 1961—1980 年明显大于 1981—2000 年的平均值（$a<0.05$）。其中 4 月份比整个春季跃变更为显著，近 40 年 4 月份的流量有显著跃变（$a<0.01$），跃变年份亦为 1980 年，1980 年以后 4 月份的流量较之前明显降低（$a<0.01$）。其他季节则无显著跃变（$a=0.10$）。

## 5.3.3 基流演变趋势及特点

随着国民经济的迅速发展，对地下水资源的需求量逐渐增多，但是地下水资源开发利用过程中缺乏宏观规划，缺乏科学管理，引发了一系列的环境负面效应。由于老哈河流域位于地表水资源相对贫乏的干旱、半干旱地区，地下水一直是老哈河流域水资源的重要组成部分，是人畜饮用水、农田灌溉用水的主要水源。缺水是导致流域经济不发达、人民生活贫困的主要原因之一，已成为制约这个地区经济发展的"瓶颈"（高秀花等，2005）。为解决当地农业及生活用水困难，合理开采地下水，充分利用地表水，全面系统地规划水资源，是实现流域水资源可持续利用的战略性任务。目前，对于径流减少的原因，许多学者从不同角度，针对不同流域进行了分析（袁飞等，2005；王根绪等，2001；任立良等，2001；张士锋等，2004；李林等，2004；陈利群等，2007）。在这些研究中，对径流的变化及其影响进行分析的成果较多（高迎春等，2002；Su 和 Xie，2003），对径流成分，即基流和直接径流变化的研究还有待进一步深入。以下根据老哈河流域气候、径流的特点，采用 BFI 基流计算程序对径流成分进行划分，然后对基流变化特征进行分析，并对其影响因素进行探讨。

（1）基流分离方法

水文数据来源于老哈河流域 3 个水文站逐日观测资料，赤峰水文站时间序列为 1961—1989 年，干沟子为 1963—1989 年，兴隆坡为 1978—1989 年。气象数据来源于老哈河流域气象台站地面观测数据，包括逐日降水量和日平均气温，时间序列为 1961—1989 年。之所以选择这个时段，是由于老哈河流域在 20 世纪 70 年代末、80 年代初是其气候暖干化转折期，分析这个时段水资源的变化及其成因有重要意义。

基流是河川中比较稳定的径流成分，通常认为地下径流是枯水季节河流的基本流量，故称其为基流（左海凤等，2007；Wahl 和 Tony，1995；Hughes *et al.*，2003；Smakhtin，2001）。在自然状态下，基流量稳定，年际和年内分配变化较小。在典型的河川径流过程中，流量过程线可以很直观地区分为两部分：过程线中较低的部分，其出现比较规则，年内逐渐变化，该部分为基流；另外一部分则快速波动，表示对降雨事件的直接响应，为直接径流。两部分叠加为河川总径流（陈利群等，2007）。

采用 BFI（Base Flow Index）基流计算程序（Kenneth 和 Tony，1995）对径流成分进行划分，其基本原理是将每年（日历年或水文年）按 $N$ 天为一时段进行划分，确定每一时段内的最小流量，如果某时段最小流量的一定比例值小于左右相邻时段内的最小流量值，则确定其为拐点，将各拐点直线连接，得出基流过程线。过程线下方的面积确定为该年基流量，基流量与河流总径流量的比率定义为基流指数。BFI 程序适宜处理大量数据，进行长序列河川基流量的自动估算，所得到的建立在多年数据基础上的年基流指数可信，对基流趋势分析非常有用，同时可输出拐点、河川日基流量及日流量，以便进一步分析基流量的年内分配。BFI 程序在分水岭附近地区，以及在发生暴雨事件或者观测点流量受水库放水等上游调控的情况下，需要进行人为校正（左海凤等，2007；Kenneth 和 Tony，1995；Hughes *et al.*，2003；Smakhtin，2001）。

首先确定程序计算所需的两个参数：①参数 $N$，依据最小流量选择原理，确定划分每个水文年的单位时段，即 $N$ 值，其对基流结果有较大影响。以赤峰站 1979 年，1962—1965 年，1985 年水文年资料，分别代表丰、平、枯水年，进行基流指数与 $N$ 值的关系分析，见图 5-18。可以看到，1962—1965 年暴雨过程不多，这 3 年的关系线变化趋势一致，1979 年和 1985 年有较大的暴雨过程，$N$ 值调整影响显著，几条曲线都基本显示当 $N=5$ 时，基流指数趋于平缓。②参数 $f$，即拐点调试参数，其值在给定 $N$ 值的情况下将有限地调整基流过程线的退水和涨水的倾斜度，$f$ 值的变化对基流结果影响不显著，一般取经验值 0.9。

（2）基流指数 BFI 变化特征

基流指数，即基流在总径流中所占的比重。图 5-19 为赤峰水文站、干沟子水文站、兴隆坡水文站 3 个水文站的基流指数计算结果以及变化图。可以看出，赤峰水文站，1961—1989 年 30 年的平均基流指数为 0.37，60 年代为 0.43，70 年代为 0.34，80 年代为 0.33。基流指数在 80 年代最小，80 年代与 70 年代相比变化不大，但是 70 年代主要呈波动状，而 80 年代变化是 1985 年前逐年下降，之后又逐年上升；干沟子水文站 1963—1989 年 27 年的平均基流指数为 0.37，60 年代为 0.37，70 年代为 0.42，80 年代为 0.31，基流指数在 80 年代最小；兴隆坡水文站 80 年代为 0.43，1978—1989 年均值为 0.45。

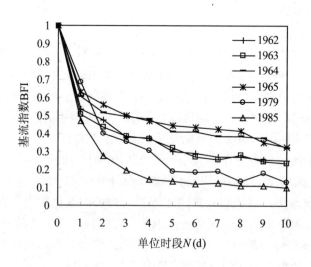

图 5-18    基流指数与 $N$ 值关系（赤峰水文站）

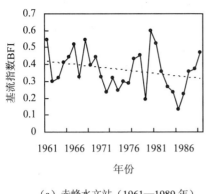

（a）赤峰水文站（1961—1989 年）

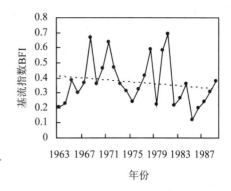

（b）干沟子水文站（1963—1989 年）

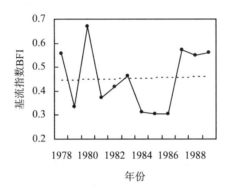

（c）兴隆坡水文站（1978—1989 年）

**图 5-19 各水文站基流指数变化图**

总之，基流指数年际变化特点是：赤峰和干沟子水文站 20 世纪 60—80 年代都在降低，而直接径流的比重都在增长。基流指数年变化特点是：赤峰水文站（1961—1989 年）、干沟子水文站（1963—1989 年）均呈下降趋势，但赤峰水文站比干沟子水文站下降趋势更明显，兴隆坡水文站（1978—1989 年）趋势平稳，基流指数变化不明显，这与兴隆坡水文站离水库较近有关。整个老哈河流域基流所占的比例较小，赤峰水文站 30 年间平均基流指数为 0.37，干沟子为 0.37，兴隆坡为 0.45。赤峰、干沟子水文站基流指数在研究时段内均呈下降趋势，兴隆坡较平稳。基流指数和降水量呈负相关关系，而且自 60 年代至 80 年代，这种负相关越来越显著，表明由于地表植被覆盖状况等因素的影响，地下水补注潜力降低，同样的降水量，基流所占比重越来越低。

## 5.3.4 径流变化影响因素分析

### （1）降水因素

径流系数是指任一时段的径流深度（或径流总量）与该时段的降水量之比值（郭华等，2006）。它综合反映了流域内多种因素对降水形成径流过程的影响，可以很好地说明流域内水循环的程度，较好地检测径流对降水的响应程度。

图 5-20 给出了 1961—2000 年老哈河流域径流系数的年变化曲线。1961—2000 年，

老哈河流域平均径流系数为 0.08。1961—2000 年 M-K 趋势分析中，年径流系数表现为显著负趋势变化，通过 95%显著性检验。这表明自 1961 年以来，老哈河流域径流系数处于下降趋势。Cumulative deviation 检测 1967 年为跃变年（$a<0.05$）（图 5-21），1961—1967年的径流系数要明显大于 1967—2000 年。1967 年发生跃变后，径流系数呈现不明显的波动下降趋势，在 1981 年附近达到最小值，然后又有所回升。1961—1990 年 M-K 趋势分析中，30 年期间径流系数也存在有明显降低趋势，并通过显著性检验（$a<0.01$），1975年为明显跃变点（$a<0.10$），1961—1975 年径流量较 1976—1990 年明显要高。

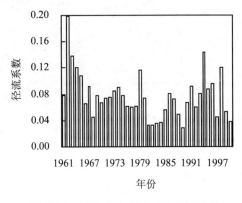

图 5-20　LRB 多年平均径流系数变化
（1961—2000 年）

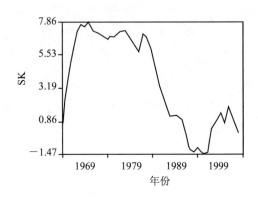

图 5-21　LRB 径流系数跃变检测
（SK：Cumulative deviation，1961—2000 年）

表 5-5 是老哈河流域近 40 年平均降水、流量和气温的 10 年际变化。可以看出，从 20世纪 60—80 年代，年均流量减少 16.40m³/s，径流系数降低 0.06，而降水减少 22.4mm，但在 90 年代全部有所反弹。年径流系数 60 年代为 0.11，70 年代减至 0.08，80 年代最低，为 0.05，90 年代又有所回升，为 0.09。这表明在相同的降水量条件下，70 年代和 90 年代产生的地表径流量只有 60 年代的 80%，80 年代只有 60 年代的 50%。

表 5-5　老哈河流域径流系数近 40 年的 10 年际变化

| 年代 | 60 年代 | 70 年代 | 80 年代 | 90 年代 | 平均 |
|---|---|---|---|---|---|
| 年降水量/mm | 402.5 | 412.3 | 380.1 | 455.4 | 412.6 |
| 年流量/（m³/s） | 30.05 | 22.19 | 13.65 | 26.94 | 23.21 |
| 径流系数 | 0.11 | 0.08 | 0.05 | 0.09 | 0.08 |

1961—2000 年，老哈河流域平均径流系数春季为 0.12，夏季为 0.06，秋季为 0.12，冬季为 0.54。图 5-22 给出了四季径流系数 M-K 趋势分析结果。

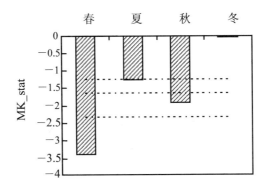

**图 5-22　LRB 季节平均径流系数 M-K 趋势分析（1961—2000 年）**

注：横坐标以下虚线由上自下依次代表趋势检测置信度 90%、95%、99%。

　　1961—2000 年 M-K 趋势分析中，四季径流系数都表现为负趋势变化，其中冬季径流系数表现为弱的不显著负趋势变化；夏季表现为较显著的负趋势变化，通过 90%显著性检验；秋季表现为显著的负趋势变化，通过 95%显著性检验；春季表现为非常显著的负趋势变化，通过 99%显著性检验。这表明老哈河流域近 40 年春季期间，在相同的降水量条件下，产生的地表径流量显著减少。1961—2000 年 40 年期间老哈河流域径流系数的负趋势变化，表明在相同的降水量条件下，产生的地表径流量越来越少。这种负趋势的形成与老哈河流域人类活动的影响加大有关，即老哈河流域下垫面变化导致蒸发量变化，同时水利工程拦截和社会经济用水等因素影响，导致在同等的气候条件下，河川径流量、地下水补给量都显著减少。

　　（2）人类活动变化

　　有效灌溉面积明显增加。由于水库的调节，洪涝灾害减少，虽然 20 世纪 70 年代、80 年代与 50 年代、60 年代相比，耕地面积的变化并不十分明显，然而，从赤峰有效灌溉面积变化图（图 5-23）可以看出，赤峰有效灌溉面积增量非常明显。长期以来，由于水库的调节作用，农田因洪涝灾害而被淹的危险性减弱，河道两侧甚至部分河道被大量用作耕地、修筑堤防，这些河滩耕地光照充足，土壤肥沃，再加上水源有保证，这些地区逐渐成为当地的基本农田，主要种植旱稻、玉米和小麦。这一方面说明在水库发挥作用的情况下，人类的适应能力不断增强，但也从另一个角度反映了其他无序的人类活动对水资源的长期可持续利用所带来的影响。人类活动对径流系数的影响一方面可以从径流系数与有效灌溉面积的相关关系（$R=-0.463\,0$，$a<0.01$）得到反映（图 5-24），即有效灌溉面积增多，则径流系数降低，反之增加；另一方面也可以从春季降水量与径流系数的变化关系中体现出来，由前面可知，近 40 年的春季降水是呈增加趋势的，与此相反的是，春季径流系数表现为非常显著的负趋势变化，这表明老哈河流域近 40 年间，在相同的降水量下，产生的地表径流量非常显著地减少。而春季正是流域农业用水高峰季节，因此最能反映人类活动对径流变化的影响作用。

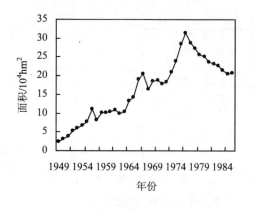

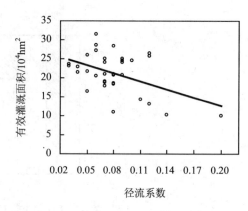

图 5-23　赤峰市有效灌溉面积变化　　　图 5-24　赤峰市径流系数与有效灌溉面积点聚图
（1949—1986 年）　　　　　　　　　　（1961—2000 年）

种植结构及种植方式改变。由于水库的调节作用，流域内农作物的种植结构也发生很大变化，如前所述，由于河道两旁的耕地的水资源有保证，水稻的种植面积有很明显的增加，图 5-25 为赤峰水稻与谷子播种面积变化图。从中可以看出，1949—2002 年，赤峰水稻播种面积呈上升趋势，1965 年红山水库运行前，水稻平均种植面积为 3 010 hm²，而 1965—2002 年，平均种植面积为 7 460 hm²。由于水稻的耗水系数明显要大于流域内谷子、玉米等其他农作物，因而这种种植结构的改变从长远来讲会对水资源造成负面影响，并导致径流系数逐年降低。

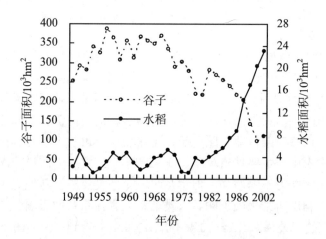

图 5-25　赤峰市水稻与谷子年播种面积（1949—2002 年）

灌溉方式变化导致地下水过度开采。老哈河流域水资源利用的主要方式为农田灌溉，在 20 世纪 80 年代以前灌溉用水主要来自地表水、水库截流，1984 年以后，红山水库发电用水增加，灌溉用水减少，这使得地下水用量大幅增加，机井数量不断增加，灌溉用水主要通过机井开采利用地下水。以 2000 年内蒙古自治区东部四盟市来看，当年总供水量是 70.87 亿 m³，其中地表水工程供水量只占 1/4 左右，供水以地下水为主。在野外的调查和访谈中也发现随着机井的增加，地下水的利用率逐年增强，近年来该区地下水位下降严重，一般可达 1～2m。由于流域农业所占比重较大，影响水资源变化的主要因素之一是农田灌溉。从赤峰市农牧水利灌溉设施统计以及机电灌溉面积占有效灌溉面积比重图中也可以看出（图 5-26、图 5-27），机电灌溉面积增加非常明显，即地下水的利用大幅增加，1963—1972 年，机电灌溉面积占有效灌溉面积比重仅为 12%，从 1973 年开始大幅增长，到 1986 年，所占比重平均为 56%（图 5-27）。地下水位下降导致了径流补给减少，同样表现为径流系数的减少。

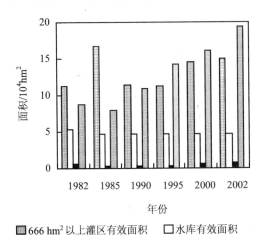

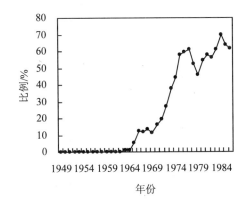

■ 666 hm² 以上灌区有效面积　　□ 水库有效面积
■ 塘坝有效面积　　　　　　　　■ 纯井灌面积

**图 5-26　赤峰市农牧水利灌溉设施**
**（1949—2002 年）**

**图 5-27　赤峰井灌面积占有效灌溉面积比重**
**（1949—1986 年）**

综合以上分析，初步说明了老哈河流域 1961—2000 年近 40 年期间，降水的年际变化对老哈河流域径流系数的年际波动起重要作用；而人类活动的日益加剧在老哈河径流系数的降低趋势中起主要作用，其综合作用使得径流系数在波动中呈现降低趋势。

## 5.4 土地利用变化特点

土地利用、覆被的变化直接体现和反映了人类活动的影响水平，其对水文过程的影响主要表现为对水分循环过程及水量水质的改变作用方面，直接导致水资源供需关系发生变化，从而对流域生态和社会经济发展等方面具有显著影响。

### 5.4.1 不同时期土地利用类型

土地利用结构变化主要体现在土地利用类型变化、数量结构变化，以及格局变化等方面。利用 Arc GIS 空间分析功能，根据土地利用分类系统（表 5-6、表 5-7），将老哈河流域四期（1978 年、1994 年、1996 年、2000 年）土地利用空间数据进行统计，以分析老哈河流域在不同时段土地利用结构变化特点。不同时期研究区土地利用类型图如附图 3 所示。

表 5-6　土地利用分类系统（1994 年，1996 年，2000 年）

| 一级类型 | | 二级类型 | | 含　　义 |
|---|---|---|---|---|
| 编号 | 名称 | 编号 | 名称 | |
| 1 | 耕地 | — | — | 指种植农作物的土地，包括熟耕地、新开荒地、休闲地、轮歇地、草田轮作地；以种植农作物为主的农果、农桑、农林用地；耕种 3 年以上的滩地和滩涂 |
| | | 11 | 水田 | 指有水源保证和灌溉设施，在一般年景能正常灌溉，用以种植水稻，莲藕等水生农作物的耕地，包括实行水稻和旱地作物轮种的耕地 |
| | | 12 | 旱地 | 指无灌溉水源及设施，靠天然降水生长作物的耕地；有水源和浇灌设施，在一般年景下能正常灌溉的旱作物耕地；以种菜为主的耕地，正常轮作的休闲地和轮歇地 |
| 2 | 林地 | — | — | 指生长乔木、灌木、竹类，以及沿海红树林地等林业用地 |
| | | 21 | 有林地 | 指郁闭度>30%的天然木和人工林。包括用材林、经济林、防护林等成片林地 |
| | | 22 | 灌木林 | 指郁闭度>40%、高度在 2m 以下的矮林地和灌丛林地 |
| | | 23 | 疏林地 | 指疏林地（郁闭度为 10%～30%） |
| | | 24 | 其他林地 | 未成林造林地、迹地、苗圃及各类园地（果园、桑园、茶园、热作林园地等） |
| 3 | 草地 | — | — | 指以生长草本植物为主，覆盖度＞5%的各类草地，包括以牧业为主的灌丛草地和郁闭度＜10%的疏林草地 |
| | | 31 | 高覆盖度草地 | 指覆盖度在＞50%的天然草地、改良草地和割地。此类草地一般水分条件较好，草被生长茂密 |
| | | 32 | 中覆盖度草地 | 指覆盖度在 20%～50%的天然草地和改良草地，此类草地一般水分不足，草被较稀疏 |
| | | 33 | 低覆盖度草地 | 指覆盖度在 5%～20%的天然草地。此类草地水分缺乏，草被稀疏，牧业利用条件差 |
| 4 | 水域 | — | — | 指天然陆地水域和水利设施用地 |
| | | 41 | 河渠 | 指天然形成或人工开挖的河流及主干渠常年水位以下的土地，人工渠包括堤岸 |
| | | 42 | 湖泊 | 指天然形成的积水区常年水位以下的土地 |
| | | 43 | 水库坑塘 | 指人工修建的蓄水区常年水位以下的土地 |
| | | 44 | 永久性冰川雪地 | 指常年被冰川和积雪所覆盖的土地 |
| | | 45 | 滩涂 | 指沿海大潮高潮位与低潮位之间的潮侵地带 |
| | | 46 | 滩地 | 指河、湖水域平水期水位与洪水期水位之间的土地 |

| 一级类型 | | 二级类型 | | 含　义 |
|---|---|---|---|---|
| 编号 | 名称 | 编号 | 名称 | |
| 5 | 城乡、工矿、居民用地 | — | — | 指城乡居民点及县镇以外的工矿、交通等用地 |
| | | 51 | 城镇用地 | 指大、中、小城市及县镇以上建成区用地 |
| | | 52 | 农村居民点 | 指农村居民点 |
| | | 53 | 其他建设用地 | 指独立于城镇以外的厂矿、大型工业区、油田、盐场、采石场等用地、交通道路、机场及特殊用地 |
| 6 | 未利用土地 | — | — | 目前还未利用的土地、包括难利用的土地 |
| | | 61 | 沙地 | 指地表被沙覆盖，植被覆盖度<5%的土地，包括沙漠，不包括水系中的沙滩 |
| | | 62 | 戈壁 | 指地表以碎砾石为主，植被覆盖度<5%的土地 |
| | | 63 | 盐碱地 | 指地表盐碱聚集，植被稀少，只能生长耐盐碱植物的土地 |
| | | 64 | 沼泽地 | 指地势平坦低洼，排水不畅，长期潮湿，季节性积水或常积水，表层生长湿生植物的土地 |
| | | 65 | 裸土地 | 指地表土质覆盖，植被覆盖度<5%的土地 |
| | | 66 | 裸岩石砾地 | 指地表为岩石或石砾，其覆盖面积>5%的土地 |
| | | 67 | 其他 | 指其他未利用土地，包括高寒荒漠，苔原等 |

注：耕地的第三位代码为：1. 山地 2. 丘陵 3. 平原 4. >25°的坡地。

**表 5-7　土地利用分类系统（1978 年）**

| 编号 | 名称 | 编号 | 名称 |
|---|---|---|---|
| 1 | 水田 | 104 | 荒漠草地 |
| 2 | 水浇地 | 105 | 山地草场 |
| 3 | 旱地 | 11 | 割草草地 |
| 4 | 菜地 | 12 | 兼用草地 |
| 5 | 果园 | 13 | 沼泽地 |
| 6 | 天然林 | 14 | 盐碱地 |
| 7 | 人工林 | 15 | 裸沙土 |
| 8 | 疏林地 | 16 | 裸岩 |
| 9 | 灌木林 | 17 | 沙地 |
| 101 | 草甸草原 | 18 | 水体 |
| 102 | 干草原 | 19 | 工矿用地 |
| 103 | 疏林草地 | 20 | 自然保护区 |

注：参照赵金涛，2003。

### 5.4.2 土地利用结构变化特征

表 5-8 为老哈河流域土地利用类型所占面积比例（一级类型）。

对老哈河流域不同时期不同土地利用类型的面积所占比例进行统计的结果表明：老哈河流域 1978 年、1994 年、1996 年以及 2000 年 4 个时期的土地利用均以耕地、林地、草地、建设用地和沙地为主，合计占土地利用总面积的 97%以上，其中林、草地占 50%以上，这一土地利用数量结构的特点，与老哈河流域农牧交错的区域特色吻合（表 5-8，图 5-28）。

**表 5-8　LRB 土地利用类型所占面积比例**

| 土地利用类型 | 1978 年/% | 1994 年/% | 1996 年/% | 2000 年/% |
| --- | --- | --- | --- | --- |
| 耕地 | 46.94 | 42.02 | 38.91 | 39.51 |
| 林地 | 12.02 | 19.86 | 21.64 | 21.00 |
| 草地 | 38.61 | 30.24 | 29.73 | 29.46 |
| 水域 | 0.01 | 1.46 | 1.65 | 1.84 |
| 建设用地 | 0.29 | 0.65 | 2.78 | 2.73 |
| 沙地 | 2.06 | 4.76 | 4.57 | 4.78 |

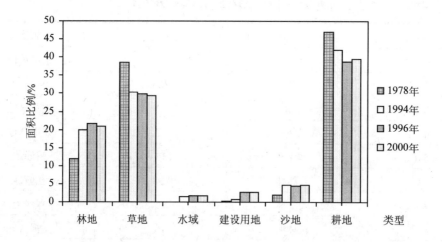

**图 5-28　LRB 各土地利用类型面积比例变化（一级类型）**

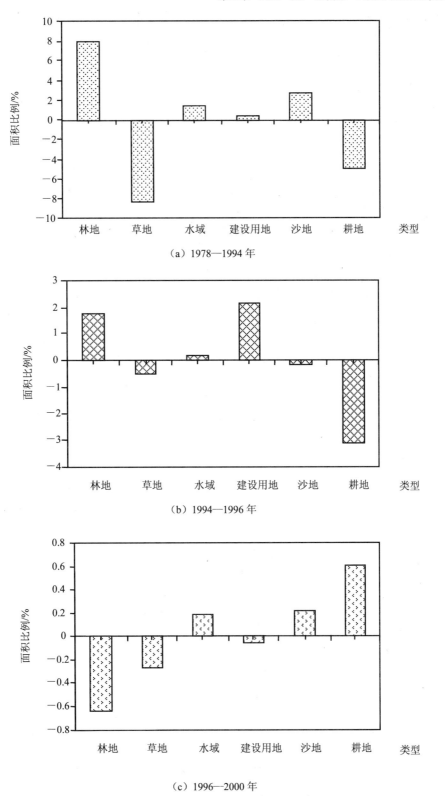

（a）1978—1994 年

（b）1994—1996 年

（c）1996—2000 年

**图 5-29　LRB 不同时期各类地面积比例变化**

从土地利用变化二级分类来看（表 5-9，图 5-30），1994—1996 年，耕地中减少比例最多的是丘陵旱地，为 2.05%；草地减少比例最多的是高覆盖度草地，为 3.76%，而中、低覆盖度草地比例分别增加 2.03%、1.22%；林地中，比例增加最多的是疏林地，为 1.08%，其次为有林地，为 0.90%，灌木林地与其他林地比例反有所减少；建设用地中，农村居民点用地增加幅度明显，为 2.09%，城镇用地增加较少。1996—2000 年，与前期相反的是，耕地中丘陵旱地比例有明显增加，为 2.40%；草地中，高、中覆盖度草地比例减少相当，为 0.11% 与 0.12%，低覆盖度草地比例减少较少，为 0.04%；林地中，比例减少最多的是疏林地，为 1.03%，其次为灌木林地与其他林地，分别为 0.64%，0.04%，有林地比例有所增加，为 1.07；建设用地中，农村居民点用地稍有减少，为 0.06%，城镇用地几乎无变化。1994—2000 年，耕地中水田与丘陵旱地比例均有所增加，分别为 0.47% 与 0.35%，平原旱地有明显减少，为 2.97%；草地中，高覆盖度草地比例减少明显，为 3.87%，中、低覆盖度草地比例有所增加，分别为 1.91% 与 1.18%，反映出老哈河流域草地功能存在退化的现象；林地中，比例减少最多的是灌木林地，为 0.82%，有林地比例有所增加，为 1.97%，疏林地稍有增加，为 0.05%，其他林地略有减少，为 0.08%；建设用地中，农村居民点用地增加明显，为 2.03%，城镇用地略有增加，为 0.01%，水域中，河渠有所增加，为 0.28%。总的来看，耕地资源的高效利用和林地面积的明显增大，说明近年实施的"退耕还林、还草"以及"再造秀美山川"政策使得流域土地利用结构整体有所好转，但局部恶化，尤其是草地退化的现象还较为严重。

表 5-9  LRB 土地利用类型所占面积比例

| 土地利用类型 | | 面积比例/% | | |
| --- | --- | --- | --- | --- |
| 一级类型 | 二级类型 | 1994 年 | 1996 年 | 2000 年 |
| 耕地 | 水田 | 0.32 | 0.33 | 0.79 |
| | 山地旱地 | 1.01 | 0.90 | 0.64 |
| | 丘陵旱地 | 13.80 | 11.75 | 14.15 |
| | 平原旱地 | 26.89 | 25.94 | 23.92 |
| 林地 | 有林地 | 10.20 | 11.10 | 12.17 |
| | 灌木林地 | 6.14 | 5.96 | 5.32 |
| | 疏林地 | 3.21 | 4.29 | 3.26 |
| | 其他林地 | 0.32 | 0.28 | 0.24 |
| 草地 | 高覆盖度草地 | 19.02 | 15.26 | 15.15 |
| | 中覆盖度草地 | 7.86 | 9.89 | 9.77 |
| | 低覆盖度草地 | 3.36 | 4.58 | 4.54 |
| 水域 | 河渠 | 0.37 | 0.74 | 0.65 |
| | 湖泊 | 0.02 | 0.07 | 0.06 |
| | 水库、坑塘 | 0.25 | 0.25 | 0.25 |
| | 滩地 | 0.82 | 0.60 | 0.88 |
| 建设用地 | 城镇用地 | 0.17 | 0.18 | 0.18 |
| | 农村居民点用地 | 0.33 | 2.42 | 2.36 |
| | 工矿、交通建设用地 | 0.15 | 0.18 | 0.19 |

| 土地利用类型 | | 面积比例/% | | |
|---|---|---|---|---|
| 一级类型 | 二级类型 | 1994 年 | 1996 年 | 2000 年 |
| 沙地 | 沙地 | 4.76 | 4.57 | 4.78 |
| 其他未利用地 | 盐碱地 | 0.12 | 0.17 | 0.17 |
| | 沼泽地 | 0.18 | 0.41 | 0.39 |
| | 裸土地 | 0.68 | 0.13 | 0.12 |
| | 裸岩石砾地 | 0.02 | 0.01 | 0.01 |

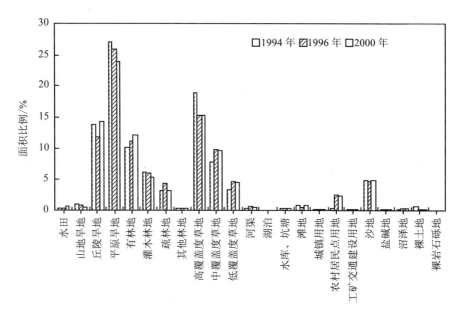

图 5-30 LRB 土地利用类型所占面积比例变化（二级类型）

## 5.5 小结

采用 M-K 等趋势分析、小波分析等方法，对老哈河流域不同时段气候、水文与水资源、土地利用与覆盖变化特征等进行了分析检测。

（1）LRB 流域近 40 年气候变化特征：降水没有明显减少的趋势，气温明显升高

1961—2000 年降水没有明显趋势变化，即没有明显减少的趋势，但流域连丰或连枯的概率较大，降水存在 20～28 年、7～17 年以及 6～7 年 3 类尺度的周期变化规律。年均气温有明显正趋势变化，而且在 1986 年有明显的跃变点。土壤湿度在波动中有下降趋势。极端降水日数（>95%）20 世纪 90 年代最多，为 40 天，其次为 60 年代和 70 年代；80 年代较少；90 年代降水量虽然最多，然而由于极端降水天气增多，因而导致流域可利用水资源未必增多。极端高温事件 60 年代最多，其次为 70 年代、80 年代，90 年代较少，近几年较多。

（2）LRB 流域水文、水资源变化特征：同样的降水量产生的径流越来越少

年流量 1961—2000 年近 40 年期间有不显著的减少趋势，而 1961—1990 年 30 年期间有显著的减少趋势；近 40 年来，春季尤其是 4 月份流量有显著跃变，跃变年份为 1980

年，1980 年以后流量较之前明显降低。流量存在明显的年际变化，存在 33 年以上、15～33 年、7～15 年与 5～7 年 4 类尺度的周期变化规律。虽然流量有不显著的减少趋势，但是年径流系数表现为显著负趋势变化，即相同降水量产生的径流越来越少，70 年代和 90 年代产生的地表径流量只有 60 年代的 80%，80 年代只有 60 年代的 50%。四季径流系数都表现为负趋势变化，其中春季表现为非常显著的负趋势变化。随着人类活动增强，流域内种植结构和种植方式发生较大改变，导致径流系数逐年减少，人类活动的水文负效应逐渐增强。1961—1989 年，流域基流指数呈下降趋势，表明地下径流在总径流中所占的比重越来越小，反映了流域 80 年代前后地下水的变化。

（3）LRB 流域土地利用、覆盖变化特征：草地、耕地减少，林地增加

1978—2000 年 20 多年间，在各类用地中，草地比例减少最多，为 9.15%，其次为耕地比例，减少了 7.43%，而林地比例增加了 8.98%，建设用地比例增加了 2.44%，沙地比例增加了 2.72%，水域增加了 1.83%。耕地资源的高效利用和林地面积的明显增大，说明近年实施的"退耕还林、还草"以及"再造秀美山川"政策使得流域土地利用结构整体有所好转，但局部恶化，尤其是草地退化的现象还较为严重。

# 参考文献

[1] Chahine T M. The hydrological cycle and its influence on climate[J]. Nature，1992，359：373-380.

[2] CRC for Catchment Hydrology. [EB/OL] 2007-11-20.http：//www.toolkit.net.au/trend.

[3] Darer L D，Gardner W H，Walford R Gardner. Soil physics[M]. Beijing：Agriculture Press，1983.

[4] Easterling D R，Petersen T C. A new method for detecting undocumented discontinuities in climatological time series [J]. Int. J. Climatol.，1995，15：369-377.

[5] Fealy R，Sweeney J. Detection of a possible change point in atmospheric variability in the north Atlantic and its effect on Scandinavian glacier mass balance [J]. Inter. J. Climatol.，2005，25：1819-1833.

[6] Hughes D A，Hannart P，Watkins D. Continuous base flow separation from time series of daily and monthly stream flow data[J].Water Research Commission，2003，29（1）：43-48.

[7] Kendall M G. Rank Correlation Methods [M]. London：Charles Griffin，1975.

[8] Kundzewicz Z W，Robson A. Detecting Trend and Other Changes in Hydrological Data [C]. World Climate Program Water，WMO/UNESCO，WCDMP-45，WMO/TD 1013，Geneva，2000，157.

[9] Meyer S D，Kelly B G，O'Brien J J. An introduction to wavelet analysis in oceanography and meteorology with application to the dispersion of Yannai waves[J]. Mon. Wea. Rev.，1993（121）：2858.

[10] Molnar P，Ramirez J A. Recent Trends in Precipitation and Streamflow in the Rio Puerco Basin [J]. American Meteorological Society，2001，14：2317-2328.

[11] Rebstock G A. Climatic regime shifts and decadal-scale variability in calanoid copepod populations off southern California [J]. Global Change Biology，2002，8（1）：71-89.

[12] Smakhtin V U. Estimating continuous monthly base flow time series and their possible applications in the context of the ecological reserve[J]. Water S A，2001，27（2）：213-217.

[13] Su F，Xie Z. A model for assessing effects of climate change on runoff of China[J]. Progress in Natural

Science，2003，12（9）：701-707.

[14] US National Research Council.GOALS（Global Ocean-Atmosphere-Land System for）Predicting Seasonal-to- International Climate[M].Washington D C：National Academy Press，1994，103.

[15] Wahl Kenneth L，Tony L Wahl. Determining the Flow of Comal Springs at New Braunfels[M]. Texas：Texas Water' 95，1995，8：77-86.

[16] Yue S，Wang C Y. Applicability of prewhitening to eliminate the influence of serial correlation on the Mann-Kendall test [J]. Water Resour. Res.，2002，38（6）：1068.

[17] Zhang X，Harvey K D，Hogg W D. *et al.*. Trends in Canadian streamflow[J].Water Resources Research，2001，37：87-998.

[18] 贝弗尔 L D，加德纳 W H，加德纳 W R，等. 土壤物理学[M]. 周传槐译，北京：农业出版社，1983.

[19] 陈利群，刘昌明，郝芳华，等. 黄河源区基流变化及影响因子分析[J]. 冰川冻土，2007，28（2）：141-148.

[20] 陈正洪，杨宏青，涂诗玉. 武汉、宜昌近 100 多年暴雨与大暴雨日时间变化特征[J]. 湖北气象，1999（3）：11-14.

[21] 邓自旺，林振山，周晓兰. 西安市近 50 年来气候变化多时间尺度分析[J]. 高原气象，1997，16（1）：82-93.

[22] 符淙斌，王强. 气象突变的定义和检测方法[J]. 大气科学，1992，16（4）：482-493.

[23] 高秀花，何江涛，段青梅，等. 西辽河（内蒙古）严重缺水区地下水资源及开发利用对策[J]. 西北地质，2005，38（1）：83-88.

[24] 高迎春，姚治君，刘宝勤，等. 密云水库入库径流变化趋势及动因分析[J].地理科学进展，2002，21（6）：546-553.

[25] 郭华，姜彤，王艳君，等. 1955—2000 年气候因子对鄱阳湖流域径流系数的影响[J]. 气候变化研究进展，2006，2（5）：217-222.

[26] 贾文明，孙旺. 红山水库坝址径流分析[J]. 内蒙古水利，2000，2：36.

[27] 李林，王振宇，秦宁生，等. 长江上游径流量变化及其与影响因子关系分析[J]. 自然资源学报，2004，19（6）：694-700.

[28] 李林. 黑河上游地区气候变化对径流量的影响研究[J]. 地理科学，2006，26（1）：40-46.

[29] 刘俊萍，田峰巍，黄强，等. 基于小波分析的黄河河川径流变化规律研究[J]. 自然科学进展，2003，13（4）：383 -387.

[30] 马柱国，符淙斌. 中国北方干旱化及其发展趋势[A]//气候变化对中国淡水资源的影响文集[C].1991：37-44.

[31] 潘晓华，翟盘茂. 气温极端值的选取与分析[J]. 气象，2002，28（10）：28- 31.

[32] 秦年秀，姜彤，许崇育. 长江流域径流趋势变化及突变分析[J]. 长江流域资源与环境，2005，14（5）：589-594.

[33] 任立良，张炜，李春红，等. 中国北方地区人类活动对地表水资源的影响研究[J]. 河海大学学报，2001，29（4）：13-18.

[34] 王根绪，沈永平，刘时银. 黄河源区降水与径流过程对 ENSO 事件的响应特征[J]. 冰川冻土，2001，23（1）：16-20.

[35]　王西琴，李力. 西辽河断流问题及解决对策[J]. 干旱区资源与环境，2007，21（6）：79-83.

[36]　王阳. 西辽河流域赤峰段水资源现状及保护对策[J]. 内蒙古环境保护，2004，12：35 -38.

[37]　吴洪宝. 我国东南部夏季干旱指数研究[J]. 应用气象学报，2000，11（2）：137-144.

[38]　谢安，孙永罡，白人海. 中国东北区近 50 年干旱的发展及对全球气候变暖的响应[J]. 地理学报，2003，58（增刊）：75-82.

[39]　严中伟，季劲钧，叶笃正. 60 年代北半球夏季气候跃变——Ⅰ.降水和温度变化[J]. 中国科学 B 辑，1990（1）：97-103.

[40]　闫百兴，宋新山，闫敏华，等. 辽河流域水资源演化趋势分析[J].水土保持通报，2000，20（6）：1-5.

[41]　杨宏青，陈正洪，石燕，等. 长江流域近 40 年强降水的变化趋势[J]. 气象，2001，31（3）：66-68.

[42]　袁飞，谢正辉，任立良，等. 气候变化对海河流域水文特性的影响[J]. 水利学报，2005，36（3）：274-279.

[43]　曾代球，赵毓秀，黄庆莲. 辽河各河段的径流特性[J]. 水文，1997，3：54-56.

[44]　张士锋，贾绍凤，刘昌明，等. 黄河源区水循环变化规律及其影响[J]. 中国科学 E 辑，2004，34（增刊）：117-125.

[45]　左海凤，武淑林，邵景力，等. 山丘区河川基流 BFI 程序分割方法的运用与分析[J]. 水文，2007，27（1）：69-71.

# 第6章

# 基于 SWAT 模型的 LRB 水资源敏感性分析

从"天—地—人—水"水资源系统来看，水资源可持续利用首先受到天气气候的影响，气候变化及其不确定性将改变径流的时序和量值，主要体现在降水及气温的变化方面（包括降水年变率及年内分配、气候暖干化、极端降水事件、极端高温事件等），其次受到水资源形成因素的影响，主要体现在水资源条件方面（包括对其组成部分河川在内的河流水量的年内分配和年际变化、河川径流中各种极值的对比、极端水文事件、区域分配的不均匀程度、水质及污染等）；再次受到人类活动的影响，而人类活动往往与土地利用、覆被变化及其伴随变化相联系。水文、水资源对气候变化与人类活动的敏感性研究方法，目前主要是通过研究流域气温、降水、蒸发、土地利用、覆被等变化来预测径流可能的增减趋势及其对流域供水的影响，其中水文模型的建立与未来气候变化与人类活动情景生成是关键。

本章基于分布式水文模型 SWAT，通过设置气候变化与土地利用变化情景，给出 SWAT 模型在研究区的适用性分析结果，进行流域水文、水资源对气候变化与人类活动的敏感性分析，并定量区分在不同时期及关键性转折期气候变化与人类活动对水文、水资源变化的影响份额，从而揭示流域水资源系统对气候变化与人类活动的响应机制。

## 6.1 SWAT 模型在 LRB 的适用性

### 6.1.1 模型数据及其预处理

SWAT 模型模拟需要研究区数字地形图、河道、土壤图、土地利用图和气象站点分布等 GIS 图件、实测气象数据、土壤属性数据、各种作物管理措施的有关参数，以及用来模型率定和验证的水文数据。

（1）DEM 数据

DEM 数据是流域水文模型中流域划分、水系生成以及汇流模拟与河道推演的基础，采用国家基础地理信息中心提供的全国 1∶25 万 DEM 影像图，其格网大小 3″×3″，每幅图行列数为 1 201×1 801，在 ArcGIS 的帮助下，将分幅的 DEM 按照研究区域的大小进行融合和剪切，生成模拟需要的格式。（Hao *et al.*，2008；2010）（图 6-1）。

（2）河网、子流域、水文响应单元确定

基于 DEM 模型，用 SWAT 模型的 Burn In 功能以确保河网勾绘与实际水系相符（图 6-1），设置子流域的面积阈值，将流域划分为 27 个子流域（图 6-2），并提取所需的空间参数。子流域勾绘完成后，通过选择每个子流域的单一土壤类型、土地利用、管理方案等不同组合，将子流域划分为多个水文响应单元（HRU）。水文响应单元是子流域的一部分，含有唯一的土地利用、管理和土壤属性，并假定在子流域中有统一的水文行为。

HRU 是子流域内特定的土地利用、管理和土壤类型的总面积，而单个田间小区具有特殊的土地利用、管理和土壤类型，在整个子流域内可能是离散的，这些面积聚集在一起形成 HRU。在 SWAT 模型中，通过聚集所有相似的土壤类型和土地利用面积构成单个的响应单元，从而简化了模型运行。在子流域的水文响应单元计算过程中，首先选择土地利用的面积比阈值。如果子流域中某种土地利用的面积比小于该阈值，则在模拟中不予考虑。剩下的土地利用类型的面积重新按比例计算，以保证整个子流域的面积不变。

本书确定土地利用的阈值为 10%，土壤类型的阈值为 20%，则在子流域内划分出 127 个 HRU，老哈河流域各子流域面积、占流域比例及土壤类型分布特征见附表 1。

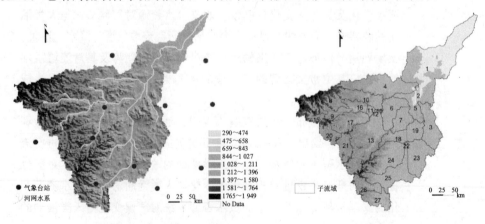

图 6-1 LRB DEM、水系及气象站点分布　　　　图 6-2 LRB 子流域划分

　　由于 SWAT 模型在对模拟结果进行图形表达时只能以子流域为单元，为了充分考虑土地利用和土壤类型的空间异质性对流域水文过程的影响，以及对模型模拟结果的空间分布的充分表达，将土地利用和土壤类型的比例阈值均设为 0，首先基于 ArcMap 软件对土地利用图和土壤类型分布图进行叠加分析，得到不同土地利用、土壤类型组合，即水文响应单元的空间分布情况（图 6-3）；SWAT 模型对每个水文响应单元的输出结果与其空间位置一一对应，就可以得到基于水文响应单元的模拟结果空间分布。

**图 6-3　LRB HRU 空间分布（基于 2000 年土地利用图）**

　　（3）土地利用数据

　　1996 年以及 2000 年土地利用数据来自于国家自然科学基金委员"中国西部环境与生态科学数据中心"（http：//westdc.westgis.ac.cn）。1978 年以及 1994 年土地利用数据由北方农牧交错带土地利用图切割而得（赵金涛，2003）。

　　将基于遥感影像分类得到的各期土地利用图转换为 GRID 格式，并进行投影转换，然后提取老哈河流域。并将提取的老哈河流域土地利用类型进行重新分类，转换为 SWAT 模型可用的土地利用数据；建立运行 SWAT 模型时需要的土地利用类型查找表，并将土地利用类型与土地利用图中各像元值进行关联。重新分类后的土地利用类型图见图 6-4。SWAT 模型中将土地利用、土地覆被分为两大类：一类是不透水面比例较高的各类城镇用地类型，如商业用地、工业用地、居住用地、交通用地等，城镇用地与汇流、污染物汇集等模块关系较密切，因此其参数也以这些方面的内容为主；另一类是具有植被覆盖的各种土地利用类型，包括林地、草地、耕地等；SWAT 模型中应用单一的作物生长模型对植被的生长过程进行模拟，因此对这一类土地利用，主要是根据不同植被类型对其生长参数进行设定。模型中有关土地利用和植被覆盖数据通过 DBF 文件进行存储和计算，根据土地利用输入文件，建立研究区土地利用输入参数表。各子流域土地利用分布特征见附表 1。

　　（4）土壤数据

　　① 土壤类型空间数据。土壤数据关系到水循环陆面过程中的多数环节，例如，渗漏、侧向流、植被根系吸收、地下水运动等。采用中科院南京土壤研究所制作的 1：100

万土壤数据图（国家自然科学基金委员会"中国西部环境与生态科学数据中心"http：//westdc.westgis.ac.cn 提供）。其原始数据特征如下，要素：具有标识符的向量多边形表示土壤类型；数据来源：根据全国土壤普查办公室 1995 年编制，西安出版社出版发行的《1：100 万中华人民共和国土壤图》数字化；地理参照系投影方式：等积圆锥投影；第一标准纬线：北纬 25°纬线；第二标准纬线：北纬 47°纬线；中央经线：东经 110°经线。

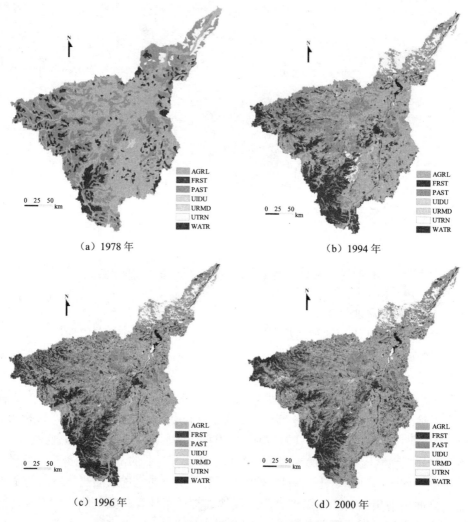

（a）1978 年    （b）1994 年

（c）1996 年    （d）2000 年

图 6-4　LRB 土地利用类型在 SWAT 模型中重新分类图

应用 GIS 技术将其数据格式进行转换，并将其投影进行转化，对应流域界线进行切割，最后得到研究区土壤类型图。根据土壤类型进行编码之后转换为 GRID 格式的栅格图层，像元值为对应空间位置上的土壤类型编码，并建立运行 SWAT 模型时需要的土壤类型查找表，从而将土壤类型与土壤类型空间分布图层中各像元值进行关联。老哈河流域共分布有褐土、棕壤、黑潮土、草甸盐土、固定风沙土、流动风沙土、栗钙土、黑钙土、淋溶褐土、黄垆土 10 种土壤类型（图 6-5、表 6-1）。

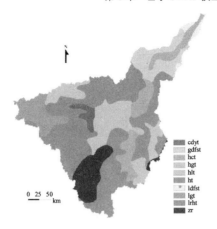

cdyt
gdfst
hct
hgt
hlt
ht
ldfst
lgt
lrht
zr

0　25　50
km

**图 6-5　LRB SWAT 中土壤类型分布**

**表 6-1　老哈河流域土壤分类编码表**

| 序号 | 土类编码 | 土类 | 亚类编码 | 亚类 |
|------|----------|------|----------|------|
| 1 | 06 | 黄垆土 | 061 | 黄垆土 |
| 2 | 11 | 潮土 | 114 | 黑潮土 |
| 3 | 20 | 棕壤 | 200 | 棕壤 |
| 4 | 21 | 褐土 | 211 | 褐土 |
| 5 | | | 212 | 淋溶褐土 |
| 6 | 28 | 黑钙土 | 281 | 黑钙土 |
| 7 | 29 | 栗钙土 | 292 | 栗钙土 |
| 8 | 39 | 盐土 | 392 | 草甸盐土 |
| 9 | 46 | 风沙土 | 461 | 流动风沙土 |
| 10 | | | 463 | 固定风沙土 |

　　② 土壤理化数据。土壤属性数据包括物理属性和化学属性。两类数据都基于土壤剖面分层输入。物理属性包括土壤分层数、每层土层厚度、土壤水文分组、饱和导水系数、有机碳含量、土壤机械组成、土壤侵蚀因子、土壤可利用水含量等。化学属性有硝态氮、有机氮和有机磷浓度。土壤水文组定义，参照美国国家自然保护局标准，将相同降水和地表条件下，具有相似产流能力的土壤归为一类。模型土壤物理化学属性输入文件见表 6-2。

　　收集有关土壤资料，包括《中国土种志》（全国土壤普查办公室，1995）、《赤峰市土壤》（赤峰市土壤普查办公室，1989）、《中国内蒙古土种志》（中国农业出版社，1994）、《赤峰市土种志》（赤峰市土壤普查办公室，1988）、《赤峰市第二次土壤普查数据资料汇编》（赤峰市土壤普查办公室，1988）等。选择与农业生产和环境保护息息相关的土壤性质，建立 1∶100 万土壤属性数据库。由于本书的研究内容不涉及水质模拟，因此在土壤数据准备中也忽略了氮、磷含量等参数的输入。

表 6-2　SWAT 模型土壤物理化学属性

| 模型定义 | 变量名称 | 单位 |
|---|---|---|
| 土壤名称 | SNAM | — |
| 土壤层 | NLAYERS | 1～10 |
| 土壤水文学分组 | HYDGRP | A、B、C 或 D |
| 土壤剖面最大根系深度 | SOL_ZMX | mm |
| 阴离子交换孔隙度 | ANION_EXCL | 默认值：0.5 |
| 土壤最大可压缩量 | SOL_CRK | $m^3/m^3$ |
| 土壤层结构 | TEXTURE | — |
| 土壤表层到土壤底层深度 | SOL_Z（layer#） | mm |
| 土壤湿密度 | SOL_BD（layer#） | $mg/m^3$ 或 $g/cm^3$ |
| 土壤层可利用有效水 | SOL_AWC（layer#） | $mmH_2O/mmSoil$ |
| 饱和水力传导系数 | SOL_K（layer#） | mm/hr |
| 土壤分层中有机碳含量 | SOL_CBN（layer#） | % |
| 黏土，直径＜0.002mm 的土壤颗粒组成 | CLAY（layer#） | % |
| 壤土，直径在 0.002mm 与 0.05mm 的土壤颗粒组成 | SILT（layer#） | % |
| 砂土，直径在 0.05mm 与 2.0mm 的土壤颗粒组成 | SAND（layer#） | % |
| 砾石，直径＞2.0mm 的土壤颗粒组成 | ROCK（layer#） | % |
| 地表反射率（湿） | SOL_ALB（layer#） | — |
| USLE 方程中土壤侵蚀力因子 | USLE_K（layer#） | — |
| 土壤电导率 | SOL_EC（layer#） | dS/m |

③ 土壤粒径级配数据插值处理。土壤粒径级配，亦即土壤机械组成数据，是土壤属性数据中最重要的一类，其他的许多土壤参数，如容重、饱和导水率、可利用水含量等由于目前的土种志中没有相应测量值，都需要基于土壤粒径级配数据计算得到。SWAT 模型采用的土壤粒径级配标准为美国农业部制定的美国标准，而本书中原始土壤数据采用的土壤粒径级配标准则是国际粒径分级标准，由于这两种标准中划分黏土与粉砂的粒径不相同，通过插值得到美国土壤粒径分级标准下土壤粒径级配数据。将美国土壤粒径分级标准下土壤粒径级配数据、土壤有机质含量数据输入到土壤水分特性软件（Soil and Water Characteristics）（Saxton 和 Rawls，2007），可以计算得出 SWAT 模型中所需的土壤容重、可利用水含量、饱和导水率等参数。在计算得到上述参数后，将土壤层数、土壤各层厚度、各层土壤的机械组成、有机质含量、土壤容重、可利用水含量、饱和导水率等参数分别输入，建立 SWAT 模型所需的用户自定义土壤属性数据库。

（5）气象与水文数据

SWAT 模型中需要的气象数据包括两类：

① 观测数据：SWAT 模型模拟的最小时间步长是 1d，要求输入的气候因素包括日降水量、最高最低气温、太阳辐射、风速和相对湿度。以上资料除太阳辐射量需基于日照时数进行估算外，其余气象要素的日资料均可由气象资料直接获取。

② 再分析数据：模拟之前需给出流域多年逐月平均气象资料，包括降水量、降水量的标准偏差、平均降水天数、月内干日日数、月内湿日日数、降水的偏度系数、风速、太阳辐射、最高气温、最低气温、最高气温的标准偏差、最低气温的标准偏差、露点温

度以及最大半小时降水量等数据。以上各项统计指标可根据各要素日观测数据计算得到。

另外模型还需要提供各气象要素观测站点的地理位置列表，可根据各气象观测站点的经纬度坐标，经坐标转换后得到。气象台站空间分布见图 6-1、表 6-3。

对于逐日气象数据，由于数据时段较长，一般的数据处理软件如 Excel、Foxpro 可能无法处理如此庞大的数据，因此通过 VB 进行编程，处理成一般模型可用格式。另外，限于研究流域及周边气象站点较少，可能影响模拟精度，因此采用 IDW 插值法，获得流域降水资料的空间化数据。

本书的气象数据来源于中国气象信息中心与内蒙古气象信息中心，根据流域内资料系列的长短、时序匹配性，选取 1961—2003 年 11 个台站的降水资料，通过双累积曲线对资料进行一致性检验校正，同时选取同期最高最低气温、太阳辐射、风速资料和相对湿度作为模型的输入来模拟年产流量。水文监测数据来自于水文年鉴及赤峰市水文局，包括的水文站有：小河沿（1962—1986 年）、甸子（1962—1986 年）、乌敦套海（1962—1986 年）、太平庄（1961—1986 年）、赤峰（1961—1989 年）、干沟子（1963—1989 年）、兴隆坡（1978—1989 年）。

表 6-3　老哈河流域周边气象台站地理位置

| 站点 | 纬度（N） | 经度（E） | 观测场海拔/m |
|------|-----------|-----------|--------------|
| 赤峰 | 42°16′ | 118°56′ | 568.0 |
| 宁城 | 41°36′ | 119°21′ | 546.8 |
| 翁牛特旗 | 42°56′ | 119°01′ | 634.3 |
| 喀喇沁旗 | 41°56′ | 118°42′ | 733.7 |
| 敖汉旗 | 42°17′ | 119°55′ | 588.2 |
| 奈曼旗 | 42°51′ | 120°39′ | 362.9 |
| 岗子 | 42°34′ | 117°56′ | 960.7 |
| 叶柏寿 | 41°23′ | 119°42′ | 422.0 |
| 八里罕 | 41°25′ | 118°43′ | 680.7 |
| 朝阳 | 41°33′ | 120°27′ | 169.9 |
| 围场 | 41°56′ | 117°45′ | 842.8 |

（6）其他数据

水库数据包括水库名，地理位置，总库容，水面面积，控制流域，年均供水，灌溉面积，最大泄流量。农业管理情景数据包括灌溉量、灌溉措施、播种季节、种植结构等。由于老哈河流域用水以农业灌溉用水为主，所以收集了 2006—2007 年流域旗县级总灌溉面积、有效灌溉面积、旱涝保收面积、蓄水灌溉面积、引水灌溉面积、纯井灌面积等，以及牧草灌溉面积、灌溉草库仑数与面积等牧区水利工程情况为研究所用。

### 6.1.2　模型参数设置

（1）产流方程的选择

SWAT 模型中提供了两种产流计算方法：SCS 径流曲线数法和 Green-Ampt 入渗方程。由于 Green-Ampt 入渗方程需要详细的降雨数据，本研究选择 SCS 模型来计算地表径流。SCS 模型中只有一个参数，即 CN 值，研究根据 SWAT 模型用户手册所提供的 CN 值查算表，综合考虑老哈河流域实际条件，确定前期土壤湿度为一般（AMCⅡ）条件下的不同土地利用所对应的 CN 值矩阵（SWAT 模型根据一般前期土壤湿度条件下的 CN 值计算另外两种前期土壤湿度条件下的 CN 值）。

（2）蒸（散）发模型的选择

SWAT 模型提供了 4 种蒸（散）发计算方案：Penman-Monteith 方法、Priestley-Taylor 方法、Hargreaves 方法以及用户自己输入。Penman-Monteith 方法物理机制较强，对土壤热通量、空气动力阻抗、冠层阻抗等过程都进行了模拟，其缺点在于参数多、计算复杂；Priestley-Taylor 方法计算简单，参数较少，在湿润地区模拟效果较好。Hargreaves 方法公式简单，但模拟精度较差，故较少采用。鉴于 Penman-Monteith 方法的物理机制更强，选用了 Penman-Monteith 蒸（散）发估算模型。

（3）河道演算方法选择

SWAT 模型应用曼宁公式确定河道径流的流量和流速，而河道径流的演算则通过变动存储系数方法或马斯京根（Muskingum）法实现，这两种方法都是动力波模型的变体。其中，马斯京根法是 McCarthy 于 1934 年提出，并在美国马斯京根河上应用的一种用于河道洪水演算的方法（赵人俊，1984），该方法计算简单，所需资料少，且在一般河道的洪水演算中效果较好，得到了广泛的应用，因此选用马斯京根法对汇流过程进行模拟。

### 6.1.3 模型参数率定与验证

当模型的结构和输入参数初步确定后，就需要对模型进行率定和验证。选用决定系数 $R$ 和 Nash-Suttclife 模型效率系数 $E_{NS}$ 来衡量模型模拟值与观测值之间的拟合度，$R$ 是表示观测值和模拟值之间相关关系的指数，$E_{NS}$ 是判断水文模型模拟效果的指标（Nash 和 Sutcliffe，1970）。$E_{NS}$ 表达式为：

$$E_{NS}=1-\frac{\sum_{i=1}^{n}(Q_0-Q_p)^2}{\sum_{i=1}^{n}(Q_0-Q_{avg})^2} \qquad \text{式 6-1}$$

式中：$Q_0$——流量实测值；$Q_p$——流量模拟值；$Q_{avg}$——流量实测平均值；$n$——实测数据个数。$E_{NS}$ 的值可以在 0～1 之间变动。1 表示模拟值与实际值完全一致，0 表示模拟效果与采用实测值的平均值代替的模拟效果是一样的，模拟值与实测的平均值没有差异，若 $E_{NS}$ 为负值，则模拟结果无效。

选用 1961—1980 年老哈河红山水库坝址处的流量数据，进行逐年和逐月水量平衡率定和验证，将气象数据（1959—2000 年）分为两个系列：1961—1980 年 20 年的数据用于率定（1959—1960 年作为预热期），相应土地利用数据为 20 世纪 70 年代中期的数据；采用模型校准过程中得到的参数，应用 1981—2000 年流量数据进行模型验证，验证期使用 1996 年的土地利用资料。SWAT 模型所调整的敏感参数及其最终调整结果如表 6-4 所示。

表 6-4 老哈河流域水文参数率定值

| 影响项目 | 参数 [a] | 参数意义 | 阈值 | 调整值 |
|---|---|---|---|---|
| 地表径流 | CN2 | SCS 曲线数 | −8～8 | −7%[b] |
| | ESCO | 土壤蒸发补偿系数 | 0.00～1.00 | +0.38 |
| | SOL_AWC | 土层可利用有效水 | 0.00～1.00 | +0.03[c] |
| 基流 | GWQMN | 最小基流出流阈值 | 0～5 000 | +280 |
| | GW_REVAP | 浅层地下水再蒸发系数 | 0.02～0.20 | +0.12 |
| | REVAPMN | 土壤再蒸发发生的阈值 | 0～500 | −0.2 |

附: [a] 详细描述见 Neitsch *et al.*（2002）; [b] 率定后所有 CN2 值降低 7%; [c] 率定后所有的 SOL_AWC 值增加 0.03 mm。

图 6-6、图 6-7、图 6-8 和图 6-9 分别为模型对老哈河流域流量的率定结果及检验结果。由图 6-6 和图 6-7 可以看出，1981—2000 年，模拟峰值稍高于实测值，而谷值略低于实测值，总的来看，流量的模拟较为准确，模拟值与实测值拟合较好，率定期的 $R$ 和 $E_{NS}$ 分别是 0.72 和 0.70，验证期的 $R$ 和 $E_{NS}$ 分别是 0.82 和 0.77，高于率定期。率定与验证结果表明 SWAT 模型较准确地再现了研究时段里老哈河流域的水文特点。由于模型的率定和验证分别采用了相应时段的气候和土地利用资料，说明模型运行比较稳定，能够较为真实地模拟流域的水文过程。

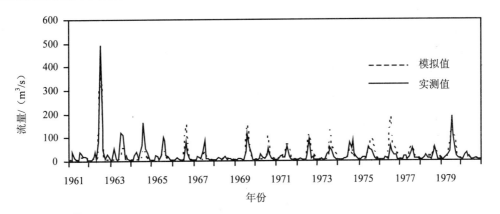

图 6-6 率定期模拟值与实测值月流量比较（1961—1980 年）

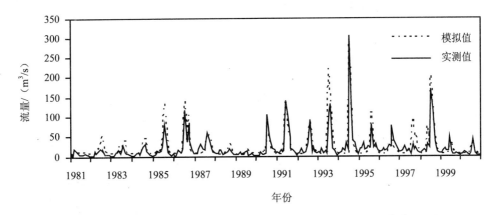

图 6-7 验证期模拟值与实测值月流量比较（1981—2000 年）

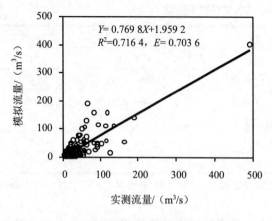

图 6-8  率定期模拟值与实测值月流量点聚图
（1961—1980 年）

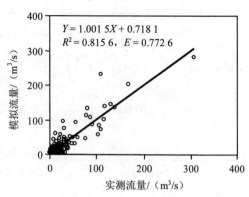

图 6-9  验证期模拟值与实测值月流量点聚图
（1981—2000 年）

## 6.2 水资源对气候变化的敏感性分析

径流敏感性的分析可以确定影响径流变化的主要因素和次要因素，敏感性是反映水资源系统对气候变化适应能力的一项重要指标，敏感性研究可提供气候变化影响的重要信息（王国庆，2006），对于揭示不同流域水文要素响应气候变化的机理和差异有重要作用。以下利用 SWAT 模型，在率定出最佳月径流模拟结果的参数值或参数变化值的基础上，假设流域下垫面状况在水文响应预测期内不变，在气温与降水变化组合的各种气候情景下，对老哈河流域水资源对气候变化的响应进行了研究。

### 6.2.1 研究方法与情景设置

（1）水文要素的气候响应分析方法

水文要素对气候变化的敏感性是指流域的径流、蒸发及土壤水对假定的气候变化情景响应的程度（IPCC，1996）。由于人类目前还不能准确预测未来气候将如何变化，因此，大多根据各种方法设置未来气候构想或称为未来气候情景（Scenario）。目前，生成未来气候变化情景的方法有任意情景设置、长系列水文气象资料的统计相关法和基于 GCMs 输出 3 种基本方法。任意情景是根据未来气候可能的变化范围，任意给定气温、降水等气候要素的变化值，例如假定年平均气温升高 1℃、2℃、3℃、4℃等，年降水量增加或减少 5%、10%、20%等，每一种气温与降水的可能状况的组合，就构成区域未来气候的一种情景。本书即采用此方法。水文要素对不同气候情景的响应以下式表示（王国庆，2006）：

$$\eta_{\Delta R,\Delta T} = \frac{W_{R+\Delta R,T+\Delta T} - W_{R,T}}{W_{R,T}} \times 100\%$$  式 6-2

式中：$W_{R,T}$——现状径流量；$W_{R+\Delta R,T+\Delta T}$——降水变化 $\Delta R$ 与气温变化 $\Delta T$ 情景下的径流量；$\eta_{\Delta R,\Delta T}$——在降水变化 $\Delta R$ 同时气温变化 $\Delta T$ 情况下的径流量变化率。在相同的气候变化情景下，响应的程度愈大，水文要素愈敏感；反之，则不敏感。

根据未来气候的可能变化，假定的气候情景为：降水变化为±30%、±20%、±10%和0，同时，气温变化±1℃，±2℃，±3℃ 和 0℃，共 49 种组合情景。据此利用 SWAT 模型模拟各种情景下的径流量。考虑数据的可获取性以及代表性，选取红山水库坝址处径流量作为老哈河流域水文要素对气候变化的响应分析。

（2）径流年内分配不均匀性分析方法

用径流年内分配不均匀系数 $C_v$ 来衡量径流年内分配的不均匀性。径流年内分配不均匀系数 $C_v$ 的计算公式如下：

$$C_v = \sigma \sqrt{R} \qquad 式6\text{-}3$$

$\sigma$ 与 $\overline{R}$ 为：

$$\sigma = \sqrt{1/n \sum_{i=1}^{n} \left( R_i - \overline{R} \right)^2} \qquad 式6\text{-}4$$

$$\overline{R} = 1/n \sum_{i=1}^{n} R_i \qquad 式6\text{-}5$$

式中：$R_i$——年内各月径流量；$\overline{R}$——年内月平均径流量；$C_v$ 值越大即表明年内各月径流量相差悬殊，径流年内分配越不均匀。

### 6.2.2  不同水文要素对气候变化的敏感性

（1）年流量及土壤含水量对气候变化的敏感性

根据以上设置的不同降水与气温 49 种情景组合，对流域年流量进行模拟，表 6-5 与图 6-10 显示了老哈河流域流量对降水与气温的敏感性，可以看出，由于降水、温度的变化使得流量呈非线性变化。

49 种情景组合的流量模拟结果表明，在老哈河流域，当气温升高 3℃、降水减少 30%时，模拟流量减少最多，与气温、降水都不变的情景相比，减少 56.76%；当气温降低 3℃、降水增加 30% 时，模拟流量增加最多，与气温、降水都不变的情景相比，增加 236.09%（表 6-5）。

表 6-5  老哈河流域坝址处 49 种情景下年流量变化率

| 气温变化/℃ | 降水量变化/% | | | | | | |
|---|---|---|---|---|---|---|---|
| | 30↓* | 20↓ | 10↓ | 0 | 10↑ | 20↑ | 30↑ |
| 3↓ | −54.21 | −41.91 | −23.25 | 7.78 | 61.86 | 139.28 | 236.09 |
| 2↓ | −54.24 | −42.24 | −23.44 | 5.58 | 58.33 | 133.41 | 227.78 |
| 1↓ | −54.38 | −42.91 | −23.96 | 4.44 | 55.08 | 127.45 | 217.8 |
| 0 | −54.65 | −43.53 | −26.44 | 0 | 47.59 | 115.61 | 200.95 |
| 1↑ | −55.08 | −44.58 | −29.21 | −6.44 | 33.51 | 93.51 | 170.84 |
| 2↑ | −55.87 | −45.68 | −31.26 | −10.84 | 22.05 | 75.18 | 144.25 |
| 3↑ | −56.76 | −47.11 | −33.56 | −14.46 | 12.94 | 55.37 | 116.61 |

注：*表示 30↓ 为降水量下降 30%的情况；10↑ 为降水量上升 10%的情况，其他同。

由表 6-5 可以看出，老哈河流域气温变化对流量影响的一般规律是：①模拟流量明显地随气温升高而减少，随气温降低而增加。②老哈河流域在温度变化相同幅度时，流量的相对变化量并不一致：降水不变的情况下，流量对气温升高较气温降低的响应更为敏感。例如，降水量不变时，气温每升高 1℃，流量减少 6.44%，气温每降低 1℃，流量增加 4.44%。另外，在降水量增加 30% 的情况下，气温升高 3℃，流量与气温保持不变时相比，将减少 84.34%；而气温降低 3℃，流量与气温保持不变时相比，将增多 35.14%。③气温对流量的影响随降水的增加而更为明显，在降水增加 20%、气温增加 2℃的情景下，流量增加 75.18%，比降水增加 20%、气温保持不变的情景减少 40.43%；而在降水减少 20%、气温增加 2℃的情景下，流量减少 45.68%，比降水减少 20%、气温保持不变的情景减少 2.15%。即随着降水增加，流量对气温越敏感，随着降水减少，气温对流量的影响愈不显著，在图形上的表现为：随着降水的增加，曲线族趋于发散，而随着降水减少，曲线族趋于收敛（图 6-10a）。

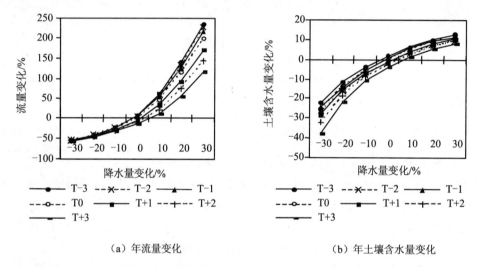

（a）年流量变化　　　　　　　　　（b）年土壤含水量变化

图 6-10　LRB 坝址处 49 种情景下（1981—2000 年）年流量与年土壤含水量变化

附：T-2 表示气温降低 2℃；T+2 表示气温升高 2℃。其他同。

老哈河流域降水变化对流量影响的一般规律是（表 6-6）：① 在气温不变的情况下，模拟流量随降水的增加而明显增大，反之减少。② 降水增加相同的幅度比减少相同幅度对流量的影响显著。如气温保持不变，降水减少 20%，流量将减少 43.53%，而降水增加 20%，流量将增多 115.61%，即降水变化相同幅度时，流量的相对变化量并不一致。③ 当气温较低时，流量对降水的变化更为敏感，当降水减少 30%，同时气温降低 3℃时，流量将减少 54.21%，这比气温降低 3℃，降水保持不变时流量减少了 61.99%，而当降水减少 30%，同时气温升高 3℃时，流量将减少 56.76%，这只比气温升高 3℃，降水保持不变时流量减少了 42.30%。因此，降水对流量的影响随气温的降低而更为明显，即气温越低，流量对降水越敏感，随着气温升高，降水对流量的影响愈不显著。

老哈河流域降水变化对土壤含水量影响的一般规律是（表 6-6）：① 模拟土壤水含量随气温升高而降低，随降水增加而升高。② 土壤水对降水的响应比对气温更为敏感，但其对降水的响应程度不如流量响应更为显著。降水增加 20% 将引起年均土壤水增加

8.95%，而当气温升高 2℃时，年均土壤水将只减少 2.72%。③ 土壤水在气温较高时比较低时响应更为敏感。当降水减少时，土壤水对气温的变化更为敏感，在图形上的表现为：随着降水的增加，曲线族趋于收敛，而随着降水减少，曲线族趋于发散（图 6-10b）。④ 降水减少相同的幅度比增加相同幅度对土壤水的影响更显著。降水对土壤水的影响随气温的升高而更为明显，即气温越高，土壤水对降水越敏感，随着气温降低，降水对土壤水的影响愈不显著。与流量相比，暖干化气候对土壤含水量的影响要更为显著。当气温升高 3℃、降水减少 30%时，年均土壤水减少 38.13%，而当气温升高 3℃、降水为基准时，年均土壤水仅减少 3.91%，当气温不变、降水减少 30%时，年均土壤水减少 25.25%。

表 6-6　LRB 坝址处 49 种情景下年土壤含水量变化率

| 气温变化/℃ | 降水量变化/% | | | | | | |
|---|---|---|---|---|---|---|---|
| | 30↓* | 20↓ | 10↓ | 0 | 10↑ | 20↑ | 30↑ |
| 3↓ | −22.15 | −11.68 | −3.91 | 1.60 | 6.22 | 10.00 | 12.66 |
| 2↓ | −26.02 | −16.33 | −7.86 | −1.70 | 3.19 | 7.03 | 9.52 |
| 1↓ | −24.48 | −14.13 | −5.80 | 0.67 | 5.70 | 9.27 | 11.50 |
| 0 | −25.25 | −13.99 | −5.72 | 0.00 | 5.27 | 8.95 | 11.49 |
| 1↑ | −28.11 | −15.82 | −7.15 | −1.39 | 4.15 | 7.91 | 10.43 |
| 2↑ | −32.14 | −18.64 | −8.91 | −2.72 | 2.75 | 6.64 | 9.28 |
| 3↑ | −38.13 | −21.42 | −10.68 | −3.91 | 1.12 | 5.50 | 8.33 |

注：*表示 30↓ 为降水量下降 30%的情况下；10↑ 为降水量上升 10%的情况下，其他同。

（2）流量月变化对气候变化的敏感性

图 6-11 给出了 4 种气候情景以及基准情景下流量的年内分配过程。

由图 6-11 可以看出：① 自上而下，5 条变化曲线依次为：降水与气温均不变化；降水不变，同时气温升高 2℃；降水减少 20%，同时气温保持不变；降水减少 20%，同时气温升高 2℃，降水减少 30%，同时气温升高 2℃。② 各曲线之间的间距在 5—11 月较大，说明气温升高和降水减少对 5—11 月流量的绝对减少量影响更为显著，即流量的增加和减少主要发生在湿季。③ 在 5—11 月期间，与气温相比，降水对流量的影响要更为明显。例如，气温升高 2℃，流量在 7 月和 10 月分别减少 5.94m³/s 和 0.8m³/s，如果降水减少 20%，7 月和 10 月的流量分别减少 40.46m³/s 和 1.19m³/s。在其他月份，降水和气温对流量的影响程度相当。

由此可知，气候变化将引起径流年内分配的变化，其中降水对其分配的不均匀性影响很大，而气温反而使得分配不均匀性稍微有所降低。无论是年流量还是月流量，其对降水的响应均强于温度，而且月流量对降水的响应要比年流量更强一些。

（3）径流年内分配不均匀性对气候变化的敏感性

年、月 $C_v$ 值计算结果表明：气温与降水保持不变，年、月 $C_v$ 值分别为 0.65 与 0.97；气温保持不变而降水减少 20%，年、月 $C_v$ 值分别为 0.44 与 0.70；气温保持不变而降水增加 20%，年、月 $C_v$ 值分别为 0.83 与 1.17；气温升高 2℃而降水保持不变，年、月 $C_v$ 值分别为 0.60 与 0.94；气温升高 2℃而降水减少 20%，年、月 $C_v$ 值分别为 0.42 与 0.69；气温升高 2℃而降水增加 20%，年、月 $C_v$ 值分别为 0.79 与 1.14。

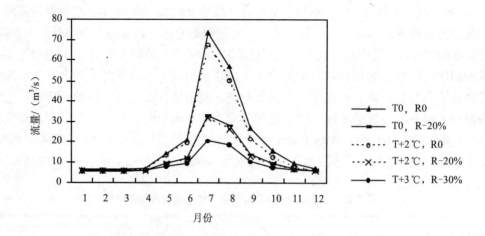

**图 6-11　4 种气候情景以及基准情景下月流量变化（1981—2000 年）**

注：T0，R0 表示降水与气温均不变化；T0，R-20% 表示气温保持不变，降水减少 20%；T+2℃，R0 表示气温升高 2℃，同时降水不变；T+2℃，R-20% 表示气温升高 2℃，同时降水减少 20%；T+3℃，R-30% 表示气温升高 3℃，同时降水减少 30%。

　　因此，气候变化将引起径流年内分配的变化，其中降水对其分配的不均匀性影响很大。全球气候变暖可能使全球平均降水量趋于增加，但降水变率可能随着平均降水量的增加也发生变化，即随着降水量增加，径流年内分配不均匀系数 $C_v$ 也随之增大，而蒸发量也会因全球平均温度的增加而增大，这可能意味着未来旱涝等灾害的出现频率会增加，并进一步引起可利用水资源减少。

### 6.2.3　LRB 水文、水资源气候敏感性结果分析

　　目前，国内学者对黄河、黑河、淮河、滦河、海河流域径流对气候变化的敏感性分析研究较多（Zhang 和 Zhang，2004），如史玉品等（2005）以新安江模型为基础，建立了分辨率为 1km 网格化的分布式水文模型，并对黄河源区的水资源进行模拟，结果表明该流域的径流对降水的变化比较敏感，而对气温变化的敏感度则较小。叶佰生等（1996）针对 25 种气候情景，计算了伊犁河上游径流的变化，结果表明：流域径流变化主要取决于降水的变化，气温的影响次之；康尔泗（1999）分析了黑河莺落峡水文站出山径流对气候变化的敏感性，认为如果在气温升高 0.5℃、降水不变的情况下，由于积雪融化，5 月和 10 月的径流量将增加，但 7 月和 8 月由于蒸发量的增加和该流域冰川融水补给比重较小，将使年径流量减少 4%；邓慧平与唐来华（1998）对沱江多年平均月径流的气候敏感性分析结果表明，径流对气温变化不敏感，非汛期气温增加引起径流减少的百分数要大于汛期。径流对降水变化较敏感，且在非汛期径流减少的百分数多于汛期；王建等（2001）采用融雪径流模型模拟气温上升 4℃情景下西北地区融雪径流情势，结果表明气温上升带来融雪径流变化情势将在时间上造成前移及消融前期流量增加和后期流量减少；汪美华等（2003）研究认为：暖干天气组合对淮河流域水文水资源系统的影响非常明显，导致淮河流域径流量明显减少，春季径流深对气候变化的响应在不同流域表现出了一定的差异性；王国庆（2006）采用改进

的参数网格化技术及建立的分布式 YRWBM 模型，定量评估了在不同气候变化情景下黄河中游水资源的变化。

这些流域径流对气温与降水的响应特征与本书在老哈河流域得出的结论基本类似，但径流对气温与降水的响应幅度不同。如 Li 等（2004）认为，在温度降低，同时降水增加 20%时，黄河源区的径流量将增加 39.69%，这比老哈河流域在同样的情景下，径流对气候变化的响应要小。邓慧平和唐来华（1998）的气候变化下的水文响应研究表明，在沱江流域，径流对温度变化响应不敏感，但对降水响应敏感，当温度升高 2～4℃时，径流仅减少 5%～10%，而当降水改变 20%时，径流变化 35%～40%，这一结果同样小于本书应用 SWAT 模拟的老哈河流域对气候变化的响应程度。Zhang J.和 Zhang S.（2004）的研究成果表明：径流对气候变化的响应在半干旱、半湿润区要强于干旱区和湿润区，而石缎花和李惠民（2005）的研究结果则认为我国河川径流对气候变化有灵敏的响应，自南向北，自湿润地区向干旱地区径流对气候变化的敏感性增强。老哈河流域位于半干旱、半湿润地区，本书得出老哈河流域对气候变化响应的敏感性较强，与此相符。

另外，目前针对西辽河流域的相关研究较少，尤其是在利用分布式水文模型模拟方面研究更少，但在较大的尺度上，Wiberg 等（2003）应用 CHARM 模型分析了中国不同区域径流对气候变化的敏感性，结果表明：在气温升高 2℃的情况下，全中国的年水资源总量约减少 3.4%，其中东北地区和内陆河区域减少最多，超过 7%，而本书得出位于东北地区的老哈河流域在气温升高 2℃的情况下，流量减少 10.84%，与上述结论基本一致；Wiberg 等（2003）还预测降水减少 15%的情况下，全国水资源总量将减少 20.7%，其中海河和滦河减少最多，超过 30%，其次为淮河、黄河、南方和东北地区，减少 25%～28.7%，西南地区响应最弱仅减少 11.86%。而本书得出老哈河流域在降水减少 10%的情况下，流量减少 26.44%，在降水减少 20%的情况下，流量减少 43.53%，与上述结论基本一致，但减少幅度相对较多。作为西辽河流域的上游，老哈河流域对气候变化的响应比那些位于干旱或者湿润的流域要更为敏感，也比整个北方区域的响应更敏感。

总之，由于模型、区域、尺度以及模拟时段不同，模拟的结果也存在差异，与中、大流域相比，小流域由于有它自身的特点，因而表现出特有的水文响应特征。

## 6.3　水资源对土地利用、覆被变化的敏感性分析

由于社会生产力水平的局限，人类活动与自然驱动力相比较长期处于非支配地位，因此很长时期人类活动对水文循环影响常常为人所忽略，即便在人类活动较为集中地区，由于人类活动对水文循环的影响是多方面的，其显现形式上的复合性常常不易被分解。20 世纪 80 年代以来，随着社会的不断进步和人口的迅速膨胀，人类社会的作用力又不断凸显并添加到水循环过程当中，人类活动对水循环的影响引起了广泛的重视和关注，其研究已经成为国际热点问题与前沿领域。目前，人类活动的水文响应研究主要集中在土地利用、覆被方面。

### 6.3.1 土地利用变化对水文要素的影响

土地利用变化对水文过程的影响主要表现在对水分循环和对水质水量的改变上。土地利用变化改变了地表蒸发、土壤水分状况及地表覆被的截留量，进而对流域的水量平衡产生影响。应用 SWAT 模型，模拟不同土地利用情景下的流域多年流量，旨在定量评估土地利用变化对流域水量平衡中的径流等的影响。

（1）情景设定

为了分析土地利用变化对流域水量平衡的影响，结合流域实际情况，根据当地目前的政策发展（全面禁伐、天然林保护工程等的实施），构建土地利用情景，模拟分析在不同的土地利用情景下流域流量等的变化情况。由第 5 章可知，老哈河流域主要的土地利用类型为农业用地、草地、森林这 3 种，占了近 90%，在进行情景设定时，结合流域经济发展和下垫面情况，设立如下 5 种情景（表 6-7、附图 4）。

表 6-7　老哈河流域土地利用情景设置

| 类　型 | 面积比例/% | | | | | |
|---|---|---|---|---|---|---|
| | 耕地 | 林地 | 草地 | 水域 | 建设用地 | 沙地 |
| $S_0$（2000 年） | 39.51 | 21 | 29.46 | 1.84 | 2.73 | 4.78 |
| $S_1$（草地→耕地） | 68.97 | 21 | 0 | 1.84 | 2.73 | 4.78 |
| $S_2$（草地→林地） | 39.51 | 50.46 | 0 | 1.84 | 2.73 | 4.78 |
| $S_3$（耕地→草地） | 0 | 21 | 68.97 | 1.84 | 2.73 | 4.78 |
| $S_4$（耕地→林地） | 0 | 60.51 | 29.46 | 1.84 | 2.73 | 4.78 |
| $S_5$（林地→草地） | 39.51 | 0 | 50.46 | 1.84 | 2.73 | 4.78 |

情景 1（$S_1$）：为了模拟草地减少和农业用地的增加对产流量的影响，设立情景 1，即草地面积减少 29.46%，农业用地增加 29.46%，森林和其他用地基本保持不变，减少的草地全部转化为农业用地。

情景 2（$S_2$）：流域的城镇人口较少，考虑到未来城镇化趋势可能导致畜牧业减少，加之近几年流域退草还林，草地减少，森林面积增加，为了模拟草地面积减少和森林增加对产流量和产沙量的影响，考虑到下垫面的性质及草地的分布情况，设立情景 2，即草地面积减少了 29.46%，森林面积增加了 29.46%，减少的草地全部转化为森林，农业用地和其他用地基本保持不变。

情景 3（$S_3$）：随着国家退耕还林还草的提出，为了模拟农业用地面积减少与草地面积增加对产流的影响，结合流域实际情况，设立情景 3，即农业用地减少 39.51%，草地面积增加 39.51%，森林和其他用地保持不变，减少的农业用地全部转化为草地。

情景 4（$S_4$）：根据退耕还林政策，设立情景 4，即农业用地减少 39.51%，林地面积增加 39.51%，草地和其他用地保持不变，减少的农业用地全部转化为林地。

情景 5（$S_5$）：考虑到流域未来也有可能更适合发展草地，设立情景 5，即林地减少 21%，草地面积增加 21%，农业用地和其他用地保持不变，减少的林地全部转化为草地。

（2）土地利用变化对产流量的影响

对于不同的情景，通过模型的模拟将得到产流量模拟值。由于每个子流域的参数值不同，其模拟的结果不同，为了便于分析，在随后的分析过程中，所有的模拟值均为出口断面的模拟值，产流量相对变化率 $R_Q$ 定义如下：

$$R_Q = (V_i - V_0) / V_0 \times 100 \qquad\qquad 式 6-6$$

式中：$V_i$——不同情景下的模拟值；$V_0$——以 2000 年土地利用为输入的模拟值。

表 6-8 为不同土地利用情景下老哈河流域的产流量变化，表中的值均为 1991—2000 年 10 年的平均值。结果表明，在不同的土地利用情景下，流域的产流量呈现如下特征：

① $S_1$：在草地面积减少 29.46%，农业用地增加 29.46%，其他的土地利用类型面积基本保持不变的情景下，产流量增加 5.47%，农业用地的增加能增加产水量。

② $S_2$：在草地面积减少 29.46%，森林面积增加 29.46%，其他的土地利用类型面积基本保持不变的情景下，产流量增加了 8.46%，相对草地来说，森林具有增水效应。

③ $S_3$：在农业用地减少 39.51%，草地增加 39.51%，其他的土地利用类型基本保持不变的情景下，产水量减少 1.23%，草地相对于农业用地具有减水效应。

④ $S_4$：在农业用地减少 39.51%，林地增加 39.51%，草地与其他的土地利用类型基本保持不变的情景下，产水量增加 3.04%，林地相对于农业用地具有增水效应。

⑤ $S_5$：在林业用地减少 21%，草地增加 21%，耕地与其他的土地利用类型基本保持不变的情景下，产水量减少 2.16%，草地相对于林业用地具有减水效应。

从模拟的结果来看（表 6-8），5 种情景中，森林相对于草地具有增水的效应，如情景 2，森林面积增加 29.46%，产流量增加 8.46%；而农业用地相对于草地又具有增水效应，如情景 1，草地减少 29.46%，产流量增加 5.47%。因此，从另外一个方面说明了森林植被的存在增加了年径流量。

**表 6-8　不同情景下 LRB 产流量变化率**

| 情景 | $S_1$ | $S_2$ | $S_3$ | $S_4$ | $S_5$ |
|---|---|---|---|---|---|
| $R_Q$/% | 5.47 | 8.46 | −1.23 | 3.04 | −2.16 |

目前，LUCC 对径流的影响研究主要集中在对年径流量的影响、对枯水径流量的影响、对洪水过程的影响等方面。植被覆盖（主要是森林）对径流的影响有较多的研究，但由于研究的尺度问题、气候背景条件、地理因素等多方面的原因，目前的研究结论还存在较大的差异（郝芳华等，2004）。前苏联斯莫列斯克、季洛夫、伏尔加河左岸的 3 个地区的统计资料表明，在相同的气候条件下，有林流域较无林流域径流量增加（马雪华，1993）。郝芳华等（2004）以黄河下游支流洛河上游卢氏水文站以上流域为研究区域，进行土地利用变化的产流量情景模拟表明，森林的存在增加了径流量，平水年土地利用变化对产流量影响最小，降雨量的增大能弱化下垫面对产流量的影响。中国林学会森林涵养水源考察组，在华北选择了地质、地貌、气候等条件大致相似的 3 组流域进行对比分析，结果表明，在华北石质山区，森林覆盖率增加，流域径流深增加。金栋梁（1989）通过对长江流域大面积森林流域的分析，认为森林覆盖率高的流域比森林覆盖率低的流域、有林地比无林地流域河川年径流量均有所增加。上述研究与本书得出的结论有一致的地方。

总之，草地转化为林地径流增加最多，其次是草地转化为耕地；林地转化为草地径流减少最多，耕地转化为草地径流减小，林地相对于草地和农业用地都具有增水作用，产流量的排序为林地大于农业用地，农业用地大于草地。

## 6.3.2 草地灌丛化对水文要素的影响

过度放牧与区域气候干旱化导致内蒙古半干旱草地荒漠化普遍发生，草地荒漠化往往伴随着草地灌丛化。事实上，干旱、半干旱地区草地生态系统木本植物入侵，特别是导致的草地灌丛化，已经成为全球范围普遍发生的现象，是草地沙化和荒漠化的一个重要标志（Grover 和 Musick，1990；Archer *et al.*，2001；熊小刚等，2003；金钊等，2007）。另一方面，流域水文动态过程是气象因素和下垫面综合作用的共同结果，流域中地表水和地下水的动态过程既受控于流域降雨和蒸发等气象因素，同时也受到流域内地貌、土壤、植被等自然地理因素的影响（许有鹏等，2005），而灌丛化会改变下垫面产、汇流条件，对流域水循环有一定影响。目前，国内外学者对半干旱地区草地灌丛化进行了较多研究，对其发展过程、成因机制等有了较深入的认识（金钊等，2007；张宏等，2001；熊小刚等，2005；2006；Archer *et al.*，1995；Reynolds *et al.*，1999）。但从生态学的角度探讨较多，在草地灌丛化对区域水文过程的影响方面，尤其是在气候变化背景下，利用机理模型模拟分析其水文效应等方面认识仍然有待深入。另一方面，在沙漠化防治及草原生态恢复中，利用人工小叶锦鸡儿（*C.microphylla*）灌丛群落进行防沙固沙和促进植被恢复已经在科尔沁沙地（熊小刚等，2005；姜凤岐等，2002；蒋德明等，2003）和浑善达克沙地取得良好效果（吴新宏，2003）。因此，开展半干旱草原灌丛化研究不仅是发展草原放牧系统动态理论研究的需要，对于当前草地退化、沙化的治理与恢复实践也具有重要的实践意义。鉴于此，选取老哈河流域中在植被、气候、水资源方面具有典型代表性的羊肠子河小流域，设定气候变化及植被变化情景驱动 SWAT 分布式水文模型，模拟并分析了在气候变化背景下，草地灌丛化对流域水文过程中月地表径流、蒸（散）发、土壤水等要素的影响。

### （1）羊肠子河小流域概况

羊肠子河小流域位于老哈河流域北部，地理位置北纬 $42°26'\sim42°47'$，东经 $117°49'\sim119°36'$，海拔 $230\sim1\,935m$，流域面积 $2\,259.4km^2$（图 6-12），呈西高东低，属多山多丘陵地貌特征，大部分位于赤峰市翁牛特旗西南部，科尔沁沙地西端，属半干旱农牧交错区。属北温带内陆季风气候，春季干旱多风，夏季短促炎热，雨量集中，秋季气温下降快，冬季漫长寒冷。年平均降水量 360mm，无霜期 90d 左右。天然径流主要来源于大气降水，属降水补给型，降水年际变率大，主要径流产生于 6—9 月。流域土地类型以耕地、草地、林地为主，伴有沙地、裸地、未利用地等类型（图 6-13），流域由西向东分布着山地草甸草地、山地干草原草地、丘陵干草原草地、丘间滩地草甸草地等，近年草地退化严重，退化草地约占草地总面积的 86.7%（赵海荣，2006）。

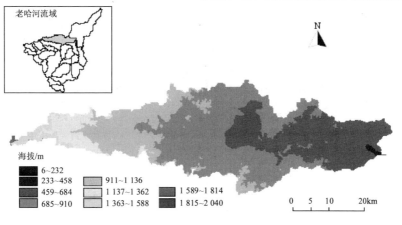

**图 6-12　羊肠子河流域位置与 DEM**

**图 6-13　羊肠子河流域土地利用图（2000 年）**

（2）模拟情景设定

根据流域未来气候的可能变化，假定的气候情景为：降水变化为相对于基准年减少 30% 和不变，同时，气温变化为相对于基准年增加 3℃ 和不变；假定灌丛化情景为：低覆盖度草地转化成灌丛；中、低覆盖度草地转化成灌丛（图 6-14）；共 9 种组合情景（表 6-9）。由于土地利用图为 2000 年，故选取 1998—2002 年月模拟值作为研究时段，进行不同气候变化与灌丛化情景下，地表径流、蒸（散）发和土壤水含量的响应模拟。

**表 6-9　羊肠子河流域气候与植被变化情景设置**

| 气温降水变化 | 植被覆盖变化 | | |
| --- | --- | --- | --- |
| | 基准 | 低覆盖度草地→灌丛 | 中、低覆盖度草地→灌丛 |
| $T+0℃，R+0$ | $S_{00}$ | $S_{01}$ | $S_{02}$ |
| $T+3℃，R+0$ | $S_{10}$ | $S_{11}$ | $S_{12}$ |
| $T+3℃，R-30\%$ | $S_{20}$ | $S_{21}$ | $S_{22}$ |

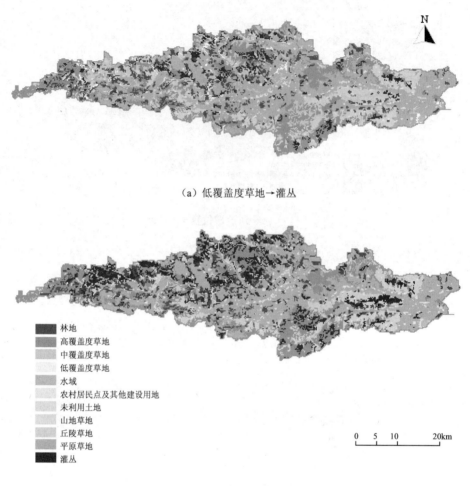

（a）低覆盖度草地→灌丛

林地
高覆盖度草地
中覆盖度草地
低覆盖度草地
水域
农村居民点及其他建设用地
未利用土地
山地草地
丘陵草地
平原草地
灌丛

0　5　10　　20km

（b）中、低覆盖度草地→灌丛

**图6-14　羊肠子河流域灌丛化模拟情景**

（3）不同草地灌丛化情景下的水文效应

图6-15为羊肠子河流域低覆盖度草地转化成灌丛（以下简称$S_{01}$）与中、低覆盖度草地转化成灌丛（以下简称$S_{02}$）两种情景下，地表径流、蒸（散）发及土壤水含量相对于基准状况的变化模拟值。

可以看出，流域灌丛化过程对地表径流造成了一定的影响：几乎所有月份，月地表径流量均随着灌丛化的加剧而增加，其中，在情景$S_{01}$下，月地表径流增加幅度大部分为1.1%～2.5%；在情景$S_{02}$下，增加幅度大部分为5.5%～9.1%，地表径流增加幅度主要与降水量多少有关，在降水偏多的月份，如6—8月，地表径流增加更为明显，例如，在$S_{01}$与$S_{02}$两种情景下，6—8月的月地表径流平均增加幅度分别为1.86%与8.52%，其余月份为0.83%与4.03%。这表明在降水较多月份，地表径流增加与灌丛化相关性更好。灌丛化过程对土壤水含量造成的影响为：月土壤水含量随着灌丛化的加剧而减少，在情景$S_{01}$下，月土壤水含量减少幅度为1.0%～3.3%；在情景$S_{02}$下，减少幅度为5.3%～15.6%；对于蒸（散）发而言，草地转化成灌丛后，与基准状况相比，部分月份有所减少，部分月份有所增加。

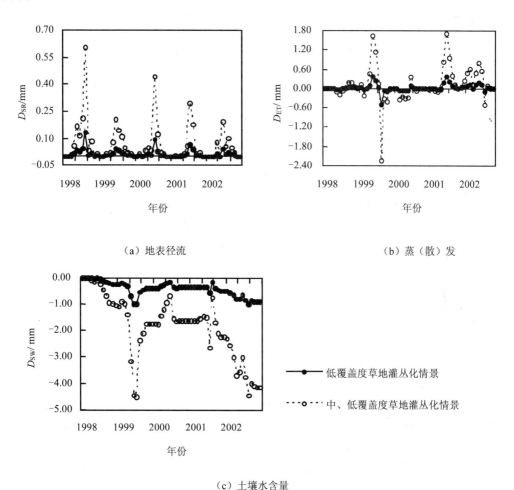

（a）地表径流　　　　　　　　　　　　　　（b）蒸（散）发

（c）土壤水含量

**图 6-15　羊肠子河流域不同草地灌丛化情景下水文要素变化**

从模拟结果还可以看出，灌丛化不仅使流域地表径流量有所增加，还导致地表径流的月波动有所增强：在植被覆盖为基准的情景下，月地表径流波动（地表径流量最大值与最小值之差）为 6.8mm，而在 $S_{01}$ 与 $S_{02}$ 两种情景下，该值分别为 7.0mm 和 7.5mm，差值有所增大。与此相反的是，灌丛化不仅使得流域的土壤水含量有所减少，还使得土壤水含量的月波动有所减轻。

总的来看，灌丛化对流域水文过程有一定的影响，但对不同水文要素的影响程度有所不同，对地表径流和土壤水的影响较为明显，在情景 $S_{02}$ 下，灌丛化导致地表径流的增长幅度达到了 8.4%，土壤水含量减少 9.6%，与蒸（散）发所受的影响相比较小。

（4）气候变化情景下草地灌丛化的水文效应变化

羊肠子河流域不同气候变化情景下草地灌丛化的水文效应变化如表 6-10 所示。水文要素主要考虑了地表径流、蒸（散）发以及土壤水含量及其变化。

表 6-10　羊肠子河流域不同气候与植被变化情景下水文要素及其变化　　单位：mm

| 情景 | $S_{00}$ | $S_{10}$ | $S_{20}$ | $S_{01}$ | $S_{11}$ | $S_{21}$ | $S_{02}$ | $S_{12}$ | $S_{22}$ |
|---|---|---|---|---|---|---|---|---|---|
| 地表径流 | 9.053 | 8.911 | 4.888 | 9.218 | 9.073 | 4.981 | 9.815 | 9.659 | 5.315 |
| 地表径流变化 | — | 0.142 | 4.165 | — | 0.145 | 4.237 | — | 0.156 | 4.5 |
| 蒸（散）发 | 324.98 | 331.317 | 242.63 | 325.25 | 331.59 | 242.63 | 326.20 | 332.59 | 242.61 |
| 蒸（散）发变化 | — | −6.337 | 82.35 | — | −6.34 | 82.62 | — | −6.39 | 83.59 |
| 土壤水 | 43.45 | 37.78 | 21.92 | 42.55 | 36.73 | 21.45 | 39.30 | 32.91 | 19.75 |
| 土壤水变化 | | 5.67 | 21.53 | | 5.82 | 21.1 | | 6.39 | 19.55 |

由表 6-10 可以看出，当流域地表植被覆盖为基准状态时，在气温升高 3℃，且降水减少 30%的情况下（$S_{20}$），其地表径流要比气温、降水不变时少 4.165mm；当低覆盖度草地变为灌木时（$S_{21}$），地表径流少 4.237mm；而当中低覆盖度草地均变为灌木时（$S_{22}$），其地表径流要少 4.5mm。这说明：草地灌丛化增强时，气温升高对地表径流减少的影响较草地在基准状态时要大一些，但影响并不明显，相比之下，暖干化气候对地表径流的影响要更为显著。其影响大小顺序为：$S_{22}>S_{21}>S_{20}$。也就是说，草地灌丛化加剧了暖干化气候对地表径流的影响。

气温升高 3℃，同时降水不变情景下，流域蒸（散）发增加；在气温升高 3℃，且降水减少 30%的情景下，蒸（散）发减少，而且，草地灌丛化增强时，暖干化气候对蒸（散）发的影响要更为显著。其影响大小顺序为：$S_{22}>S_{21}>S_{20}$。如当植被覆盖为基准时，气温升高 3℃，且降水减少 30%的情况下，其蒸（散）发要比气温、降水不变时少 82.35mm；当低覆盖度草地变为灌木时（$S_{21}$），蒸（散）发少 82.62mm；而当中、低覆盖度草地均变为灌木时（$S_{22}$），其蒸（散）发要少 83.59mm。

在气温升高 3℃，同时降水不变与气温升高 3℃，且降水减少 30%的情景下，流域土壤水含量均明显减少，而且，草地灌丛化增强时，与地表径流和蒸（散）发不同的是，暖干化气候对土壤水含量的影响反而减小。其影响大小顺序为：$S_{22}<S_{21}<S_{20}$。如当植被覆盖为基准时，在气温升高 3℃，且降水减少 30%的情况下，其土壤水含量要比气温、降水不变时少 21.53mm；当低覆盖度草地变为灌木时（$S_{21}$），土壤水含量少 21.1mm；而当中、低覆盖度草地均变为灌木时（$S_{22}$），其土壤水含量要少 19.55mm。

总之，尽管灌丛化对地表径流及蒸（散）发的影响远小于气候变化的影响，但灌丛化仍然对其造成一定影响，不仅造成地表径流及蒸（散）发的变化，还加剧了气候变化对地表径流以及蒸（散）发的影响，使得其波动进一步增大。

## 6.4 气候变化与人类活动对水资源变化的贡献

地表水资源主要受气候、下垫面和人类活动的影响。老哈河流域 20 世纪 90 年代的地表径流量较 20 世纪 60 年代有明显锐减现象，而其年降水量不仅没有减少，反而略有增加。因此，可以认为老哈河流域自 20 世纪 60 年代以来受人类活动影响较大。那么不同年代，干旱化及其阶段性转折、下垫面和人类活动分别对径流量影响程度如何？以下带着这个问题对不同时期气候变化与人类活动对水资源变化的贡献进行了分析。

## 6.4.1　研究方法

　　在以往水资源评估和预测中，估算人类活动影响的基本方法是分项调查法，即通过分析各种人类活动对逐项水量平衡要素的效应，根据水量平衡原理将径流量"还原"到"天然状态"。用此方法概念明确，可以划分不同措施的不同影响。但在实际应用时，除社会调查工作量大，统计数字不易落实以及单项指标任意性较大以外，它只适合于解决浅层次的"直接"影响。例如跨流域引、排水量或大、中型水利工程蓄泄水量等，对于因水土保持、农业耕作技术改进而导致陆面蒸发量的变化及城乡人口增长、社会经济结构改变和发展所带来的耗水量一般是难以直接测量和推估的。针对这种情况，拟采用分布式流域水文模型模拟的方法，来分解实测径流系列中气候和人类活动的影响量，揭示区域水资源变化机制。

　　具体步骤如下：首先，通过绘制水文站按时序排列的年径流累积曲线，观察其变化规律。对于正常的水文年份，如果不受外界的影响，每年的来水量虽然有丰枯变化，径流量累积值虽有所波动，但是没有系统偏离。如果受到外界人类活动的影响，径流量累积值就会发生明显的系统偏离。通过分析径流曲线是否发生明显系统偏离，判断其是否受人类活动影响。在此基础上，进行跃变点检测，并结合实际，最终确定没有受人类活动影响或影响很小的时间序列时段，并作为基准期。用基准期资料率定模型中的参数，再对率定的参数进行检验，然后用率定后的 SWAT 模型来模拟自然状况下的径流过程，将其作为近似天然经流量，各个时段的计算值与基准期模拟值的差值即为此时段气候对径流变化的影响量，各时段与基准期的实测差值减去不同时段气候的影响量即为不同时段人类活动对径流变化的影响量。

　　不同阶段气候变化与人类活动对流域水文、水资源的影响贡献率计算如下（Hao *et al.*，2011）：

$$D_{chi} = V_{mi} - V_{m0} \qquad \text{式 6-7}$$

$$D_{hi} = V_{mi} - V_{si} \qquad \text{式 6-8}$$

$$D_{ci} = D_{chi} - D_{hi} \qquad \text{式 6-9}$$

$$P_{ci} = D_{ci} / (|D_{ci}| + |D_{hi}|) \times 100\% \qquad \text{式 6-10}$$

$$P_{hi} = D_{hi} / (|D_{ci}| + |D_{hi}|) \times 100\% \qquad \text{式 6-11}$$

　　式中：$V_{mi}$——不同时段 $i$ 的观测流量数据；$V_{m0}$——基准期流量观测数据；$V_{si}$——SWAT 模型基于基准期经过率定与验证后的流量模拟值；$D_{chi}$——不同时段 $i$ 中气候变化与人类活动共同作用下的流量值；$D_{hi}$——不同时段 $i$ 中受人类影响下的流量值；$D_{ci}$——不同时段 $i$ 中受气候变化影响下的流量值；$P_{ci}$——不同时段 $i$ 中由于气候变化导致流量变化的贡献率；$P_{hi}$——不同时段 $i$ 中由于人类活动导致流量变化的贡献率。

## 6.4.2　不同阶段气候变化与人类活动的相对贡献

　　（1）气候变化与人类活动对流量变化的贡献率

　　图 6-16 中点绘了老哈河流域水文站年降水量和年径流深的双累积曲线，可以看出，径流量累积值发生了明显的系统偏离，表明受到了外界人类活动的影响，另外双累积曲线在 1968 年存在明显拐点，通过 99.9% 置信度检验。结合跃变点检测（见第 5 章），并根

据实际情况，确定没有受人类活动影响或影响很小的时间序列时段为 1961—1967 年，即基准期，并将整个时段划分为 4 个阶段：1961—1967 年，1968—1979 年，1980—1989 年，1990—2000 年。

表 6-11 列出了年流量变化以及根据 SWAT 模型模拟结果给出的不同阶段气候变化与人类活动的相对贡献。与基准期 1961—1967 年相比，1968—2000 年期间年流量观测值降低 10.85m³/s，而且主要集中在雨季 6—9 月期间。模拟结果表明：1968—2000 年期间，年平均流量减少的 10.85 m³/s 之中，其中由于气候变化导致增加的流量为 15.26 m³/s，由于人类活动导致减少的流量为 26.11 m³/s，也即在整个 1968—2000 年期间，人类活动是流域径流量减少的主导因素，而气候变化是流域径流量增加的主导因素。与基准期相比，所有阶段平均年径流均有较大幅度的减少，年径流对降水的响应程度在减弱。与此相对应，尤其是进入 20 世纪 80 年代后，流域内的人类活动强度在增加。主要表现为小水库、塘坝等水利设施的大规模建成并投入使用，以及农垦和造林等土地利用活动导致耕地和林地面积的增加，人类活动使得流域总蒸发和入渗增加，从而改变水量平衡，径流对降水的响应变得迟缓，流域总径流减少，人类活动对枯水年份年径流的影响相对较大。

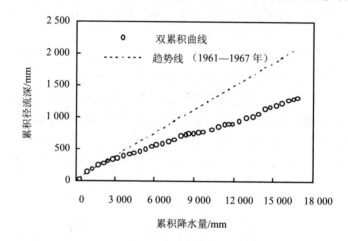

图 6-16　LRB 水文站年降水量和年径流深的双累积曲线（1961—2000 年）

表 6-11　不同阶段气候变化与人类活动对 LRB 水资源变化的相对贡献

| 时段/年 | 降水量/ mm | 流量/（m³/s） | | | 气候变化 | | 人类活动 | |
|---|---|---|---|---|---|---|---|---|
| | | $V_{mi}$ | $V_{si}$ | $D_{chi}$ | $D_{ci}$/（m³/s） | $P_{ci}$/% | $D_{hi}$/（m³/s） | $P_{hi}$/% |
| 1961—1967 | 403.2 | 33.52 | 30.72 | — | — | — | — | — |
| 1968—1979 | 431.3 | 21.48 | 51.53 | −12.04 | 18.01 | 37.47 | −30.05 | −62.53 |
| 1980—1989 | 386.7 | 13.65 | 45.19 | −19.87 | 11.67 | 27.01 | −31.54 | −72.99 |
| 1990—2000 | 447.6 | 25.27 | 60.54 | −8.25 | 27.02 | 43.38 | −35.27 | −56.62 |
| 1968—2000 | 423.2 | 22.67 | 48.78 | −10.85 | 15.26 | 36.89 | −26.11 | −63.11 |

1990—2000 年，人类活动对年流量绝对量变化的影响最为明显，由于人类活动导致的流量减少值为 35.27m³/s，但由于降水较多，总体流量减少最不明显，为 8.25m³/s；人

类影响较明显的为 1980—1989 年，由于人类活动导致流量的减少值为 31.54m³/s，加上降水偏少，流量减少最为明显，为 19.87m³/s；人类活动影响最不明显的是 1968—1979 年，由于人类活动导致的流量减少值为 30.05m³/s，总体流量减少 12.04m³/s。

模拟结果还表明：气候变化对流域流量变化的贡献率为 36.89%，而人类活动对流域流量变化的贡献率为 63.11%。在不同的时段，气候变化与人类活动对流域流量变化贡献率不同，但无论是哪个时段，人类活动对流域年均流量变化的贡献率均为负值，而且均大于气候变化对年均流量变化的正贡献率，即由于人类活动而导致的流域年均流量减少值总是大于由于降水增加而导致的流域年均流量增加值。

1968—1979 年，人类活动对年均流量变化的贡献率为 63.53%；而在 1980—1989 年，贡献率为 72.99%；1990—2000 年，贡献率为 56.62%。另一方面，气候变化对流域流量变化的贡献率主要为正值，但均小于人类活动对年均流量变化的负贡献率，1968—1979 年，气候变化对年均流量变化的贡献率为 37.47%；而 1980—1989 年，贡献率为 27.01%；1990—2000 年，贡献率为 43.38%。人类活动对流量变化贡献率最大的是在 1980—1989 年，其次为 1968—1979 年，最小在 1990—2000 年。

以上结果与张炜（Zhang，2003）的研究成果有一致的地方，张炜利用新安江模型（赵人俊，1984）对老哈河流域不同时期的径流进行模拟，并分离人类活动与气候变化对水资源变化的影响，结果认为，人类活动在 20 世纪 70 年代的贡献为 29.59m³/s，这与本书运用 SWAT 模拟得出的 30.05m³/s（1968—1979 年）值接近，而 80 年代贡献为 29.59m³/s，略高于 SWAT 模拟的 31.54m³/s（1980—1989 年）；90 年代的贡献为 55.81m³/s，高于 SWAT 模拟的 35.27m³/s（1990—2000 年）。人类活动在 20 世纪 70、80、90 年代的贡献率分别为 57.63%、70.70% 与 51.01%，均稍低于 SWAT 模拟的 63.53%（1968—1979 年），72.99%（1980—1989 年）；56.62%（1990—2000 年）。除了采用的模型不同，两者结果存在偏差可能还由于选取的时段不完全一致。

（2）不同子流域气候变化与人类活动对流量变化的影响

分别选取位于老哈河流域上下游子流域进行气候变化与人类活动对流量变化影响的模拟，由于缺乏数据，子流域基准期定为 1962—1967 年，1968—1986 年用于贡献率分析。表 6-12 与表 6-13 分别给出了子流域 26#、27# 与子流域 7# 在不同阶段气候变化与人类活动的相对贡献。

对于子流域 26# 与 27#，在 1968—1986 年，人类活动对流量变化的贡献为负效应，使得流量减少 4.08m³/s，其中，1968—1979 年，使得流量减少 4.32m³/s，1980—1986 年，使得流量减少 3.57m³/s；而位于流域下游的 7# 子流域，1968—1986 年，人类活动对流量变化的贡献也为负效应，使得流量减少 10.64m³/s，其中，1968—1979 年，使得流量减少 10.23m³/s，1980—1986 年，减少 12.66m³/s（表 6-12、表 6-13）。

对于子流域 26# 与 27#，在 1968—1986 年，人类活动对流量变化的贡献率为负值，为 −65.18%，其中，1968—1979 年为 −58.86%，1980—1986 年为 −82.83%；而位于流域下游的 7# 子流域，在 1968—1986 年，人类活动对流量变化的贡献率也为负值，为 −97.17%，其中，1968—1979 年为 −81.25%，1980—1986 年为 −89.15%（表 6-12、表 6-13）。

结果说明，位于流域上游的 26# 与 27# 子流域，由于受人类活动影响较少，流量下降相对较少，而位于流域下游的 7# 子流域，由于受人类活动影响较多，流量下降较明显。

表 6-12　子流域 26#、27# 在不同时段气候变化与人类活动的相对贡献

| 时段/年 | 气候变化 | | 人类活动 | |
|---|---|---|---|---|
| | $D_{ci}$ / (m³/s) | $P_{ci}$ /% | $D_{ci}$ / (m³/s) | $P_{ci}$ /% |
| 1968—1979 | 3.02 | 41.14 | −4.32 | −58.86 |
| 1980—1986 | 0.74 | 17.17 | −3.57 | −82.83 |
| 1968—1986 | 2.18 | 34.82 | −4.08 | −65.18 |

表 6-13　子流域 7# 在不同时段气候变化与人类活动的相对贡献

| 时段/年 | 气候变化 | | 人类活动 | |
|---|---|---|---|---|
| | $D_{ci}$ / (m³/s) | $P_{ci}$ /% | $D_{ci}$ / (m³/s) | $P_{ci}$ /% |
| 1968—1979 | 2.36 | 18.75 | −10.23 | −81.25 |
| 1980—1986 | −1.54 | −10.85 | −12.66 | −89.15 |
| 1968—1986 | 0.31 | 2.83 | −10.64 | −97.17 |

## 6.5　小结

利用分布式水文模型 SWAT，对老哈河流域 1961—2000 年径流进行年、月模拟，并利用实测资料，对模型参数 ESCO、AWC 和 CN2 等进行了敏感性分析，进而率定出使得年、月模拟效果最佳的参数值或参数变化值，均取得较好效果，因此认为 SWAT 模型适用于半干旱、半湿润区长期水资源评估。在此基础上，采用气候情景模拟，分析了对流域水文过程对气候变化、土地利用变化的响应，得出以下结论：

（1）位于半干旱半湿润区的老哈河流域对气候变化的响应比干旱或湿润区敏感，也比整个北方区域的响应更敏感，在暖干化气候下，这种特征更为明显。

降水不变的情况下，流量对气温升高较气温降低的响应更为敏感；随着降水增加，流量对气温敏感性增加。在气温不变的情况下，流量随降水的增加而明显增大，反之则减少；降水增加相同的幅度比减少相同幅度对流量的影响显著；当气温较低时，流量对降水的变化更为敏感。土壤水对降水的响应比对气温更为敏感，但其对降水的响应不如流量显著；土壤水在气温较高时对降水响应更为敏感；降水减少比增加对土壤水的影响更显著；与流量相比，暖干化气候对土壤含水量的影响更为显著。

（2）在老哈河流域，森林相对于草地和耕地具有增水效应，而耕地相对于草地又具有增水效应；灌丛化加剧了气候变化，尤其是暖干化气候对地表径流的影响。

林地相对于草地具有增水的效应，森林面积增加 29.46%，产流量增加 8.46%；而农业用地相对于草地又具有增水效应，草地减少 29.46%，产流量增加 5.47%。产流量的排序为林地大于农业用地，农业用地大于草地。月地表径流量随着草地灌丛化的加剧而增加，灌丛化不仅使得流域的地表径流量有所增加，还导致地表径流的月波动有所增强，灌丛化加剧了气候变化，尤其是暖干化气候对地表径流以及蒸（散）发的影响，使得其波动进一步增大。

（3）人类活动是流域径流量减少的主导因素，气候变化对径流变化的贡献率为 36.89%，而人类活动为 63.11%，1980—1989 年，人类活动的贡献率最大。

进入 20 世纪 80 年代后，人类活动增强，径流对降水的响应变得迟缓。人类活动对枯水年份径流的影响相对较大。1990—2000 年，人类活动对年流量绝对量变化的影响最为明显，由于人类活动导致的流量减少值为 35.27m³/s，但由于降水较多，流量减少总值最不明显，为 8.25m³/s。气候变化对流量变化的贡献率为 36.89%，而人类活动为 63.11%。人类活动贡献率最大是在 1980—1989 年间，为 72.99%。其次为 1968—1979 年，最小在 1990—2000 年间。位于上游的子流域，由于受人类活动影响较少，流量下降相对较少。

# 参考文献

[1]　Archer S，Boutton T W，Hibbard K A. Trees in grasslands：biogeochemical consequences of woody plant expansion[A].In：E.Schulze，M.Heimann，S.Harrison，et al. eds. Global biogeochemical cycles in the climate system[C]. California USA：A Harcourt Science and Technology Company，2001：115-138.

[2]　Archer S，Schimel D S，Holland E A. Mechanisms of shrub land expansion：land use，climate or $CO_2$[J]. Climatic Change，1995（29）：91-99.

[3]　David A，Wiberg Kenneth M. The Impacts of climate change on regional surface water supply from reservoir storage in China[A].In：Proceedings of the 1st international Yellow River Forum on River Basin Management[C]. Zhengzhou：Yellow River Conservancy Publishing House，2003（3）：412-416.

[4]　Grover H D，Musick H B.Shrub land encroachment in Southern New Mexico，U.S.A.：analysis of desertification process in the American Southwest[J]. Climatic Change，1990（17）：305-330.

[5]　Hao Lu，Wang Jing Ai，Gao Lu. Assessing drought risk of Laohahe River Basin using SWAT [A]. In：Theory and Practice of Risk Analysis and Crisis Response[C]. Huang Chongfu，Liu Xilin，Paris，Atlantis Press，2008，586-591.

[6]　Hao L，Shen S H，Gao J M，et al.. Application of SWAT in non-Point source pollution of upper Xiliaohe Basin，China[C]//Environmental pollution and public health special track within iCBBE2010[C]，EPPH2010，2010，1-4.

[7]　Hao Lu，Zhang Xiaoyu，Gao Jingmin. Simulating human-induced changes of water resources in the upper Xiliaohe River Basin，China [J]. *Environmental Engineering and Management Journal*，2011，10（6）：787-792.

[8]　IPCC 1996. Climate Change 1995. Impacts，Adaptation，and mitigation[R]. Cambridge University Press，1996.

[9]　Li D F，Tian Y，Liu，et al.. Impact of land cover and climate changes on runoff of the source regions of the Yellow River[J]. Journal of Geographical Sciences，2004（14）：330-338.

[10]　Nash J. E.，Sutcliffe J. V. River flow forecasting through conceptual models：Part1-A discussion of principles[J]. Journal of Hydrology，1970（10）：282-290.

[11]　Reynolds J F，Virginia R A，Kemp P R，et al.. Impact of drought on desert shrubs：effects of seasonality

and degree of resource island development[J]. Ecological Monographs，1999，69（1）：69-106.

[12] Saxton K E，Rawls W. Soil Water Characteristics Hydraulic Properties Calculator [EB/OL]. 2007. http：//hydrolab.arsusda.gov/soilwater/Index.htm.

[13] Zhang J Y，Zhang S L. Issues on hydrological science towards climate change[A]. In：Zhang J Y.. The studies advances on science and technology of hydrology in China[C]. Nanjing：Hohai University Press，2004：1-13.

[14] 赤峰市土壤普查办公室. 赤峰市第二次土壤普查数据资料汇编[M]. 1988.

[15] 赤峰市土壤普查办公室. 赤峰市土壤[M]. 呼和浩特：内蒙古人民出版社，1989.

[16] 赤峰市土壤普查办公室. 赤峰市土种志[M]. 赤峰：1988.

[17] 邓慧平，唐来华.沱江流域水文对全球气候变化的响应[J]. 地理学报，1998，53（1）：42-48.

[18] 郝芳华，陈利群，刘昌明，等. 土地利用变化对产流和产沙的影响分析[J]. 水土保持学报，2004，18（3）：5-8.

[19] 姜凤岐，曹成有，曾德慧，等.科尔沁沙地生态系统退化与恢复[M]. 北京：中国林业出版社，2002.

[20] 蒋德明，刘志民，曹成有，等. 科尔沁沙地荒漠化过程与生态恢复[M]. 北京：中国环境科学出版社，2003.

[21] 金栋梁. 森林对水文要素的影响[J]. 人民长江，1989（1）：28-35.

[22] 金钊，齐玉春，董云社. 干旱半干旱地区草原灌丛荒漠化及其生物地球化学循环[J]. 地理科学进展，2007，26（4）：23-32.

[23] 康尔泗. 气候变化对我国区域性水资源影响研究的新进展[J]. 冰川冻土，1999（18）：376-377.

[24] 马雪华. 森林水文学[M]. 北京：中国林业出版社，1993.

[25] 全国土壤普查办公室. 中国内蒙古土种志[M]. 北京：中国农业出版社，1994.

[26] 全国土壤普查办公室. 中国土壤[M]. 北京：中国农业出版社，1998.

[27] 全国土壤普查办公室. 中国土种志[M]. 北京：中国农业出版社，1995.

[28] 石缎花，李惠民. 气候变化对我国水文水资源系统的影响研究[J]. 环境保护科学，2005，31（4）：59-61.

[29] 史玉品，康玲玲，王金花. 近期黄河上游气候变化对龙羊峡入库水量的影响[J]. 水利水电科技进展，2005，25（4）：5-8

[30] 汪美华，谢强，王红亚. 未来气候变化对淮河流域径流深的影响[J]. 地理研究，2003，22（1）：79-88.

[31] 王国庆. 气候变化对黄河中游水文水资源影响的关键问题研究[D]. 河海大学博士学位论文，2006.

[32] 王建，沈永平，鲁安新. 气候变化对中国西北地区山区融雪径流的影响[J]. 冰川冻土，2001，23（1）：28-32.

[33] 吴新宏. 浑善达克沙地植被快速恢复[M]. 呼和浩特：内蒙古大学出版社，2003.

[34] 熊小刚，韩兴国，鲍雅静. 试论我国内蒙古半干旱草原灌丛沙漠化的研究[J]. 草业学报，2005，14（5）：1-5.

[35] 熊小刚，韩兴国，陈全胜，等. 木本植物多度在草原和稀树干草原中增加的研究进展[J]. 生态学报，2003，23（11）：2436-2443.

[36] 熊小刚，韩兴国. 内蒙古退化草原中与小叶锦鸡儿相关的小尺度土壤碳、氮资源异质性动态[J]. 生态学报，2006，26（2）：483-488.

[37] 许有鹏，于瑞宏，马宗伟. 长江中下游洪水灾害成因及洪水特征模拟分析[J]. 长江流域资源与环境，2005，14（5）：638-643.

[38] 叶佰生，赖祖铭，施雅风. 气候变化对天山伊犁河上游河川径流的影响[[J]. 冰川冻土，1996，18（1）：29-36.

[39] 张宏，史培军，郑秋红. 半干旱地区天然草地灌丛化与土壤异质性关系研究进展[J]. 植物生态学报，2001，25（3）：366-370.

[40] 张炜. 数字流域平台上人类活动对地表水资源的影响研究[D]. 河海大学硕士学位论文，2003.

[41] 赵海荣. 翁牛特旗草原退化现状及治理[J]. 内蒙古草业，2006，18（4）：45-46.

[42] 赵金涛. 北方农牧交错带土地利用变化区域分析[D]. 北京师范大学硕士学位论文，2003.

[43] 赵人俊. 流域水文模拟——新安江模型与陕北模型[M]. 北京：水利水电出版社，1984.

# 第 7 章

# 基于耦合模型的 LRB 水资源脆弱性分析

评估某一区域气候变化下水资源的脆弱性，首先须设置气候变化情景，同时还要对区域人口、社会经济的增长情况进行了解；其次，须分别对该区域水资源的供给、需求情况进行评估。但仅限于此，还存在很大的片面性。只有把水资源的供给和需求结合在一起分析，即探讨它们之间的动态平衡关系，才能真正评估该区域气候变化下水资源的脆弱性。

本章利用水文模型耦合方法（SWAT-WEAP），通过设置气候变化与人类活动情景，模拟流域内水资源需求与供给，并以水短缺量为水资源脆弱性指标，同等考虑水资源供给端与需求端，定量分析了气候变化下不同人类开发、利用和管理方式对水资源系统脆弱性的影响。

## 7.1 SWAT–WEAP 耦合模型在 LRB 的应用

将 SWAT 模型在模拟相关水文过程的物理机制方面的优势，与 WEAP 模型在评估多种人类利用情景下的水资源及其管理规划方面的优势相结合，也就是将前者作为水资源供给端，将后者作为水资源需求端，以 SWAT-WEAP 耦合模型模拟不同气候变化，模拟人类活动情景下水资源供需与短缺状况，并对水资源脆弱性进行分析。

### 7.1.1 SWAT-WEAP 耦合模型校准

（1）数据来源

① 流域 11 个气象站点逐日降水、气温、相对湿度以及风速等数据，来源于中国气象信息中心与内蒙古气象信息中心。

② 农业、畜牧业、工业、人口等数据，来源于《内蒙古农牧业经济五十年》（内蒙古农村牧区社会经济调查队，1997）；《赤峰四十年》（《赤峰四十年》编委会，1987）；《赤峰统计年鉴 2004 年》（赤峰市统计局，2004）；《1991 年农村社会经济统计年报》（内蒙古自治区农村牧区社会经济调查队，1992）；《内蒙古畜牧业经济考评资料集》（1949—1998）（内蒙古农村牧区社会经济调查队，1999）；《辉煌的内蒙古》（1947—1999）（内蒙古自治区统计局，2000）；《2002 年辽宁省统计年鉴》（辽宁省统计局，2002）；《2002 年内蒙古统计年鉴》（内蒙古自治区统计局，2002）。

③ 水文数据，来源于水文年鉴、赤峰市水文局、中国水利水电科学研究院水资源研究所、水利科学数据共享中心（Data-Sharing Center of China Water Resources）（http：//www.waterdata.cn）；水文水资源科学数据共享网（http：//www. hydrodata. gov.cn/ DataShare New）。水资源相关数据来源于松辽流域水资源公报（1999—2004）：包括地表、地下水资源量、蓄水动态、水资源利用（包括供水量、用水量、耗水量、主要城市供、用水量、用水指标（包括人均占有水资源量、人均用水量、万元 GDP 用水量、农田灌溉亩均用水量、城镇人均生活用水量、农村人均生活用水量）以及内蒙古自治区水利简明区划报告（内蒙古自治区农牧业区划委员会办公室，1983）；辽河流域片水资源调查评价初步成果报告（1981）。研究区水利工程分布图，包括水库与万亩以上灌区分布，以及玉米、谷子等主要作物的分布图，来自于昭盟农牧地理（昭乌达盟公署农牧办公室地理编写组，1980）、修订辽河流域规划纲要（水利部松辽水利委员会，1992）、西辽河平原地下水源及其环境问题调查评价重要进展（2003—2005）。灌溉数据包括 2006 年、2007 年赤峰市旗县级总灌溉面积、有效灌溉面积、旱涝保收面积、蓄水灌溉面积、引水灌溉面积、纯井灌面积等，以及牧草灌溉面积、灌溉草库仑数与面积等。

④ 其他数据，如流域内需求点用水来源、输送连接及供需顺序等部分资料，来源于实地调查。

（2）模型校准及设置

根据老哈河历年水文、水资源、社会经济以及实地调查数据，设置老哈河流域水资源供给与需求系统中有形实体的空间布局图。考虑数据的可获取性，选取 2003 年作为"现状基准年"，设置预案的时间范围为 2004—2030 年。所有预案将基于现状基准数据集之上。

（3）现状基准需求端设置

需求点包括城市生活用水需求点 1 个，农村生活用水需求点 5 个，畜牧业用水需求点 5 个，工业用水需求点 2 个，农业集水盆地 16 个。驱动需求的年活动水平是指农业面积、使用生活用水的人口或工业产值，与其他如年用水率以及月变化等，均根据 2003 年统计及其他资料，进行设置。根据现状水资源耗水状况，设置耗水率为 65%。需求优先顺序按照城市生活用水、农村生活用水、畜牧业用水、工业用水、农业用水的顺序来设置。

采用模拟农业集水盆地过程如蒸发蒸腾、径流、入渗和灌溉需求来估计降雨所无法满足的蒸发蒸腾需求部分的灌溉量。首先，为集水盆地选择灌溉，并从一处水源到集水盆地生成灌溉用水的输送连接，然后输入参数化灌溉活动的其他变量。对于一个集水盆地，WEAP 模型提供了 3 种不同方法计算用水（包括雨养和灌溉）、农业和其他土地覆被上的径流和入渗，包括降雨径流法、FAO 作物需求方法和土壤湿度法。在这 3 种方法中，仅考虑灌溉需求的方法是最简单的，它注重于作物生长，并假定简化的水力和农业水力过程（也可以包括非农业作物），它利用作物系数计算集水盆地内蒸发蒸腾潜势，然后确定为满足降雨所无法满足的蒸发蒸腾需求部分所需要的灌溉量。本书即采用 FAO 作物需求法（雨养或灌溉）确定所有农业集水盆地中降雨所无法满足的蒸发蒸腾需求部分的灌溉量。

老哈河流域主要农作物为玉米、谷子、高粱等，水稻虽然种植面积不大，但由于耗水系数大，而且近年种植面积快速增加，所以本书考虑的主要农作物为玉米、谷子和水稻。其中玉米与水稻为灌区，谷子为雨养非灌区。

由于缺乏老哈河流域的作物试验资料，作物系数估算利用 FAO（联合国粮农组织）推荐的 84 种作物的标准作物系数和修正公式（FAO-56，1998）。FAO 推荐采用分段单值平均法确定作物系数，即把全生育期的作物系数变化过程概化为 4 个阶段，并分别采用 3 个作物系数值 $Kc_{ini}$、$Kc_{mid}$ 和 $Kc_{end}$ 予以表示。作物全生育期的作物系数变化阶段划分为：① 初始生长期，从播种到地表作物覆盖率接近 10%；② 快速发育期，从地表作物覆盖率 10%～80%；③ 生育中期：从充分覆盖到成熟期开始，叶片开始变黄；④ 成熟期，从叶片变黄到生理成熟或收获。依据以上方法估算作物系数，并结合当地气候、土壤、作物和灌溉条件对其进行修正，结果见表 7-1。

表 7-1　LRB 作物系数

| 作物 | 作物系数 | | | | |
| --- | --- | --- | --- | --- | --- |
| | 苗期 | 发育初期 | 发育中期 | 发育后期 | 收获期 |
| 玉米 | 0.30～0.50 | 0.70～0.85 | 1.05～1.20 | 0.80～0.95 | 0.55～0.60 |
| 谷子 | 0.20～0.30 | 0.60～0.75 | 1.00～1.10 | 0.50～0.60 | 0.30～0.40 |
| 水稻 | 1.10～1.15 | 1.00～1.15 | 1.10～1.30 | 0.95～1.05 | 0.95～1.05 |

模型在模拟农业集水盆地时需要提供流域的降水数据，根据老哈河流域内 11 个气象台站的逐月降水数据，经过 IDW 插值处理，确定 16 个农业集水盆地的降水。有效降水

全部设为 90%。模型在模拟农业集水盆地时还需要提供流域的参考作物蒸（散）发数据，参考作物蒸（散）发（Reference Crop Evapotranspiration）系指高度一致、生长旺盛、完全覆盖地面而不缺水的 8～15cm 高的绿色矮秆作物的蒸发蒸腾量（Allen *et al.*，1998），它只与气象因素有关。Priestley-Taylor（Priestley 和 Taylor，1972）与 Penman（Batcher，1984）方法都是计算参考作物蒸（散）发的常用方法。根据老哈河流域多年气象资料和 Penman-Monteith 法计算参考作物蒸（散）发。另外，根据 SWAT 模型输出子流域土地利用数据，结合统计数据及野外调查数据（见附表 3 与附图 1、图 2），估算农业集水盆地及其水浇地和水田、旱地面积与比例见表 7-2。

表 7-2　LRB 农业集水盆地及其水浇地和水田面积与比例估算

| 农业集水盆地 | 子流域编号 | 面积/hm² | 水浇地与水田比例/% | 水浇地与水田面积/hm² |
|---|---|---|---|---|
| AC1 | 6，7 | 179 189 | 1 | 1 791.89 |
| AC2 | 25 | 157 397 | 8 | 12 591.76 |
| AC3 | 5 | 76 229 | 1 | 762.29 |
| AC4 | 12 | 2 502 | 5 | 125.10 |
| AC5 | 4 | 224 731 | 3 | 6 741.93 |
| AC6 | 13 | 283 550 | 4 | 11 342.00 |
| AC7 | 16，14，15，8，9 | 294 966 | 4 | 11 798.64 |
| AC8 | 17，20，21 | 239 863 | 6 | 14 391.78 |
| AC9 | 10 | 111 503 | 5 | 5 575.15 |
| AC10 | 18 | 56 889 | 4 | 2 275.56 |
| AC11 | 19 | 60 093 | 15 | 9 013.95 |
| AC12 | 23 | 136 099 | 7 | 9 526.93 |
| AC13 | 3 | 121 241 | 7 | 8 486.87 |
| AC14 | 27，26 | 79 499 | 1 | 794.99 |
| AC15 | 1 | 500 485 | 3.5 | 17 516.98 |
| AC16 | 24 | 185 939 | 8 | 14 875.12 |

（4）现状基准供给端设置

河流源头来水入流数据采用由 SWAT 模型模拟结果。地下水根据流域地下水资源分布（表 7-3）以及野外调查数据（见附表 3 与附图 1、图 2）设置相关值。根据地下水利用现状，地下水最大流量占需水比例设置为 55%。

表 7-3　LRB 地下水资源分布（沿河谷平原地区）

| 沿河段 | 含水层岩性 | 埋深/m | 含水层厚度/m | 涌水量/(10³kg/h) | 可利用水量/(10⁷kg/a) |
|---|---|---|---|---|---|
| 老哈河、英金河中下游富水段 | 砂卵石、砂 | 1～8 | 5～35 | 100～300 | 39.551 |
| 崩河中下游富水段 | 砂卵石、砂 | 3～5 | 7～15 | 100～200 | 2.938 |
| 坤头河中下游较富水段 | 砂卵石、砂 | 3～5 | 10～30 | 100～200 | 4.493 |
| 锡伯河、英金河较富水段 | 砂，卵石、砾石 | 3～5 | 2～10 | 100～200 | 4.046 |
| 老哈河支流中等富水段 | 砂卵石、中粗砂 | 3～5 | 2～20 | 100～200 | 15.745 |

注：据昭乌达盟公署农牧办公室地理编写组，昭盟农牧地理，1980。

红山水库是西辽河的重点水利工程之一，位于内蒙古自治区翁牛特旗乌敦套海镇附近的老哈河干流上，控制流域面积 24 486km²，占老哈河流域面积的 74%，基本上控制了老哈河上、中游的干支流来水。红山水库是以防洪为主，兼顾灌溉、季节性发电和养鱼的综合利用大型水利工程。打虎石水库位于赤峰市南部宁城县黑里河下游，水库控制流域面积 540km²，占黑里河流域面积的 85%，是一座以灌溉为主，兼顾防洪、发电和养鱼的大型水库。老哈河流域主要水库特性如表 7-4 所示。

表 7-4 LRB 主要水库特性

| 项 目 | 红山水库 | 打虎石水库 |
|---|---|---|
| 水库控制面积/ km² | 24 486 | 540 |
| 年平均径流量/10⁸m³ | 12.68 | 0.632 |
| 建成时间 | 1965 年 | 1981 年 |
| 最高库水位/ m | 445.1 | 727.25 |
| 相应库容/10⁸m³ | 25.60 | 1.196 |
| 正常蓄水位/ m | 433.8 | 719.3 |
| 相应库容/10⁸m³ | 8.24 | 0.70 |
| 防洪限制水位/ m | 433.7（432.07） | 717.8 |
| 相应库容/10⁸m³ | 8.14 | 0.620 3 |
| 死水位/ m | 430.3 | 700.8 |
| 相应库容/10⁸m³ | 5.10 | 0.067 8 |
| 调洪库容/10⁸m³ | 17.46 | 0.575 7 |
| 兴利库容/10⁸m³ | 3.14 | 0.632 2 |

注：据水利部松辽水利委员会，修订辽河流域规划纲要，1992。

另外，关键假设根据老哈河流域的实际情况设置。背景图中添加的矢量图层以及栅格图层包括老哈河流域县域图层、省界边界图层、流域遥感影像（2005 年）、土地利用图（2000 年）、植被图、流域河网水系、子流域等。

（5）模型率定

使用流量测站用来比较模拟和实测的流量，流量测站设置如图 5-4 所示，根据流域现有测站数据，主要在主河流上、羊肠子河设置了 4 个水文站，其中红山水库坝址径流主要取决于兴隆坡、干沟子和沟门子 3 个入库站径流的大小。由于 1998—2000 年与基准年 2003 年水资源利用状况接近，供给与需求系统空间布局基本一致，选取 1998—2000 年作为检验。其中 1998—2000 年的城市、工业、人口以及灌溉等活动水平按照模型 2004 年设置反推。

图 7-1 为 WEAP 模型在老哈河流域坝址处径流量的检验结果，可以看出，1998—2000 年逐月流量的模拟较为准确，模拟值与实测值拟合较好，$R^2=0.856\ 1$，$E_{NS}=0.793\ 4$。由于模型的检验采用了流域相应时段的气候、水文、水资源利用以及社会经济资料，说明模型能够较为真实地模拟流域的水资源状况。

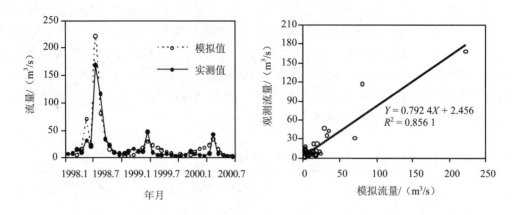

图7-1  模拟和实测的流量（坝址处，1998年1月—2000年12月）

## 7.1.2 SWAT-WEAP 耦合模型情景生成及管理

（1）气候情景设置

气候变化国家评估报告给出了研究区相关评估结果（气候变化国家评估报告，2007）：① 内蒙古东部属于中国7大分区中的东北地区。根据综合的IPCC数据分发中心（DDC）提供的7个模式平均模拟结果：A2情景下，2011—2040年，东北地区增温幅度为1.7℃，降水增加1%；B2情景下为2.1℃，降水增加3%。② 根据全球模式模拟的21世纪中国水文分区年平均地表气温与降水变化：A2情景下，2011—2040年，辽河流域增温幅度为1.6℃，降水减少1%；B2情景下为2.0℃，降水增加2%。③ 根据区域气候模拟的2070年中国各大流域年和各季节平均地表气温、降水变化：辽河流域增温幅度为2.7℃，其中冬季+3.7℃，春季+2.4℃，夏季+2.8℃，秋季+2.1℃，降水减少6%，其中冬季+69%，春季+8%，夏季+1%，秋季-30%。

目前许多基于物理机制的水文和自然资源管理模型都需要逐日天气序列数据来驱动。基于这种需求，各种随机天气发生器被开发出来，如 CLIGEN（Nicks，1995），USCLIMATE（Hanson，1994）和 WGEN（Richardson 和 Wright，1984）。当某地没有观测记录、观测资料过短或者有大量数据缺失时，天气发生器可以通过参数的插值，对该地区的逐日天气条件进行模拟，从而弥补气候资料的不足。更重要的是，这些发生器可以通过率定参数来产生未来气候资料，这对于评价水文过程和自然资源对气候变化的响应非常重要。利用 SWAT 模型内建的 WXGEN 天气发生器（Neitsch $et$ $al.$，2002）产生气候情景资料，用实测的逐日天气数据（降水量、最高、最低、露点温度与太阳辐射等）计算各气象要素的统计参数（均值、标准差、偏度和峰度等），建立"WXGEN 天气发生器"的输入文件。

暖干化气候情景：参考上述气候变化国家评估报告关于研究区未来气候变率变化的假设，设置月平均最高温度增加2℃，月平均最低温度增加2℃，设置月均降水量减少10%，其他参数假定与当前气候一致，结合研究区11个样点20年（1980—2000年）的逐日气象资料（Baseline），并利用"WXGEN 天气发生器"生成每个样点暖干化气候情景模拟数据。

暖湿化气候情景：参考上述气候变化国家评估报告关于研究区未来气候变率变化的假设，设置月平均最高温度增加 2℃，月平均最低温度增加 2℃，设置月均降水量增加 10%，其他参数假定与当前气候一致，结合研究区 11 个样点 21 年（1980—2000 年）的逐日气象资料（Baseline），并利用"WXGEN 天气发生器"生成每个样点暖湿化气候情景模拟数据。

极端降水增多气候情景：参考上述气候变化国家评估报告关于研究区未来气候变率变化的假设，设置 6 月平均降雨量减少 50%，7 月平均降雨量增加 50%，其他参数假定与当前气候一致，结合研究区 11 个样点 20 年（1980—2000 年）的逐日气象资料（Baseline），并利用"WXGEN 天气发生器"生成每个样点极端降水增多气候情景模拟数据。

现状气候情景：根据研究区 11 个样点 21 年（1980—2000 年）的逐日气象资料（Baseline），采用"WXGEN 天气发生器"生成每个样点的气候模拟值，代表 2004 年以后与 1980—2000 年期间气候类似，用来代表研究区在未来气候与现状类似情景下的气候。

（2）流域水资源供需参照预案设置

参照预案（Reference Scenario）代表在没有新的政策措施的情况下可能在未来出现的变化的预案。有时称为"一切如常"预案（或情景）。所有预案将建立于现状基准数据集之上，提出现状基准年之后的未来年份系统的可能变化。

设置预案的时间范围为 2004—2030 年。预案主要参数涉及 4 个方面。

第一，需求点水资源供需。在参照预案中，整个研究阶段（2004—2030 年）水资源供需状况基于现状发展情况估算设定，其中城镇人口、工农业生产活动水平等根据近 20 年的发展速度预测，其余数据延续现状基准的数据情况，以此与其他预案相比较。2004—2030 年需求点水资源供需状况主要估算如下：

城市人口根据近年平均值，设置年增长速度为 1%，；

农村人口根据近年平均值，设置年增长速度为 1.2%；

牲畜头数根据近年平均值，设置逐年增长率为 1.5%；

工业产值根据近年平均值，设置逐年增长速度为 7%；

设置水浇地与水田种植面积逐年增加 2.5%，雨养旱地种植面积逐年减少 2.5%。

源头入流：利用 SWAT 模拟 4 种不同气候情景下的河流源头来水，根据 WEAP 可以识别的数据格式，将模拟结果生成文件 headflow.flo、headflow_dry.flo、headflow_wet.flo 及 headflow_ext.flo，分别对应现状气候、暖干化气候、暖湿化气候、极端降水天气增多 4 种情景，驱动 WEAP 模型。

水文枯丰序列设置。2004 年以后的水文枯丰序列根据模拟值设置。水文年类型描述一年期间的水文条件，对照正常年入流量来定义水文年类型，例如，如果"湿年"定义为比正常年水流量多 20%，湿年的该参数赋值为 1.20。WEAP 使用的 5 种类型，即正常、特湿、湿、干和特干，根据流域 2004 年后地表水相对入流量把各年分为 5 个大类（图 7-2）。

第二，地下水天然补给在现状基准的基础上，基于水文年法设定。

第三，集水盆地降水：根据老哈河流域集水盆地 11 个气象站点，经过 IDW 插值处理，确定集水盆地逐月降水量值，降水共设置 4 种情景，即现状气候、暖干化气候、暖湿化气候、极端降水增多气候（图 7-2）。

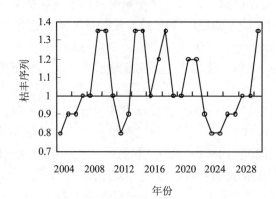

| 水文年设置 | |
| --- | --- |
| 水文年 | 枯丰序列 |
| 特干 | 0.8 |
| 干 | 0.9 |
| 正常 | 1 |
| 湿 | 1.2 |
| 特湿 | 1.35 |

**图 7-2　水文枯丰序列及水文年设置**

第四，人类活动情景：考虑到流域的水资源用水特点及现状，共构建了 12 个人类活动情景，加上参照预案，分别在 4 个气候情景下进行模拟：

$S_1$ 增加水库：2004 年后增加 5 座水库（3 座中型、2 座小型水库），其中中型水库设置同打虎石水库，小型水库总库容设置为打虎石水库的一半，并将所有水库供给优先顺序设为 1，地下水与河段供给顺序设为 2。增加了水库后的水资源需求配置图如图 7-3 所示。

$S_2$ 种植结构改变 II：在种植水稻较多的农业集水盆地（AC5，AC8，AC15），玉米种植面积逐年增长速度与预案相同，为 2.5%，水稻种植面积改为从 2004 年以后逐年增加 10%。

$S_3$ 种植结构改变 I：在所有农业集水盆地设置玉米与谷子种植面积从 2004 年后不再增加或减少，而且在种植水稻较多的农业集水盆地（AC5，AC8，AC15）将水稻变为玉米，这与参照预案不同，预案中，玉米种植面积逐年增加 2.5%，谷子种植面积逐年减少 2.5%。

$S_4$ 限制使用地下水：在井渠结合灌区井灌水量与渠灌水量比例必须适当，一方面应满足耕地农作物用水要求，另一方面也需要使周边非耕地保持适当的地下水埋深，以维持天然植被的存活，而且为了保证水资源的可持续利用，还需要保持地下水采补平衡和盐分补排平衡的要求，避免地下水超采，水位下降，并防止灌区积盐。本书采用地下水最大流量占需水比例使得地下水有限制地使用，用线性内插法估算未来诸年值，在 2010 年达到 50%，2020 年达到 45%，2020 年及以后保持在 40%，其中现状年为 55%。

$S_5$ 提高工业水价：通过提高工业水价，来控制工业年用水率。设置从 2004 年以后水价年增长率为 5%，且当水价增加一倍时，工业用水需求将下降 40%，即弹性系数为 −0.74。

$S_6$ 实施水回用计划：回用率代表水的循环或回用，指水在排放之前用于一种以上用途的过程。主要设定工业和城市的水循环或回用。回用的影响是按一定系数（1−回用率）减少供水要求，该预案采用平滑幂函数曲线插值估算未来诸年水回用率：在 2004 年为 5%，2010 年达到 10%，2020 年为 15%，2030 年为 20%，其中现状 2003 年为 0。

$S_7$ 快速城镇化：城市人口年增长速度由参照预案的 1% 增至 4%，包括城市原有人口的增长、乡村人口移民以及由于城市扩张导致的乡村人口转变为城市人口。

$S_8$ 工业高速发展：工业与建筑业产值从 2004 年以后年增长率由 7%增至 15%。

$S_9$ 高效节水灌溉：采用灌溉参数控制，灌溉参数即灌溉效率，是指可用于蒸发蒸腾的供水的百分比。高效节水灌溉情景下，灌溉参数逐年提高，采用线性内插法估算未来诸年值，参考我国近年确定的农业节水目标，在 2010 年达到 48%，2020 年达到 52%，2030 年达到 55%，其中现状年为 45%。

$S_{10}$ 发展畜牧业：在所有农业集水盆地设置玉米与谷子的种植面积从 2004 年以后不再增加或减少，改为同等产值的畜牧业，农业灌溉面积逐年增长 2.5%，相当于畜牧业增长 1.3%，即在参照预案逐年增加 1.5%的基础上再增加 1.3%。

$S_{11}$ 地下水过度利用：采用地下水最大流量占需水比例控制，即在自然、人为或其他制约下的最大月输水量占需水总量的百分比，用线性内插法估算未来诸年值，在 2010 年达到 60%，2020 年达到 65%，2030 年达到 70%，其中现状年为 55%。

$S_{12}$ 生态需水增加：增加水库后，在河流或分流的某一点限定为满足生态环境目标所要求的最低河道内月流量要求。增加了流量要求后的水资源需求配置如图 7-3 所示（Hao *et al.*，2010，2011）。

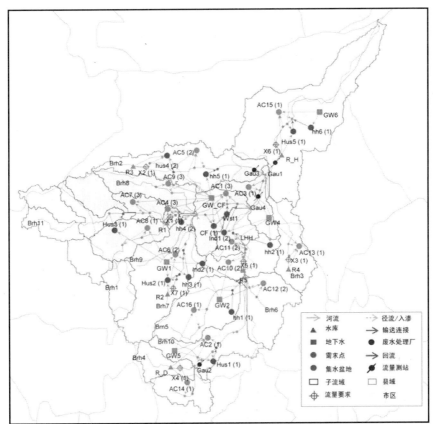

**图 7-3　LRB 水资源需求空间布局图（增加了水库以及流量要求后）**

注：Brh—河流；AC—农业集水盆地；Hus—畜牧业需求点；GW—地下水；Gau—水文站；

X—流量要求；hh—农村生活需求点；Ind—工业需求点；CF—城市生活需求点；R—水库。

研究时段划分：前期指的是 2004—2010 年、中期指 2010—2020 年，后期指 2020—2030 年。其中"参照预案基准"指的是气候与前期类似（现状气候），水资源利用状况延续老哈河流域现状，研究时段为 2004—2030 年；"现状基准"指 2003 年。

## 7.2　人类驱动下的水资源脆弱性分析

以下结合流域水资源实际利用状况，构建多种人类利用情景，如增加水库、改变种植结构，以及利用地下水等，以水短缺量为指标，对人类驱动下的水资源脆弱性进行分析。

### 7.2.1　现状水资源在各需求点间的分配

在现状基准中，无论是要求的水量（图 7-4a）、供到的水量（图 7-4b）还是需求短缺量（图 7-4c），其年内分布主要取决于农业用水。虽然老哈河流域近年虽然工业用水有很大增长，但仍以农业用水为主，工业与生活用水次之，所占份额最小的是畜牧业用水。要求的水量在 11 月至第二年 2 月最少，大约在 $11\times10^6m^3$，3 月与 10 月次之，分别为 $29.44\times10^6m^3$ 与 $23.02\times10^6m^3$，然后是 4 月与 9 月，分别为 $152.87\times10^6m^3$ 与 $99.58\times10^6m^3$，5—8 月最多，在 $159\times10^6m^3\sim275\times10^6m^3$ 之间；供到的水量 8 月份最多，为 $274.8\times10^6m^3$。用水短缺主要集中在 4—6 月，其次为 8 月、9 月，最短缺的月份为 5 月，为 $45.55\times10^6m^3$。需求满足度最高的是城市生活用水，其次为农业用水，然后是工业、畜牧业，农村生活用水较低，农业用水需求满足度最高的月份是在 7 月份，在 4—6 月较低，工业用水和畜牧业用水在 5—9 月由于农业用水较多，因此满足度较其他月偏低（图 7-4d）。

### 7.2.2　现状利用方式对水资源脆弱性的影响

本节通过情景模拟，回答如果未来气候与前期类似，按照老哈河流域水资源利用现状发展下去，流域要求的水量、供到的水量以及短缺的水量如何。

（1）供需量

要求的水量增长量最快的是工业用水，后期要求的水量几乎是前期的 3.5 倍，其次是农业用水，后期要求的水量几乎是前期的 1.6 倍，其他如城市生活用水、农村生活用水以及畜牧业用水要求的水量变化相对较小，后期要求的水量较前期增加 2%～3%（图 7-5a）。供到的水量随着水资源供给源的年变化有所波动，需求点供水量增长量最快的仍然是工业用水，后期供到的水量几乎是前期的 2.2 倍，其次是农业用水，后期供到的水量较前期增加 20%，其他如城市生活用水、农村生活用水以及畜牧业用水供到的水量变化相对较小，较前期增加 10%～20%（图 7-5b）。二者相比较，所有需求点要求的水量增长量均大于供到的水量增长量，尤其是工、农业用水相差较多。从月变化来看，11 月至翌年 2 月，在现状基准时要求的水量较少（图 7-5c、图 7-5d），而在参照预案中，由于工业用水大幅增加，导致全年要求的水量都明显增加，也包括 11 月至翌年 2 月。

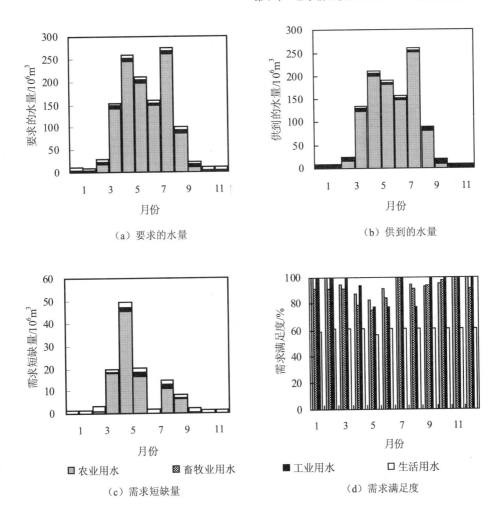

（a）要求的水量　　　　　　　　　　（b）供到的水量

■农业用水　　▨畜牧业用水　　■工业用水　　□生活用水

（c）需求短缺量　　　　　　　　　　（d）需求满足度

**图 7-4　LRB 水资源月供需状况（2003 年）**

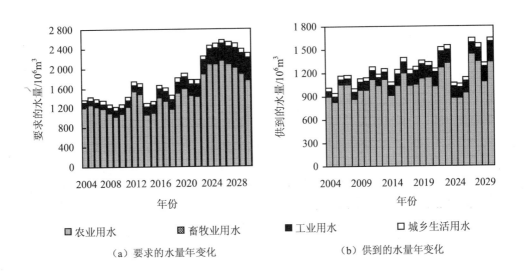

■农业用水　　▨畜牧业用水　　■工业用水　　□城乡生活用水

（a）要求的水量年变化　　　　　　　　　　（b）供到的水量年变化

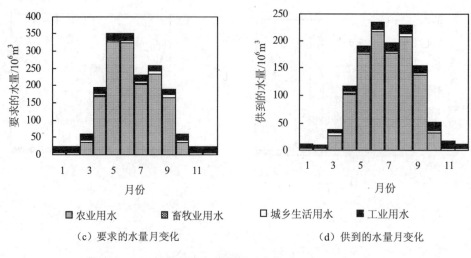

（c）要求的水量月变化　　　（d）供到的水量月变化

图 7-5　LRB 水资源多年供需状况变化（2004—2030 年）

**（2）短缺量**

如果气候与前期类似，按照老哈河流域水资源利用现状发展，短缺量最多的是农业用水，其次为工业用水以及农村生活用水，城市生活用水与畜牧业用水需求短缺量最少。需求短缺量增长量最大的仍然是工业用水，后期短缺的水量是前期的 10 倍多，其次是农业用水，后期短缺量是前期的 3.5 倍，畜牧业短缺量是前期的 2.4 倍，城市生活用水是前期的近 2 倍，农村生活用水短缺量变化较小，较前期增加 50%（图 7-6a）。

WEAP 模型中，互相竞争的需求点和集水盆地、水库蓄水、流量要求根据它们的需求优先顺序分配水。需求点、集水盆地、水库（蓄水的优先顺序），或流量要求都附有需求优先顺序，这些优先顺序在代表水权系统上很有帮助，在水短缺时也很重要，因为在考虑较低的优先顺序前，较高的优先顺序将首先被尽可能地满足。如果优先顺序相等，短缺量将被均等地分摊。典型情况下，用户将最高的优先顺序（最小的优先序数）赋予在短缺情况下必须得到满足的关键需求（如城市供水）。从上述结果可以看出：在初期，由于城市生活用水需求优先顺序设置为 1，所以，短缺量较少；后期随着人口增长，活动水平升高，即使城市生活用水需求优先顺序设置为 1，由于人口增加，到后期城市生活用水也无法完全满足。

需求短缺量月变化特点是：由于农业用水主要是灌溉用水，所以短缺量主要集中在作物生长季，即 4—9 月，尤其是在 5—6 月灌溉用水高峰，而降水又较少的季节；4 月主要是作物播种期间，水分虽然关键但需求量较 5—6 月要少，因此短缺量低于 5—6 月；3 月由于需要播前灌溉用水，但往往春旱，也有少量短缺；7—8 月是农作物快速生长期，此时正值老哈河流域雨水充沛，因此短缺量明显要少；9 月是农作物灌浆季节，雨水较前期减少，短缺量稍有增加；10 月份也略有短缺。对于其他用水需求短缺量，月波动不是非常显著，城市生活用水、农村生活用水以及畜牧业用水在 3—6 月较其他季节短缺量较多，这主要是由于农业用水较多的缘故（图 7-6b）。

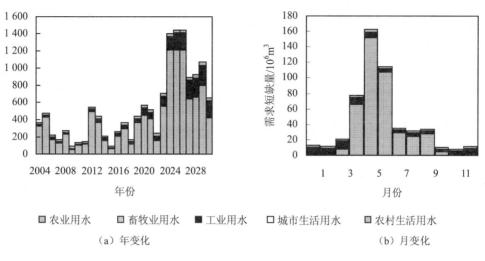

（a）年变化

（b）月变化

图 7-6 LRB 水资源需求短缺量变化（2004—2030 年）

（3）需求满足度

如果气候与前期类似，按照老哈河流域水资源利用现状发展，需求满足度月变化显示农业主要在 4 月播种期、5—9 月作物生长关键期需求无法满足，城市和畜牧业在冬季以及初春水短缺季节需求满足度稍低，其他季节都可以满足，农村生活用水与工业用水全年的需求满足度均较低，在冬季以及初春水短缺季节尤为明显（图 7-7a）。需求满足度年变化显示 2004—2030 年期间农业、畜牧业、工业用水满足度均呈下降趋势，其他两项变化不明显（图 7-7b）。

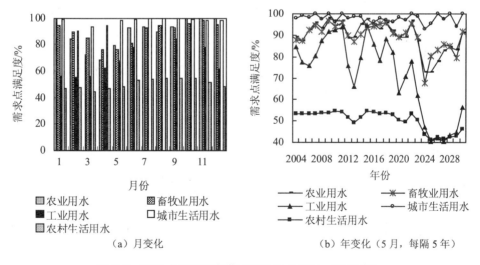

（a）月变化

（b）年变化（5 月，每隔 5 年）

图 7-7 LRB 水资源需求满足度变化（2004—2030 年）

（4）地下水储量

图 7-8 为流域地下水储量年变化。地下水储量在前期较平稳，中期有所波动，到后期开始明显下降。从地下水年入流与出流图可以看出，2004—2030 年，英金河地下水的消耗量越来越大，而老哈河支流地下水由于储量下降较快，供水也相应减少。农业用

水与工业用水是地下水的主要用水项，而且用水量增加趋势很明显。在连续干旱年份（如 2023—2027 年），由于缺少补给，地下水下降非常明显。

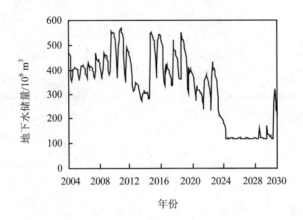

图 7-8　LRB 地下水储量年变化（2004—2030 年）

### 7.2.3　不同人类利用方式对水资源脆弱性的影响

本节通过情景模拟，探求如果未来气候与前期类似，哪些人类干预符合水循环的自然规律，哪些干预不符合水循环的自然规律，以及在多种水资源正面或负面的可能影响下，水资源系统脆弱性如何。

（1）供需水量

气候与前期类似时，多种水资源利用方式下，要求的水量均呈增长趋势，与参照预案相比增长最多且增长最快的是工业高速发展，其次为种植结构改变Ⅱ、快速城市化；与参照预案相比，要求的水量较少且增长较慢的是提高工业水价、水回用计划，要求的水量明显减少且增长量明显降低的是高效节水灌溉、增加水库、发展畜牧业以及种植结构改变Ⅰ。地下水过度利用、限制使用地下水与参照预案要求的水量相同。另外，后期要求的水量在各情景之间的差异较前期要更明显（图 7-9a）。

供水量最多的仍然是工业高速发展，其次为种植结构改变Ⅱ、快速城市化、限制使用地下水；但供水量增长速度远远低于要求的水量；与参照预案相比，供水量较少且增长较慢的是提高工业水价、水回用计划、高效节水灌溉、增加水库、发展畜牧业以及种植结构改变Ⅰ。与要求的水量相比，供水量年际波动更明显，但上升趋势要明显弱于要求的水量，因此后期供水量在各情景间差异虽然也比前期大，但与要求的水量比相对要小（图 7-9b）。

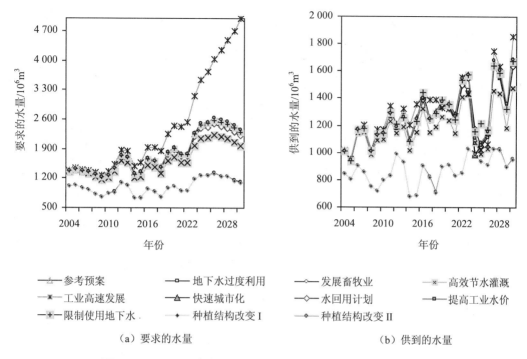

（a）要求的水量　　　　　　　　　　（b）供到的水量

图 7-9　LRB 不同水资源利用方式下供需状况（2004—2030 年）

（2）需求短缺量

在不同情景下，LRB 的需求短缺量与基准差值的年变化如图 7-10。

地下水过度利用造成农业用水短缺在 4—6 月灌溉季节较参照预案加剧，在 7—8 月短缺反而有所缓解，而限制使用地下水使得水短缺在整个作物生长季节均有所加强，但程度较轻。研究时段前期，限制使用地下水比过度利用的短缺量稍少，比参照预案短缺量稍多，大约中期以后较二者明显减少，这说明从长远来看，限制地下水使用是可持续利用水资源的有效措施（图 7-10a）。

虽然畜牧业用水在流域所有需求点用水中所占比重较小，但将种植业改为同等产值的畜牧业后，对于缓解水量短缺非常有效，与此类似，高效节水灌溉缓解效果也非常明显，而且越到后期越明显，主要是缓解农业播种期及作物生长发育关键期用水短缺（图 7-10b）。

工业高速发展与快速城市化造成城区和工业用水不仅在夏季用水高峰季节，而且在冬季等其他季节用水明显短缺，而且短缺逐年上升，虽然在前几年不是很明显（图 7-10c）。实施水回用计划后，城乡生活用水以及工业、畜牧业用水需求短缺量在初期就有所下降，中期以后，短缺量明显减少，提高工业水价与实施水回用计划相比减少量较小（图 7-10d）。

玉米与水稻种植面积的不再增加明显缓解了用水短缺，对农业用水缓解更为明显；与此相反，水稻种植面积增大造成农业用水在 4—6 月短缺量明显加大，短缺在初期与参照预案相比差别并不非常明显，但中期后差别加大（图 7-10e）。

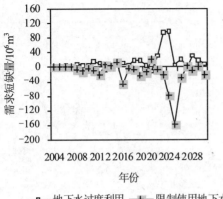

（a）地下水过度利用与限制使用地下水

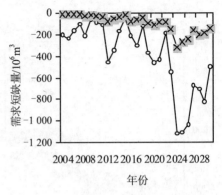

（b）发展畜牧业与高效节水灌溉

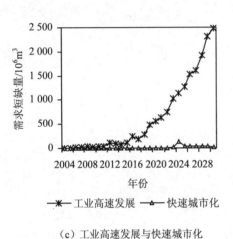

（c）工业高速发展与快速城市化

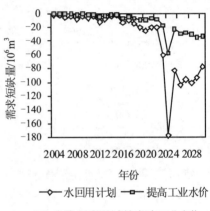

（d）实施水回用计划与提高工业水价

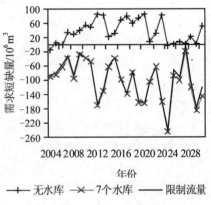

（e）种植结构改变Ⅰ与种植结构改变Ⅱ

（f）无水库、7个水库以及限制流量

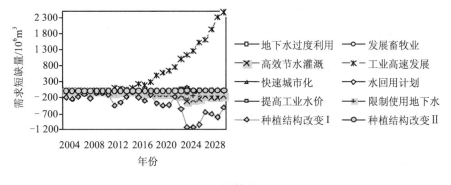

（g）不同情景

图 7-10 不同情景下 LRB 需求短缺量与基准差值年变化（2004—2030 年）

增加水库可以明显缓解水短缺量（图 7-10f），但农业是在用水高峰季节有所缓解，而城区与工业等用水是在用水高峰季节以及冬季水短缺季节有所缓解，在水短缺的季节，水库的缓解作用更为明显；连续干旱年份，水库由于蓄水受到影响，缓解作用会有所下降；干旱年份（非连旱），干旱当年短缺量有时并不明显，这是由于跨年度存储（水库、地下水）使得干旱年份的短缺通过使用前面的湿润年份的剩余得到了缓和，但由于蓄水受限，会影响到次年短缺；增加水库后由于增加了供水，供给满足度得到明显改善，并减缓了地下水的耗竭速度。另一方面，修建大型水库允许流量高的季节将"过剩"水量存储，并以此弥补流量低的季节用水，但这样做的代价是使得河流流量减少，对水库下游河流水文体系有较大影响，增加水库并限制流量后，较之仅增加水库，虽然短缺量略有上升（图 7-10f），但河流流量增加，而且地下水有所回升，满足了生态需水，改善了生态环境。

所有情景中，在 2004—2030 年期间，年均需求短缺量由多至少的情景依次为工业高速发展、限制使用地下水、种植结构改变Ⅱ、快速城市化、参照预案、提高工业水价、地下水过度利用、水回用计划、高效节水灌溉、生态需水增加、增加水库、发展畜牧业、种植结构改变Ⅰ。参照预案中，年需求短缺量在 2004—2030 年期间，后期较前期增加了 $681.24 \times 10^6 m^3$；在其他情景中，工业高速发展增加最为明显，为 $2\,129.33 \times 10^6 m^3$；其次为快速城市化及地下水过度利用情景，分别为 $715.42 \times 10^6 m^3$ 与 $709.05 \times 10^6 m^3$；在种植结构改变Ⅱ情景下，水稻种植面积虽然增加并不多，但由于水稻耗水量很大，因此需求短缺量增加还是很明显，达 $702.88 \times 10^6 m^3$；增加最少的情景为种植结构改变Ⅰ以及发展畜牧业的情景，分别为 $121.34 \times 10^6 m^3$ 和 $121.72 \times 10^6 m^3$，其次为高效节水灌溉，为 $511.33 \times 10^6 m^3$（表 7-5）。除了发展畜牧业、种植结构改变Ⅰ与工业高速发展外，其他情景的农业用水年需求短缺量均明显多于工业用水。快速城市化情景下，农村生活用水需求短缺量增加是由于城市的需求优先顺序为 1，而农村生活用水设置为 2。

所有情景的需求短缺量年变化结果表明：①老哈河流域水资源短缺的驱动力之一主要源自农业不合理灌溉；②在 2004—2030 年，短缺量一直处于上升趋势，这说明随着工业发展水平、城乡生活用水以及农业灌溉面积的逐年提高，需求短缺量也日趋增大；③受气候波动影响，短缺量也在起伏，连旱年份如 2023—2027 年，需求短缺量加速上升；④所有情景下的短缺量在水短缺的年份，差距更明显，表明人类活动对水资源脆弱性的影响在水短缺年份要大于正常水文年份或湿润年，如特干年 2012 年的差距要大于正常水文年 2011 年、特干年 2025 年大于湿年 2022 年；⑤所有情景的需求短缺量在初期分异并不明显，在后期差距逐渐增大，这表明随着短缺量的日益增加，人类活动的影响也越来越明显。因此在水短缺的年份及阶段，人类活动可以或者更加剧用水短缺、或者更有效地缓解水短缺，即采取措施会更为有效（图 7-10g）。

水短缺主要发生在 4—6 月，其次为 8—9 月，而且发展畜牧业、种植结构改变Ⅰ与高效节水灌溉 3 种情景下，在以上月份短缺较少。所有情景主要在 4—6 月对短缺量的影响较大，各情景影响的差别也较大，其次为 8—9 月，其他月差别不大。其中种植结构改变Ⅱ、高效节水灌溉、发展畜牧业、种植结构改变Ⅰ主要影响 4—9 月，工业高速发展、提高工业水价、水回用计划、快速城市化、地下水过度利用、限制使用地下水对全年各月均有影响。

（3）地下水储量

年地下水储量下降排序为：地下水过度利用、工业高速发展、快速城市化、种植结构改变Ⅱ、参照预案、提高工业水价、水回用计划、限制使用地下水、高效节水灌溉、发展畜牧业、种植结构改变Ⅰ。在参照预案中，年地下水储量后期与前期相比，下降了 $248.07 \times 10^6 m^3$，在其他情景中，地下水过度利用和工业高速发展下降最为明显，分别下降了 $285.36 \times 10^6 m^3$ 和 $295.70 \times 10^6 m^3$，而且随着时间的变化，这两个情景下，地下水储量下降速度日趋加大，从 2025 年开始下降速度明显加快；其次为快速城市化情景，下降 $264.60 \times 10^6 m^3$，快速城市化情景在最初的几年下降并不明显，但是从 2026 年开始下降速度明显加快。后期与前期相比，下降最少的情景为种植结构改变Ⅰ以及发展畜牧业的情景，分别下降了 $98.26 \times 10^6 m^3$ 和 $98.87 \times 10^6 m^3$，其次为限制使用地下水的情景，下降了 $193.50 \times 10^6 m^3$（表 7-5）。

表 7-5　不同人类利用情景下 LRB 地下水储量变化（2004—2030 年）

| 情景代码 | 情景 | 年均地下水储量/$10^6 m^3$ | 地下水储量变化量/$10^6 m^3$ |
|---|---|---|---|
| $S_0$ | 参照预案基准 | 332.02 | −248.07 |
| $S_1$ | 增加水库 | 374.55 | −235.97 |
| $S_2$ | 种植结构改变Ⅱ | 330.57 | −250.74 |
| $S_3$ | 种植结构改变Ⅰ | 480.71 | −98.26 |
| $S_4$ | 限制使用地下水 | 368.03 | −193.5 |
| $S_5$ | 提高工业水价 | 335.53 | −241.79 |
| $S_6$ | 水回用计划 | 343.66 | −228.3 |
| $S_7$ | 快速城市化 | 322.97 | −264.6 |
| $S_8$ | 工业高速发展 | 254.42 | −295.7 |
| $S_9$ | 高效节水灌溉 | 353.14 | −215.74 |
| $S_{10}$ | 发展畜牧业 | 480.43 | −98.87 |
| $S_{11}$ | 地下水过度利用 | 299.48 | −285.36 |

与参照预案相比，在整个研究时段，发展畜牧业、高效节水灌溉和种植结构改变 I
对提高地下水储量作用非常明显（图 7-11a，图 7-11e），与此不同的是，水回用计划和提
高工业水价在初期没有作用，但在 2020 年以后，地下水储量逐年上升，尤其是水回用计
划情景，更为明显（图 7-11b）。与地下水过度利用相比，工业高速发展在前期对降低地
下水储量作用较小，但后期要比地下水过度利用作用更为明显（图 7-11c，图 7-11d）。快
速城市化和水稻种植面积增加都是在后期使得地下水储量有所降低（图 7-11d，图 7-11e）。
限制使用地下水情景与地下水过度利用两个情景在前期对地下水储量贡献的差异不大，
随着时间的推移，差距越来越大（图 7-11c）。增加水库后明显减缓了地下水的耗竭速度，
而且从初期就比较明显（图 7-11f）。

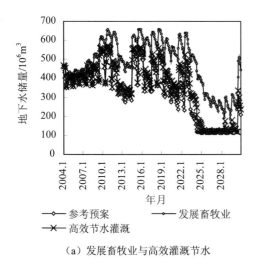

（a）发展畜牧业与高效灌溉节水

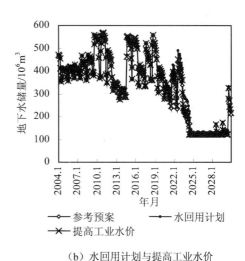

（b）水回用计划与提高工业水价

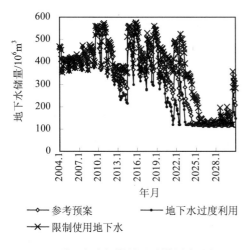

（c）地下水过度利用与限制使用地下水

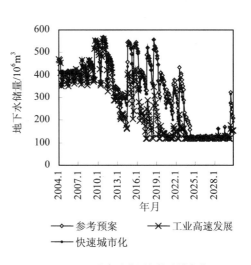

（d）工业高速发展与快速城市化

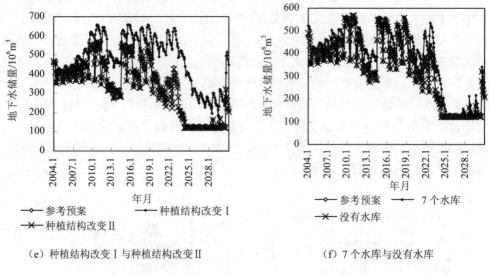

（e）种植结构改变 I 与种植结构改变 II

（f）7 个水库与没有水库

图 7-11　不同人类利用情景下 LRB 地下水储量年变化（2004—2030 年）

（4）需求满足度

从 2004—2030 年不同供需情景需求满足度变化表可以看出（表 7-6），多年平均需求满足度最高的是种植结构改变 I（灌溉面积不再增加）、发展畜牧业情景以及增加水库，分别比基准的满足度增加了 5.90%、5.84%和 3.62%，最低的是工业高速发展、限制使用地下水、快速城市化以及增加水稻种植面积情景，分别比基准的满足度减少了 4.27%、1.31%、0.33%和 0.25%。在 2004—2030 年期间，需求满足度降低最多的是工业高速发展情景、限制使用地下水，分别降低 17.57%和 11.00%，其次为快速城市化情景和种植结构改变 II，分别降低 10.80% 和 10.56%，降低最少的是种植结构改变 I 和发展畜牧业情景，分别降低 3.32%和 3.43%。

表 7-6　LRB 不同人类利用情景下需求满足度变化（2004—2030 年）

| 情景代码 | 人类活动情景 | 需求满足度变化/% | 多年平均需求满足度/% |
|---|---|---|---|
| $S_0$ | 参照预案基准 | −10.01 | 80.82 |
| $S_1$ | 增加水库 | −8.19 | 84.44 |
| $S_2$ | 种植结构改变 II | −10.56 | 80.57 |
| $S_3$ | 种植结构改变 I | −3.32 | 86.72 |
| $S_4$ | 限制使用地下水 | −11.00 | 79.51 |
| $S_5$ | 提高工业水价 | −9.71 | 80.99 |
| $S_6$ | 水回用计划 | −9.06 | 81.37 |
| $S_7$ | 快速城市化 | −10.80 | 80.49 |
| $S_8$ | 工业高速发展 | −17.57 | 76.55 |
| $S_9$ | 高效节水灌溉 | −8.93 | 81.64 |
| $S_{10}$ | 发展畜牧业 | −3.43 | 86.66 |
| $S_{11}$ | 地下水过度利用 | −9.62 | 81.91 |

　　增加水库后多年平均需求满足度虽然明显升高，但后期与前期相比，满足度降低较明显，这一方面是由于 2023—2027 年连续干旱年份，水库由于蓄水受到影响，缓解作用会有所下降；另一方面说明仅仅靠增加水库缓解水资源短缺，可持续性不强，必须结合其他措施，如改变种植结构、发展畜牧业，才能既有效缓解短缺又可持续。

　　图 7-12 为不同情景下需求满足度年变化。可以看出，在 2004—2030 年期间，满足度一直在波动中呈下降趋势，与短缺量类似，大部分情景的满足度在后期差距逐渐增大。发展畜牧业与种植结构改变 I 无论是前期、中期和后期一直比基准的满足度高，而增加水库后的满足度在前期比基准明显偏高，后期有所缓和，工业高速发展在前期满足度比基准偏低，到后期偏低要更加明显，限制利用地下水与过度利用地下水满足度的差距在前期和中期较大，到后期限制利用地下水与过度利用地下水的满足度基本重合。

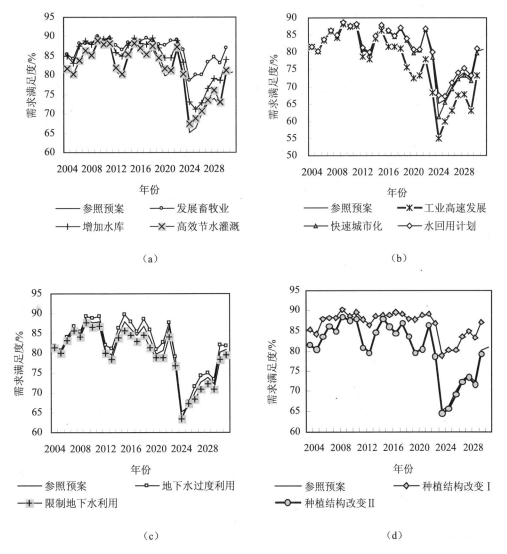

图 7-12　不同人类利用情景下 LRB 需求满足度年变化（2004—2030 年）

从增加水库后农业用水满足度的月变化可以看出（图 7-13a），增加水库可以明显提高农业用水需求满足度，在没有水库的情景下，农业用水的多年平均需求满足度在 5 月最低，为 66.18%，8 月最高，为 94.08%，3—10 月平均值为 82.78%；在只有 2 个水库的参照预案中，农业用水的多年平均需求满足度在 5 月最低，为 68.79%，8 月最高为 94.15%，3—10 月平均值为 84.58%；在增加至 7 个水库后，农业用水的多年平均需求满足度在 5 月最低，为 77.87%，10 月最高为 95.71%，3—10 月平均值为 88.97%；说明增加水库后，农业用水的需求满足度都有所增加，而且在干季增加较湿季要明显得多，即水库主要缓解干季农业缺水更为有效。与农业用水不同的是，增加水库较参照预案，工业用水、城乡生活用水以及畜牧业用水的需求满足度在全年各月都有所增加（图 7-13b）。同样地，在 6—9 月（湿季）缓解不如干季明显，但是只有 2 个水库的参照预案与没有水库的情景比较，反而是没有水库时的需求满足度更高些，当水库增加至 7 个时，需求满足度又比没有水库时要高了，这是由于增加的水库主要优先用于农业灌溉的缘故。

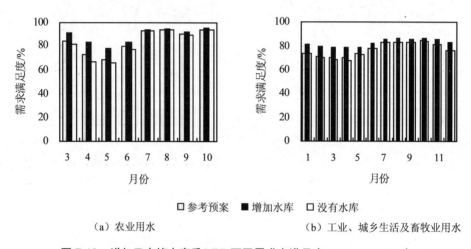

图 7-13　增加及去掉水库后 LRB 不同需求点满足度（2004—2030 年）

## 7.3　气候变化下的水资源脆弱性分析

分现状、暖干化、暖湿化以及极端降水增多 4 种气候情景，分别模拟按照目前老哈河流域水资源现状利用方式或者采取其他多种水资源利用方式下水资源系统对气候变化的脆弱性。

### 7.3.1　气候变化下现状利用方式对水资源脆弱性的影响

#### （1）要求与供到的水量

气候暖干化情景下要求的水量最多，极端气候情景次之，然后为现状气候，暖湿化最少（图 7-14a）。在一般年份，供到的水量气候暖干化情景下，参考预案次之，然后为极端气候情景，暖湿化最少，但在水短缺年份如连旱年份，暖湿化供到的水量上升最多，极端和暖湿化偏少（图 7-14b）。

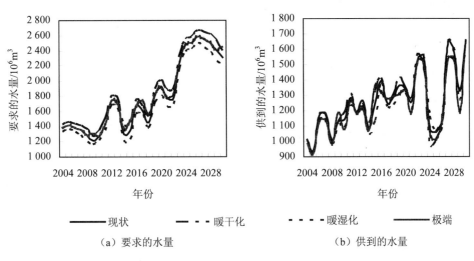

（a）要求的水量　　　　　　　　　　（b）供到的水量

图 7-14　不同气候情景下老哈河流域水资源供需变化（2004—2030 年）

（2）需求短缺量

不同气候情景需求短缺量年变化表明：暖干化气候情景下水短缺最多，年平均短缺 $621.46 \times 10^6 m^3$；极端气候情景次之，为 $584.80 \times 10^6 m^3$；然后为现状气候，为 $529.46 \times 10^6 m^3$；暖湿化情景短缺最少，为 $467.50 \times 10^6 m^3$。从 2004—2030 年，后期与前期比较，水资源短缺量增长幅度在暖干化情景下也最大，为 $766.78 \times 10^6 m^3$；在暖湿化情景下增幅最小，为 $617.11 \times 10^6 m^3$；而现状气候居中，为 $681.24 \times 10^6 m^3$。

图 7-15a 是不同气候情景与现状气候情景相比，其多年平均需求短缺量变化差值，可以看出：升高同样的气温（2℃），减少 10%的降水较增加 10%的降水对水短缺量影响更大，减少 10%的降水情景比现状气候情景下短缺量平均多 $92.00 \times 10^6 m^3$，增加 10%的降水情景比现状气候下水短缺量少 $61.95 \times 10^6 m^3$，说明暖干化气候明显加剧了老哈河流域水资源系统的脆弱性。另外，与现状气候相比，虽然年降水总量没有改变，但是极端降水天气下，由于有效水资源减少，需求短缺量较现状气候明显增加。

从需求短缺量的年内变化（图 7-15b）可以看出，不同情景下造成的水短缺差异主要发生在农业用水季节，即 5—6 月，在这两个月暖干化造成的短缺尤为明显。而在 10 月至翌年 2 月，4 种情景差异很小。与现状气候不同的是，极端降水增多时，短缺量主要集中在 6 月，6 月短缺量增多，7 月短缺量有所下降，但值得注意的是，6 月短缺增加了 $81.19 \times 10^6 m^3$，并不等于 7 月短缺减少的量 $17.93 \times 10^6 m^3$，而是远远多于 7 月下降的量，这说明极端降水天气增多导致汛期降水更为集中，可利用（有效）水资源减少，水资源更加短缺，供需矛盾更加突出。对不同需求点而言，极端降水增多使得农业用水在干旱年份较现状气候更为短缺，而且主要在 5—8 月；对城乡生活用水以及工业、畜牧业用水短缺量的年际变化及年内变化影响均不大。

从不同气候情景下各需求点的短缺量可以看出（图 7-16），气候变化对灌溉用水影响最大（图 7-16a），对城市、农村生活用水和工业用水影响相对很小（图 7-16b，图 7-16c，图 7-16d，图 7-16f）。对于城市、农村生活用水和工业用水，非气候因素，也即人类活动因素对其供给需求有很大影响，如工业高速发展、快速城市化、提高工业水价、水回用计划等，灌溉用水主要由气象因子决定，在老哈河流域，灌溉用水量无论是增多还是减少主要取决于降水量的变化，温度升高和蒸散加剧，对灌溉用水的需求就会增大。

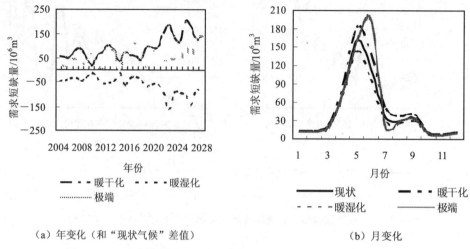

（a）年变化（和"现状气候"差值）　　　　　（b）月变化

图 7-15　不同气候情景下 LRB 需求短缺量变化（2004—2030 年）

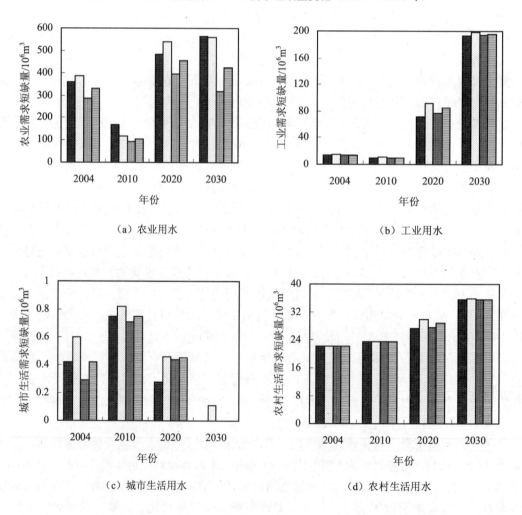

（a）农业用水　　　　　　　　　　　（b）工业用水

（c）城市生活用水　　　　　　　　　（d）农村生活用水

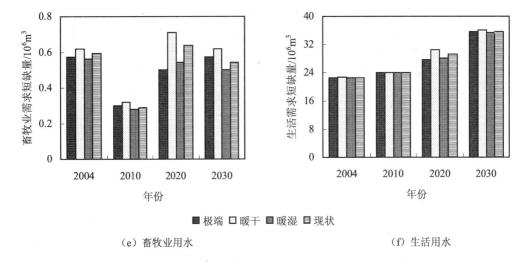

（e）畜牧业用水　　　　　　　　　　　　　（f）生活用水

**图 7-16　不同气候情景下 LRB 各需求点短缺量（2004 年，2010 年，2020 年，2030 年）**

（3）需求满足度

暖干化气候下水资源满足度最低，多年平均为 79.34%，极端气候情景次之，为 80.72%，然后为现状气候 80.82%，暖湿化情景短缺最少，为 81.72%。从不同气候情景多年逐月满足度变化图可以看出，4 个气候情景的满足度均有逐年下降趋势（图 7-17a）。从不同气候情景多年逐月需求满足度与现状气候的差别变化图可以看出（图 7-17b），与现状气候比较，暖干化气候情景满足度在大部分月份均有所降低；暖湿化气候情景相反，满足度在大部分月份均有所升高，但升高幅度要明显小于暖干化降低的幅度；极端气候下满足度主要在 6 月份大部分年份降低，7 月份有部分年份升高，7 月升高幅度大多小于 6 月降低的幅度。另外，3 个气候情景的需求满足度与现状气候的差别有逐年增大趋势。

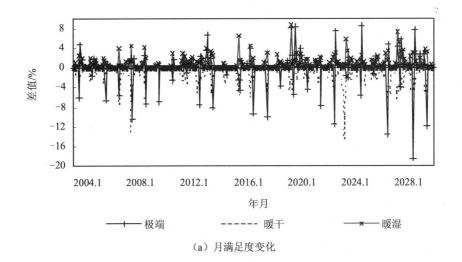

（a）月满足度变化

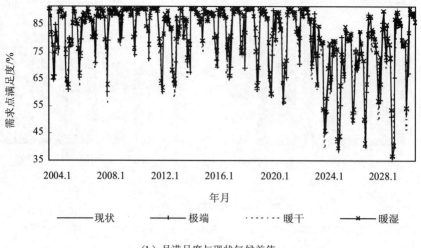

（b）月满足度与现状气候差值

**图 7-17    不同气候情景下 LRB 水资源月满足度（2004—2030 年）**

从不同气候情景各需求点多年平均满足度比较图可以看出，气候变化对农业用水、工业用水、农村生活用水以及畜牧业用水的需求满足度均有影响，暖干化使得其需求满足度降低，而暖湿化使得其略有升高，作用不如暖干化明显（图 7-18）。

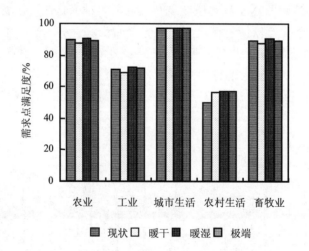

**图 7-18    不同气候情景下各需求点年满足度（2004—2030 年）**

（4）地下水储量

图 7-19 为不同气候情景下地下水储量的年变化。

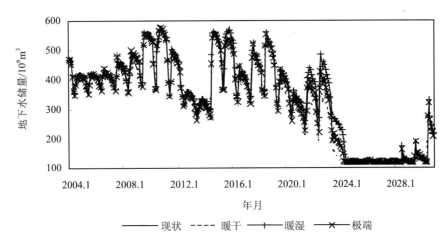

图 7-19　不同气候情景下地下水储量年变化（2004—2030 年）

可以看出，暖干化气候情景下地下水储量最少。2004—2030 年，月均储量为 318.10×10$^6$m$^3$，暖湿化情景储量最多，为 345.59×10$^6$m$^3$，而现状气候与极端气候情景居中，二者差别很小，分别为 332.02×10$^6$m$^3$ 和 335.04×10$^6$m$^3$。在地下水储量下降明显的年份，如 2019—2024 年以及 2027—2030 年，4 种情景的差别较大。

### 7.3.2　气候变化下不同人类利用对水资源脆弱性的影响

（1）需求短缺量变化

图 7-20 为标准化处理后的所有情景的水短缺量比较图，可以看出，所有人类活动情景在暖干化气候下的水短缺量较参照预案都有所增加，除了在改变种植结构 I、高效节水灌溉与发展畜牧业情景下增加较少外，其他情景短缺量增加都非常明显；与此相反地，所有人类活动情景在暖湿化下的水短缺量较参照预案都有所减小，除了在改变种植结构 I、高效节水灌溉与发展畜牧业情景下减小较少外，其他情景短缺量减小都较明显。另外，所有情景下，暖干化均比暖湿化对水短缺量的影响要大，也即升高相同气温（2℃），减少 10% 的降水较增加 10% 的降水对短缺量的影响更大。

除了在改变种植结构 I 与发展畜牧业情景下，其他所有情景在暖干化下的水短缺量在 27 年间的变化值较参照预案都增加较明显；与此相反地，除了在改变种植结构 I 与发展畜牧业情景下，其他所有情景在暖湿化下的水短缺量在 2004—2030 年间的变化值较参照预案都降低较明显。与大多数情景不同的是，种植结构改变 I 与发展畜牧业在暖干化下的水短缺量在 2004—2030 年间的变化值较参照预案都降低较少，这说明改变种植结构 I 与发展畜牧业在暖干化情景下其缓解水短缺趋势的作用更为有效（图 7-21）。

暖干化加剧了人类活动对水资源脆弱性的影响，使得那些缓解水资源脆弱性的人类活动缓解效果更为有效，而使得那些加剧水资源脆弱性的人类活动其程度更有所加深。例如在参照预案下，基准的水资源短缺量为 512.76×10$^6$m$^3$，发展畜牧业后短缺 128.34×10$^6$m$^3$，降低 384.42×10$^6$m$^3$；而在气候暖干化情景下，基准的水资源短缺量为 602.67×10$^6$m$^3$，发展畜牧业后短缺 148.44×10$^6$m$^3$，降低 454.23×10$^6$m$^3$，这比参照预案下降低的量要更大。也就是说，暖干化气候下，采取积极的水资源适应对策如改变种植结构Ⅰ、发展畜牧业等，和"气候与前期类似"（参照预案）相比较，对降低水资源脆弱性更加有效，大多比参照预案多缓解 15%左右。所以，在暖干化气候下，更应采取积极的适应对策（表 7-7）。我国科学家使用 4 种全球大气环流模式给出的结果表明，在中等旱年及特枯水年，气候变化产生的缺水量将大大加剧海滦河流域、京津唐地区、黄河流域及淮河流域的缺水，并对社会经济产生严重影响（石缀花和李惠民，2005），这与本书的研究结果有一致的地方。

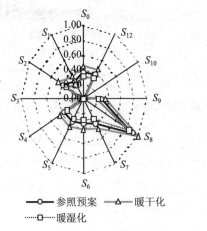

图 7-20 不同气候情景下水资源短缺量　图 7-21 短缺量与参照预案差值变化值
（2004—2030 年）　　　　　　　　（2004—2030 年）

表 7-7 不同情景水短缺量多年平均量与基准相比差值（2004—2030 年）　单位：$10^6 m^3$

| 情景代码 | 情景 | 现状 | 暖干化 | 暖湿化 |
|---|---|---|---|---|
| $S_0$ | 参照预案基准 | 0.00 | 0.00 | 0.00 |
| $S_1$ | 增加水库 | −100.93 | −103.29 | −95.95 |
| $S_2$ | 改变种植结构Ⅱ | 8.83 | 9.73 | 7.93 |
| $S_3$ | 改变种植结构Ⅰ | −384.60 | −454.47 | −337.03 |
| $S_4$ | 限制使用地下水 | −14.82 | −17.78 | −11.57 |
| $S_5$ | 提高工业水价 | −11.06 | −11.10 | −9.92 |
| $S_6$ | 水回用计划 | −34.22 | −35.78 | −31.57 |
| $S_7$ | 快速城市化 | 13.95 | 13.15 | 13.84 |
| $S_8$ | 工业高速发展 | 592.89 | 600.52 | 589.45 |
| $S_9$ | 高效节水灌溉 | −89.96 | −103.80 | −77.80 |
| $S_{10}$ | 发展畜牧业 | −384.42 | −454.23 | −336.87 |
| $S_{11}$ | 地下水过度利用 | 13.81 | 15.60 | 15.66 |

与以上相反的是，暖湿化气候缓解了多种供需情景对水资源的影响，使得那些增加水资源短缺的情景其程度有所缓解，而那些降低水资源短缺的情景效果也稍有减弱。

综上，在暖干化情景下，改变种植结构、发展畜牧业不仅可以短期内有效缓解水资源短缺量，而且从长期看，可以有效缓解水资源短缺的趋势，比气候与前期类似或暖湿化情景下采取缓解水资源短缺的适应对策显得更加有效。

从不同情景水资源需求短缺量多年平均量及其与预案相比差值可以看出，不同人类活动情景与参照预案基准比较，其差值大多大于暖干化与现状气候比较以及暖湿化与现状气候比较的差值，这表明在老哈河流域，非气候变化因素大多时候比气候变化对水资源脆弱性的影响更大（表 7-8）。我国科学家使用 4 种全球大气环流模式给出的结果表明，气候变化产生的缺水量小于人口增长及经济发展引起的缺水量（石缎花和李惠民，2005），这与本书的研究结果有一致的地方。

表 7-8　不同人类利用情景 LRB 水短缺量多年平均量及其与预案相比差值（2004—2030 年）

单位：$10^6 m^3$

| 情景代码 | 情景 $S_{0\sim11}$ | $C_0$ | $C_d$ | $C_w$ | $S_{1\sim11}-S_0$ | $C_d-C_0$ | $C_w-C_0$ |
|---|---|---|---|---|---|---|---|
| $S_0$ | 参照预案基准 | 512.76 | 602.67 | 452.36 | 0 | 89.91 | −60.4 |
| $S_1$ | 地下水过度利用 | 526.57 | 618.27 | 468.02 | 13.81 | 91.7 | −58.55 |
| $S_2$ | 发展畜牧业 | 128.34 | 148.44 | 115.49 | −384.42 | 20.1 | −12.85 |
| $S_3$ | 高效节水灌溉 | 422.80 | 498.87 | 374.56 | −89.96 | 76.07 | −48.24 |
| $S_4$ | 工业高速发展 | 1 105.65 | 1 203.19 | 1 041.81 | 592.89 | 97.54 | −63.84 |
| $S_5$ | 快速城市化 | 526.71 | 615.82 | 466.20 | 13.95 | 89.11 | −60.51 |
| $S_6$ | 水回用计划 | 478.54 | 566.89 | 420.79 | −34.22 | 88.35 | −57.75 |
| $S_7$ | 提高工业水价 | 501.70 | 591.57 | 442.44 | −11.06 | 89.87 | −59.26 |
| $S_8$ | 限制使用地下水 | 497.94 | 584.89 | 440.79 | −14.82 | 86.95 | −57.15 |
| $S_9$ | 改变种植结构 I | 128.16 | 148.20 | 115.33 | −384.6 | 20.04 | −12.83 |
| $S_{10}$ | 改变种植结构 II | 521.59 | 612.40 | 460.29 | 8.83 | 90.81 | −61.3 |
| $S_{11}$ | 增加水库 | 411.83 | 499.38 | 356.41 | −100.93 | 87.55 | −55.42 |

注：$C_0$——现状；$C_d$——暖干化；$C_w$——暖湿化。

**（2）增加水库后短缺量变化**

无论是暖干化、暖湿化还是现状气候情景，水库增多均使得水短缺量明显得到缓解，水库越多，缓解作用越强，但缓解幅度在 3 种气候情景下并不相同。暖干化情景下，由于降水量减少，水资源供给量相应减少，因而水库蓄水量受到影响，所以水库的调节作用受到影响，与没有水库时相比，增加水库后其短缺量减少值较其他气候情景要小，也即与现状气候相比，其缓解水量短缺的作用有所降低（图 7-22）。这说明，基于供水端的措施在气候暖干化时由于水资源供给来源受限，其缓解作用有所减弱。

由前可知，水库可以有效地缓解需求短缺量，在极端降水天气增多的情景下，这种缓解作用要更为明显，从表 7-9 年均需求短缺量可以看出，有 2 个水库与没有水库时比较，现状气候情景时年均需求短缺量可以缓解 $37.12\times10^6 m^3$，而在极端降水天气增多的情景下可以缓解 $40.04\times10^6 m^3$；有 7 个水库与没有水库时比较，现状气候情景时年均需求短缺量可以缓解 $139.17\times10^6 m^3$，而在极端降水天气增多的情景下可以缓解 $157.62\times10^6 m^3$。

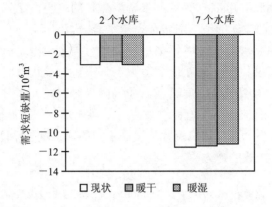

图 7-22　不同气候与水库个数情景下短缺量比较

（与没有水库）（2004—2030 年）

表 7-9　不同水库设置情景下需求短缺量年均变化（极端降水天气增多情景与现状气候情景下）

（2004—2030 年）　　　　　　　　　　　　　　　　　单位：$10^6 m^3$

| 增加水库个数 | 极端降水增多情景 | 需求短缺量变化 | 现状气候情景 | 需求短缺量变化 |
|---|---|---|---|---|
| 7 | 467.22 | −157.62 | 427.41 | −139.17 |
| 2 | 584.80 | −40.04 | 529.46 | −37.12 |
| 0 | 624.84 | 0 | 566.58 | 0 |

从不同气候与水库情景下地下水储量比较来看，增加水库后减缓了地下水的耗竭速度，从现状气候时增加水库与没有水库时地下水储量比较图（图 7-23）可以看出，大部分年代，增加水库后地下水储量比没有水库时要有所增加，当气候处于暖干化时，地下水储量的增加量比现状气候大多要有所减少。

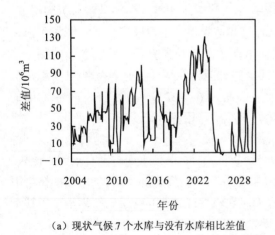

（a）现状气候 7 个水库与没有水库相比差值　　　　（b）7 个水库时暖干气候与现状气候相比差值

图 7-23　不同气候与水库情景下地下水储量比较（2004—2030 年）

综上，由以上各种气候变化下不同人类活动情景对水资源供需变化的影响分析可以看出，气候变化对水资源的影响不仅取决于河流径流量和地下水补给总量、时间分配的变化，而且还取决于水资源系统的特征、对系统产生的压力方面的变化、系统采取什么样的管理和措施适应气候变化等。非气候变化因素可能比气候变化对水资源脆弱性的影响更大。气候变化对灌溉用水影响最大，对城市和工业用水影响相对较小。对于城市和工业用水，非气候因素对供水需求有很大影响，如工业高速发展、快速城市化、提高工业水价、水回用计划等，而灌溉用水主要由气象因子决定，在老哈河流域，在灌溉面积、灌溉效率与种植结构等因素不变的情况下，灌溉用水量无论是增多还是减少均取决于降水量的变化，当温度升高、蒸散加剧，对灌溉用水的需求就会增大。王春乙（2004）的研究也表明，气候变暖对中国农业灌溉用水的影响，远远大于对工业用水和生活用水的影响，尤其是在降水趋于减少或蒸发的增加大于降水增加的地区，这与上述研究结果基本一致。

## 7.4 小结

本章利用水文模型耦合方法（SWAT-WEAP），设置气候变化与人类活动情景，模拟流域内水资源需求与供给，以水短缺量为指标，定量分析了气候变化下不同人类开发、利用和管理方式对水资源系统脆弱性的影响。

（1）LRB 现状水资源在各个需求点之间的分配：无论是要求的水量、供水量还是短缺量，农业用水均占主要份额，工业与生活用水次之，份额最小的是畜牧业用水。现状年水短缺量为 $127.47 \times 10^6 m^3$，其中农业短缺 78.5%，生活用水 17.1%，工业 4.1%。

（2）气候与前期类似时，按照流域水资源利用现状发展，水资源系统脆弱性：脆弱性更加突出，短缺最多的是农业用水，其次为工业用水以及农村生活用水。短缺量增长最快的仍然是工业用水，后期短缺是前期的 10 倍多。农业用水短缺集中在作物生长季，尤其是在 5—6 月灌溉用水高峰、降水又较少的季节。

（3）气候与前期类似时，多种人类利用方式对流域水资源系统脆弱性的影响：LRB 水资源脆弱性的驱动力主要源自农业不合理灌溉，问题的关键主要是缺乏管理。发展畜牧业、改变种植结构、节水灌溉与水库是缓解水短缺最为有效的措施，可以缓解 18%～75%。人类活动对枯水期水资源脆弱性的影响相对较大，比正常年份要放大 2～4 倍，但水库在连旱年份缓解作用反有所下降，必须结合需求端措施，才能有效缓解用水短缺。

（4）气候变化下，按照流域水资源利用现状发展，水资源系统脆弱性：暖干化与极端降水增多的情景，短缺量要明显增多。升高同样的气温，降水减少较增加 10%对短缺量的影响更大，降水减少 10%增加的水短缺量比降水增加 10%所缓解的短缺量要多 32.67%，暖干化气候明显加剧了 LRB 水资源系统的脆弱性。不同情景下造成的水短缺差异主要发生在农业用水季节。气候变化对灌溉用水影响最大，对城市和工业用水影响相对很小。

（5）气候变化下，多种人类利用方式对水资源系统脆弱性的影响：暖干化放大了人类活动对水资源的作用，气温升高 2℃同时降水增加 10%，将使人类活动的作用放大 12%～20%，但基于供水端的措施在暖干化时由于水资源供给来源受限，其缓解作用反有所减弱。

非气候变化因素大多时候比气候变化对水资源脆弱性的影响更大。发展畜牧业、改变种植结构与高效节水灌溉不仅是降低水资源脆弱性最有效措施，也是应对气候变化最有效的方式。

　　总的来看，气候变化对水资源的影响不仅取决于河流径流量和地下水补给总量、时间分配的变化，而且还取决于水资源系统的特征、对系统产生的压力方面的变化、系统采取什么样的管理和措施适应气候变化等。

# 参考文献

[1]　Allen R G，Luis S Pereira，Dirk Raes *et al.*. Crop evapotranspiration-guidelines for comouting crop water requirements. FAO Irrig and Drain Paper 56[R]. Rome，1998.

[2]　Batcher C H. The accuracy of evapotranspiration estimated with the FAO modified Penman equation[J]. Irrig Sci，1984（5）：223-233.

[3]　FAO，Irrig and Drain Paper 56[R]. Rome，1998.

[4]　Hao Lu，Huang Lingling，Wang Wenbin，*et al.*. Evaluate the impact of planting structure on water resources [J]. Environmental Engineering and Management Journal，2011，10（7）：899-903.

[5]　Hao Lu，Gao Jingmin，Wang Jingai. Simulating the effects of water reuse on alleviating water shortage [A]，In：Environmental Pollution and Public Health Special Track within iCBBE2010[C]，EPPH2010，2010，1-4.

[6]　Priestley C H B，Taylor R J. On the assessment of surface heat flux and evaporation using large-scale parameters [J]. Mon. Weather Rev，1972（100）：81-92.

[7]　Neitsch S L，Amold J G，Kiniry J R，*et al.*. Soil and water assessment tool theoretical documentation version 2000[M]. College Station：Texas Water Resources Institute，2002.

[8]　赤峰市统计局. 赤峰统计年鉴[M]. 　2004.

[9]　赤峰市统计局.《赤峰四十年》编委会，赤峰四十年[M]. 1987.

[10]　赤峰市土壤普查办公室. 赤峰市第二次土壤普查数据资料汇编[M]. 1988.

[11]　赤峰市土壤普查办公室. 赤峰市土壤[M]. 呼和浩特：内蒙古人民出版社，1989.

[12]　赤峰市土壤普查办公室. 赤峰市土种志[M]. 1988.

[13]　内蒙古农村牧区社会经济调查队. 内蒙古农牧业经济五十年[M]. 呼和浩特：内蒙古统计出版社，1997.

[14]　内蒙古农村牧区社会经济调查队. 内蒙古畜牧业经济考评资料集（1949—1998）[R]. 1999.

[15]　内蒙古自治区农村牧区社会经济调查队. 1991 年农村社会经济统计年报资料[R]. 1992.

[16]　内蒙古自治区农牧业区划委员会办公室. 内蒙古自治区水利简明区划报告[R]. 1983.

[17]　内蒙古自治区统计局. 2002 年内蒙古统计年鉴[M]. 呼和浩特：内蒙古统计出版社，2002.

[18]　内蒙古自治区统计局. 辉煌的内蒙古（1947—1999）[M]. 呼和浩特：内蒙古统计出版社，2000.

[19]　气候变化国家评估报告编写委员会. 气候变化国家评估报告[R]. 2005.

[20]　石缀花，李惠民. 气候变化对我国水文水资源系统的影响研究[J]. 环境保护科学，2005，31（4）：59-61.

[21]　水利部水利信息中心. "九五"国家科技攻关计划（96-908-03-02）"气候异常对水文水资源影

响评估模型研究"技术报告[R]. 2001.

[22]　水利部水文局. 国家"十五"科技攻关计划（2001-BA611 B-02-04）"气候变化对我国淡水资源的影响阈值及综合评价"技术报告[R]. 2003.

[23]　水利部水文信息中心. "八五"国家科技攻关计划（85-913-03-03）"气候变化对中国水文水资源影响及适应对策研究"技术报告[R]. 1991.

[24]　水利部松辽水利委员会. 修订辽河流域规划纲要[R]. 1992.

[25]　唐国平，李秀彬，刘燕华. 全球气候变化下水资源脆弱性及其评估方法[J]. 地球科学进展，2000（3）：313-317.

[26]　王春乙. 气候变暖对农业生产的影响[J]. 气候变化通讯，2004（4）：1-4.

# 第8章

## LRB 水资源适应性分析

老哈河流域经济发展等所带来的压力，将增加水资源对气候变化的脆弱性。改变管理措施，可以减少水资源对气候变化的脆弱性，加强水资源适应变化的能力。然而，目前国内外更多采用的是基于供给端的管理措施，而不是需求端的管理措施（改变胁迫）。因此，如何针对老哈河流域水资源系统的特点，综合考虑水资源"供给端"与"需求端"，以寻求一个适用于老哈河流域的水资源适应操作模式，是缓解流域水资源短缺的当务之急，也是确保防洪安全、粮食安全、城乡供水安全和生态环境安全的基础。本章首先基于"气候变化—水资源—生态环境—社会经济"复合系统，权衡供给端与需求端，构建了老哈河流域可持续发展的水资源适应操作模式，然后利用水文模型耦合方法对气候变化下不同模式的适应性进行了模拟分析，并对适应模式的综合功效进行了评估，以期为有效、有序、可持续地利用水资源提供参考。

## 8.1 LRB 水资源适应的对策及模式

一般地，适应性对策包括对供应方（如改变基础设施或者制度上的安排）和需求方进行的管理（如改变要求或减少风险等）、策略和措施。然而，由于气候变化的普遍性，一些传统的适应性措施可能会被剔除，一些可利用的适应性措施也经常得不到应用，因为气候变化对水资源影响的经济成本评估在很大程度上依赖于适应性的假设，经济高效的适应措施可能受到与不确定性、制度和公平相关的限制因素的制约，而适应能力受到制度可行性、财力、管理科学、计划的时间框架、组织和法律框架、技术和人口流动等的影响。因此，要获得更为可信的气候变化潜在影响的评估结果，必须进一步了解和研究现在已有的和历史上人类应对气候变化影响的适应对策、方法和措施（Smit，1993）。在此基础上，设计和建立相对完善的气候变化适应策略和方案，为制定有效的气候变化适应对策或政策提供信息，从而能够建立更好的管理规划以确保地球上生命支持系统的可持续发展。

本节首先设计了老哈河流域气候变化下水资源适应对策，在此基础上，从生产、生活与生态均衡、区域水资源可持续利用出发，构建水资源有序适应模式。

### 8.1.1 LRB 水资源气候变化适应的对策

根据前面得出的气候变化与不同利用方式下水资源的供需变化特征，结合老哈河流域水资源利用现状和特点，提出流域水资源适应对策。

（1）鉴别区位优势，调整农业结构、加大林牧比例

老哈河流域长期以来，由于农业上的广种薄收、轮休轮耕的粗放经营，加之林牧比重不大，效益很差，虽为早期发展的农区之一，但总处在单产不高、总产不稳的落后境地。为合理利用自然资源，全面发展农业生产，应改变单一种植结构的状况，加速发展畜牧业与林业，促进农牧林业的结合。本区发展畜牧业潜力很大，牲畜饮水设施、棚圈设施条件好，抗灾能力较强，劳动力充裕，便于精细管理，因此应扩大牧草种植、发展青贮、充分利用作物秸秆等，并要充分利用林地，以林育草。为了防止水土流失，应禁止垦殖陡坡地，把农耕地限制在河谷平川地、黄土台地及缓坡地，已经开垦的陡坡地和瘠薄地，要逐步退耕还林、还草。

（2）压粮扩经种草，调整种植结构

在压缩粮食种植面积，扩大经济作物种植面积的基础上，通过大量生产优质牧草和饲料，改变粮、经二元结构为高效节水的粮、经、饲三元种植结构，使粮食作物、经济作物、饲料作物各占 1/3 左右，以支撑草地农业的发展，或进行粮草间作轮作，用地养地，在粮食价格低下时，以发展种草为主，当种粮效益提高时，可以压缩种草比例，实行弹性农业生产，储备土地粮食生产能力，调整种植业结构（压缩粮食和高耗水作物种植面积、扩大低耗水高效益作物和林草种植面积）。

（3）控制农业灌溉面积、发展特色产业

老哈河流域水资源脆弱性的驱动力主要源自农业不合理灌溉，问题的关键主要是缺乏管理。研究表明，有效灌溉面积对农业用水压力指数的贡献率为 1.71%（于法稳和李

来胜，2005），因此，控制有效灌溉面积，对于降低水资源脆弱性是有效的。近 40 年，是老哈河流域历史上灌溉面积增长最快的时期，新增的灌溉面积仍以种植粮食为主。因此，老哈河流域要想压缩农业用水，必须严格控制灌溉面积，同时大力发展和推广特色农业。

（4）推广节水灌溉、减少单位粮食用水量

根据特色产业制种作物的需水规律，土壤水分消耗规律和不同灌溉单元对完全灌溉所需时间和数量，结合制种业生产工艺，确定配水计划，综合集成节水灌溉与特色产业生产技术，减少单位粮食用水量。作物生育期灌水量应当以满足作物生长发育为目的，为了防止养分淋失，不主张多余灌溉。按照井、渠、田、林、路、电统一规划的原则，科学合理地进行全面规划，积极引进推广喷灌、渗灌、滴灌等节水灌溉技术，因地制宜，采取不同的节水措施。将流域农田面积较大、缓坡耕地多、秋季易发生伏旱的地区，实施喷灌为主的节水措施；将流域内地下水相对丰富的平川区，划定为地面渠道衬砌区，一些二级地及地区划定为塑料管道灌溉区；在地下水较为贫乏的丘陵区发展喷灌和管灌项目；在烟叶、露地蔬菜和蔬菜大棚等经济作物种植区域发展滴灌项目；针对西部丘陵山区干旱少雨的实际，推行"水窖集雨"、"作物覆膜"与"坐水点种"等旱作节水灌溉措施。

（5）改革种植制度，优化灌水定额

农田生态系统种植制度建立中将地表结构破损控制到最低水平，又不降低农业生产力。灌溉制度的建立要根据不同作物和不同种植方式，以及在流域的不同区位，确定合理的灌水定额、灌水时期与作物生育期灌水量以满足作物生长发育。

（6）明确水权目标，实施水票制度

采用法律、公众参与、市场经济规律以及工程和非工程措施，将传统的人为水供给管理模式改变为依法统一管理、公平竞争、市场型需求模式，这是从传统"工程型"水利开发转变为追求人与自然和谐相处的"资源型"水利管理。以典型灌区为例，开展水权、水费制度改革。简化行政管理手段，以价格杠杆和法律制度优化配置水资源。要建立起宏观水量分配与微观用水定额两套指标体系，把水的使用权具体分配到各个用水环节，协调好生活、生产和生态用水，实现以水资源的可持续利用，支持经济社会可持续发展。改革原来的按亩征收水费为按实际用水以购买水票的形式收费。建立界定水权的科学、合理依据，健全水资源作为商品进行交易的方式和机制。

要做到地表水、地下水统一管理，应建立健全流域和灌区管理机构，赋予这些机构足够的权力。除此之外，必须充分利用经济手段，建立相应的水价政策，把水推向市场。

（7）工程措施配套，技术管理紧跟

人口增加势必要增加粮食需求，由于土地资源数量和质量的制约，未来粮食需求增量的绝大部分必将通过提高现有农田的生产率的方式来完成，诸如推广渠道防渗技术、高效灌水技术等来提高灌溉用水的效率。重视工程节水、农艺节水、生理节水和管理节水的每一环节，在单项提高的基础上，优化组合，实行多元化灌溉。大型工程要做好干、支渠系防渗和建设山区水库，防止渠系和平原水库大量蒸发渗漏。强化农艺节水管理，注重生理节水，提高作物水分利用率。农艺措施包括合理施肥，以肥调水，地膜和秸秆覆盖保墒，推广应用保水剂和抗旱剂，选用耐旱作物及节水品种等。

（8）提高蓄水能力，雨水资源化

老哈河流域受季风影响较大，雨季暴雨产生的水土流失和高含沙洪水危害极大，而干旱季节河川基流则很少。应当结合水土保持及小流域治理，拦蓄地表径流，发展小面积灌溉。在开阔谷地，发展引洪淤灌。补给地下水，使旱季开发地下水灌溉，水源得到保证。这是化害为利、一举多得的有效办法。雨水资源化是 20 世纪 90 年代的另一项技术创新。在半干旱地区，只有 5%的降水能转换为地表水。在这样的地区，修集雨水窖是提高雨水资源利用率的重要途径。历史上，通过修建集雨水窖满足生活用水需求的实践早就出现了，但用它来解决农业生产用水需求则是最近几年才出现的事情。雨水资源化不仅扩大了水资源的来源途径，同时实现了经济发展与生态保护的双重目标。

（9）地表水与地下水联合，井渠结合灌溉

老哈河流域位于半干旱半湿润地区，现状水资源开发利用的方式主要是灌区内井渠并用，以地下水为主，利用机井提取地下水和利用渠道引用地表水相结合的联合利用方式。开发地下水必须有来自河流和地下径流的补给条件，否则将引起地下水位持续下降，导致生态环境恶化。而从目前来看，流域地下水可开发利用的潜力已经不大，因此，今后应当调整为以地表水为主，充分利用老哈河流域建水库的坝址和地形等条件较好的特点，利用渠道引用地表水和利用水井提取地下水相结合的联合利用方式。在河水紧张季节，井水和渠水并用或单纯采用井水灌溉，河水丰富时期采用渠灌，易于积盐季节到来之前采用地下水灌溉。地表水和地下水的灌溉水量和时间的安排必须满足地下水采补平衡和控制地下水位的要求。

（10）注重生态用水，建立持续农业

针对各区域用水特点，一方面要防止超采地下水，监控合理的地下水位，维护植被正常生长发育的水环境。另一方面要防止无水不灌，来水猛灌，导致一些地区地下水位上升，造成土地次生盐渍化。建立一套地表水和地下水联合运用，保持合理地下水位的用水管理制度。根据流域区位特点，坡地粮食生产力低下，单方水产值低，应退耕还牧还林，将这一部分水用于生态建设，保证生态用水。

## 8.1.2 LRB 水资源适应的操作模式

在第 2 章，我们基于水资源适应理论模式，构建了 3 种水资源适应操作模式，其中，基于供给端的操作模式是以供水端作为水资源管理对象，综合考虑充分利用地表水以及合理利用地下水等措施的模式，其核心是如何增加可利用水资源量；基于需求端的操作模式是以需求端作为管理对象，综合考虑改变种植结构、高效节水灌溉、减少生活用水、降低工业活动水平、提高水价、水回用计划等措施的模式，其核心是如何有效利用有限水资源，缓解水资源系统压力，需求管理的适应模式比供给管理的适应模式可持续性更高；需求端为主导的操作模式是同等考虑供水端与需水端模式，并以需水端为主导、兼顾生产、生活与生态用水平衡，同时考虑气候变化影响的模式。本节根据老哈河流域农业、工业、生活、生态等实际用水需求，考虑流域水量时空调配，结合老哈河流域水资源适应对策，构建了流域 3 种水资源适应操作模式，即供给端模式、需求端模式与供需模式，通过对比现状模式（即参照预案，作为假定未采取措施的模式），比较分析其有效性及可持续性，以期找出最适合本流域水资源利用的模式。表 8-1 列出了 4 种模式中各自采取的措施及对策。另外，除了前面所采取的措施外，还增加了水量（时间上以及空间上）调配措施。

表 8-1　不同适应操作模式采取的措施

| 需求点 | 措施 | 现状模式 | 供给端模式 | 需求端模式 | 供需模式 |
|---|---|---|---|---|---|
| 农业 | 发展畜牧业 | × | × | √ | √ |
|  | 改变种植结构 | × | × | √ | √ |
|  | 高效节水灌溉 | × | × | √ | √ |
|  | 增加水库蓄水 | × | √ | × | √ |
| 工业 | 提高工业用水回用率 | × | × | √ | √ |
|  | 提高工业水价 | × | × | √ | √ |
|  | 减缓工业发展速度 | × | × | √ | √ |
| 生活 | 降低城市生活用水率 | × | × | √ | √ |
|  | 提高生活用水回用率 | × | × | √ | √ |
| 生态 | 增加生态需水 | × | × | × | √ |
|  | 限制使用地下水 | × | √ | × | √ |
| 调配 | 上下游水量调配 | × | × | × | √ |
|  | 离河远近水量调配 | × | × | × | √ |
|  | 干湿年份水量调配 | × | × | × | √ |

注："√"表示流域采取此项措施；"×"表示不采取。

① 上、中游需求点（$AC2$，$AC16$，$AC12$ 至 $AC14$，$AC6$ 至 $AC9$）由于地表水、地下水的开采条件均较优越，因此设置其地下水最大流量占需水比例稍高于下游的需求点（图 8-1），并将地下水供给择优顺序设置为 1，取水节点供给择优顺序设置为 2，同时相应减少河流取水节点或水库最大流量占需水比例，使其稍低于下游的需求点。与此相反，对于下游需求点，将其地下水最大流量占需水比例设置稍低于上、中游的需求点（图 8-1），并将其地下水供给择优顺序设置为 2，取水节点供给择优顺序设置为 1，同时相应增加河流取水节点或水库最大流量占需水比例，使其稍高于下游的需求点。这样就可以将流域上、中游节约下来的地表水供下游缺水需求点使用。

② 靠近河流地下水补给条件较好的需求点，设置其地下水最大流量占需水比例稍高于远离河流的需求点，并将其地下水供给择优顺序设置为 1，同时相应减少河流取水节点或水库最大流量占需水比例，使其稍低于远离河流的需求点；与此相反，对于远离河流的需求点，地下水补给条件相对较差，将其地下水最大流量占需水比例设置稍低于靠近河流的需求点，并将地下水供给择优顺序设置为 2，同时相应增加河流取水节点或水库最大流量占需水比例，使其稍高于靠近河流的需求点。这样就可以将靠近河流需求点节约下来的地表水供远离河流的缺水需求点使用。

　　③ 干旱年份供需矛盾突出，在水量调配上，枯水期应多采地下水，少引地表水，丰水期应尽量多引蓄河水进行灌溉或利用沟渠系统回灌补给地下水，因此在干旱年份设置所有需求点的地下水最大流量占需水比例稍高于正常年份，同时相应减少河流取水节点或水库最大流量占需水比例，使其稍低于正常年份；在偏湿年份，与干旱年份相反（图 8-1）。

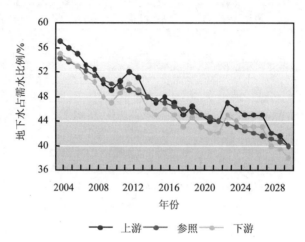

图 8-1　考虑上下游以及干旱年份水量调配时地下水最大流量占需水比例（2004—2030 年）

## 8.2 现状气候下不同适应操作模式对水资源的影响

　　如果流域气候与前期类似，对于不同的适应模式（供给端模式、需求端模式、供需模式以及现状模式），流域要求的水量、供给的水量、需求短缺量、地下水储量，以及需求满足度均有差别。

　　（1）要求的水量

　　在 4 种适应模式（供给端模式、需求端模式、供需模式以及现状模式）中，要求的水量差别较大，其中现状模式、供给端模式在 2004—2030 年呈波动上升趋势，二者没有差别，要求的水量从前期 1 331×$10^6$m³ 增至后期 2 313×$10^6$m³；与此不同的是，需求端模式以及供需模式要求的水量较前二者要少得多，后期较前期差别更是明显要大。而且在 2004—2030 年呈波动下降趋势，二者差别相对较小，其中供需模式比需求端模式要求的水量要稍多，分别从前期 973×$10^6$m³ 降低至后期 799×$10^6$m³、944×$10^6$m³ 降至 776×$10^6$m³（图 8-2a）。

　　（2）供给的水量

　　与要求的水量类似，现状模式、供给端模式中供给的水量在 2004—2030 年呈上升趋势，二者差别明显，供给的水量分别从前期的 1 083×$10^6$m³ 增加至后期的 1 384×$10^6$m³、1 145×$10^6$m³ 增至 1 529×$10^6$m³，虽然要求的水量相同，但是供给端模式比现状模式供给的水量要多，供给端模式供水量多年平均值为 1 374×$10^6$m³，现状模式中供水量多年平均值为 1 264×$10^6$m³，而且这种差别在后期比前期差别更明显；与此不同的是，供需模式与需求端模式中供给的水量较前二者要少得多，而且与前二者的差别日趋加大，在 2004—

2030 年呈波动下降趋势，二者差别相对较小，供需模式比需求端模式供给的水量要稍多，供需模式供水量多年均值为 $699\times10^6m^3$，需求端模式供水量多年均值为 $693\times10^6m^3$，二者供给的水量分别从 $838\times10^6m^3$ 降至 $699\times10^6m^3$、$794\times10^6m^3$ 降至 $650\times10^6m^3$（图 8-2b）。

（3）需求短缺量

需求短缺量在 4 种适应模式中差别也很明显，其中供给端模式、现状模式在 2004—2030 年呈明显上升趋势，二者差别也较明显，供给端模式比现状模式短缺量一直偏少，在短缺较多的年份差别更为明显，供给端模式缺水量多年平均值为 $420\times10^6m^3$，现状模式缺水量多年平均值为 $529\times10^6m^3$，二者短缺量分别从 $186\times10^6m^3$ 增加至 $784\times10^6m^3$、$248\times10^6m^3$ 增至 $929\times10^6m^3$。与此不同的是，需求端模式以及供需模式的短缺量与前二者在前期差别不大，2010 年之后差距逐渐加大，到后期差别已非常大，短缺量较前二者要少得多。需求端模式与供需模式的短缺量在 2004—2030 年无明显上升或下降趋势，二者差别相对较小，其中供需模式比需求端模式要稍高，二者需求短缺量分别为：需求端模式 $119\times10^6m^3$，供需模式 $138\times10^6m^3$（图 8-2c）。

（4）地下水储量

地下水储量在 4 种适应模式中差别明显：前期，4 者有差别但不是很明显，以后日趋加大，在整个 2004—2030 年，现状模式中地下水储量呈持续下降趋势；供给端模式中地下水储量先很平稳，后缓慢下降，在 2023 年急速下降，之后又有所回升；需求端模式中地下水储量一直较平稳，后波动较大；供需模式中地下水储量相对最为平稳，前期上升，之后一直保持平稳，没有太大起伏。无论是前期、中期还是后期，地下水储量最多的始终是供需模式，储量年内波动也较小，最少的始终是现状模式，地下水储量年内波动也较大，供给端模式与需求端模式在最初的两年前者较多，之后后者明显要多于前者，年内波动也是供给端模式一直大于需求端模式（图 8-2d）。

（5）需求满足度

4 种适应模式的需求满足度在后期的差别较前期要明显大得多，在 2004—2010 年、2011—2020 年以及 2021—2030 年 3 个时段，未采取措施时的需求满足度分别为 $84.70\times10^6m^3$、$84.24\times10^6m^3$ 以及 $74.69\times10^6m^3$；供给端模式中分别为 $86.84\times10^6m^3$、$85.75\times10^6m^3$ 以及 $77.58\times10^6m^3$；需求端模式中分别为 $86.16\times10^6m^3$、$87.29\times10^6m^3$ 以及 $85.61\times10^6m^3$；供需模式中分别为 $87.11\times10^6m^3$、$86.10\times10^6m^3$ 与 $82.54\times10^6m^3$。其中现状模式下降最为明显，需求端模式与供需模式满足度降低最少。采取 4 种模式时的满足度在不同时期也各不相同，前期，供水端模式满足度较高，仅次于供需模式，然后是需求端模式，现状模式最低；中期，4 者逐渐错位，现状模式与供水端模式的满足度逐渐降低；后期，供需模式和需水端模式一直保持着较高满足度，而现状模式与供水端模式满足度明显降低（图 8-2e）。

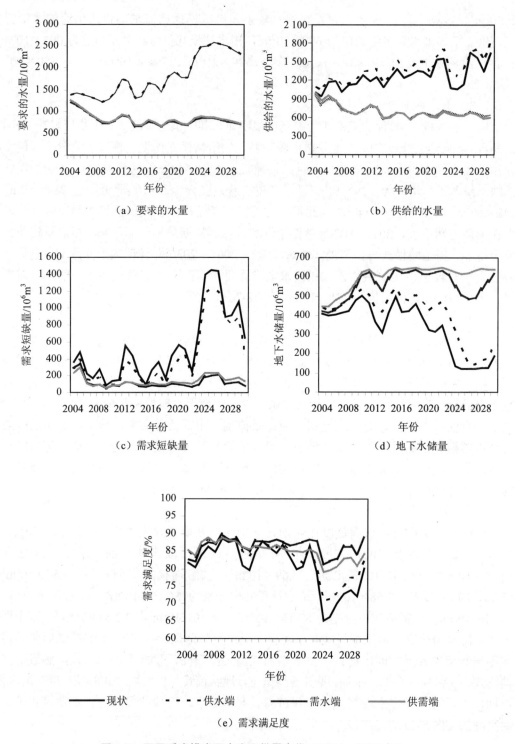

图 8-2    不同适应模式下水资源供需变化（2004—2030 年）

总的来看，不同的适应模式不仅影响年内水资源的供需状况，而且这种影响差异日趋加大。不同的适应模式在缓解水资源的供需方面各有侧重，供需模式与需求端模式缓解水短缺的效果最为明显，其次为供给端模式，现状模式最差（表 8-2）。

表 8-2　现状气候下各种适应模式水资源供需量比较（2004—2030 年均值）

| 要素 | 现状模式 | 需求端模式 | 供给端模式 | 供需模式 |
|---|---|---|---|---|
| 要求的水量/$10^6$m³ | 1 793 | 812 | 1 793 | 837 |
| 供给的水量/$10^6$m³ | 1 264 | 693 | 1 374 | 699 |
| 需求短缺量/$10^6$m³ | 529 | 119 | 420 | 138 |
| 地下水储量/$10^6$m³ | 332 | 558 | 401 | 603 |
| 需求满足度/% | 81 | 86 | 83 | 85 |

另外，虽然供需模式与需求端模式在缓解水资源短缺方面并无明显优势，但是二者对地下水储量的贡献方面有显著差别，前者要比后者在减缓地下水耗竭方面要更为有效，因而其适应也更可持续。因此，只有将供给端模式与需求端模式有机地结合起来，并寻求一个最佳的平衡点，才能兼顾适应的有效性以及可持续性。

在现状模式与供需模式两种模式下，无论是不同需求点要求的水量，还是不同来源供给的水量均有明显不同（图 8-3）。从供水端是否采取措施来看，在现状模式中，由于相对而言未采取措施，供水来源地下水与地表水比例相当，部分年份以地下水为多，而且地表水中河流供水占很大的比例；而在采取措施后，供水来源以地表水为主，尤其在降水较丰沛的年份，而且地表水中水库用水比例显著增多，在干旱年份（如 2024年和 2025 年），地下水供水较常年偏多。从需水端是否采取措施来看，在未采取措施的现状模式中，要求的水量不仅远远多于供给的水量，而且呈持续增多的趋势；而在采取措施后，要求的水量与供给的水量基本平衡，而且在初期有下降趋势，中期后趋于平稳。

## 8.3 气候变化下不同适应操作模式对水资源的影响

如果流域气候发生了变化，对于不同的适应模式（供给端模式、需求端模式、供需模式以及现状模式），流域要求的水量、供给的水量、需求短缺量、地下水储量，以及需求满足度也均有差别。以下分现状、暖干化、暖湿化以及极端降水增多 4 种气候情景，分别模拟 4 种适应操作模式下水资源状况。

（1）要求的水量

要求的水量在 4 种气候下的差别较明显，无论是在现状模式、供给端模式还是在需求端模式与供需模式中，4 种模式要求的水量均在暖干化气候下最多，极端气候次之，然后是现状气候，要求水量最少的是暖湿化气候。在现状模式与供给端模式中，气候变化所造成的差别较为明显，即气候变化对要求的水量影响较大；与之相比，需求端模式与供需模式中气候变化所造成的差别不很明显，即气候变化对要求的水量影响较小。与极端气候相比，暖干化与暖湿化气候下要求的水量与现状气候的差别更为明显（表 8-3，图 8-4a）。

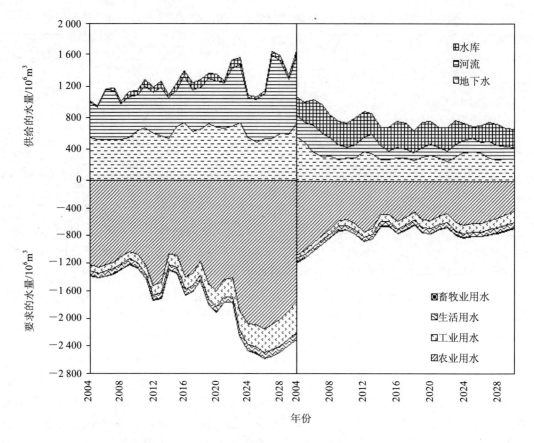

（左：现状模式；右：供需模式）

**图 8-3　不同需求点要求的水量与不同来源供给的水量（2004—2030 年）**

表 8-3　不同气候下各种适应模式要求的水量比较（2004—2030 年）　　　单位：$10^6 m^3$

| 情景 | 现状模式 | 需求端模式 | 供给端模式 | 供需模式 |
|---|---|---|---|---|
| 现状气候 | 0 | 0 | 0 | 0 |
| 极端降水增多 | 37 | 11 | 27 | 10 |
| 暖干化气候 | 95 | 36 | 85 | 36 |
| 暖湿化气候 | −72 | −35 | −82 | −35 |

（2）供给的水量

　　与要求的水量相比，供给的水量在 4 种气候下的差别要小一些，暖湿化气候与现状气候相比，比暖干化气候差别更大些，如暖湿化气候在现状模式、供给端模式、需求端模式以及供需模式中分别比现状气候少 $20×10^6 m^3$、$26×10^6 m^3$、$24×10^6 m^3$，以及 $25×10^6 m^3$；而在暖干化气候下，现状模式与供给端模式中分别比现状气候少供水 $7×10^6 m^3$ 和 $4×10^6 m^3$，需求端模式与供需模式中分别比现状气候多供水 $19×10^6 m^3$ 和 $17×10^6 m^3$。在参照预案中，供给的水量最少的是在极端气候下，最多的是在现状气候下，暖干和暖湿居中，二者差别不大；在需水端模式中，供给的水量最少的是在暖湿气候下，最多的是在暖干气候下，极端和正常居中；在供水端模式中，供给的水量最少的是在暖湿气候下，最多的是在现状气候下，极端和暖干居中；在供需模式中，供给的水量最少的是在暖湿气候下，最多的是在暖干气候下，极端和正常居中（表 8-4，图 8-4b）。在现状模式中，极端降水增多对供给的水量影响最大，其与现状气候的差值为 $-29 \times 10^6 \text{m}^3$；需求端模式与供需模式中，暖干化与暖湿化对供给的水量所造成的差别最明显，即影响最大。

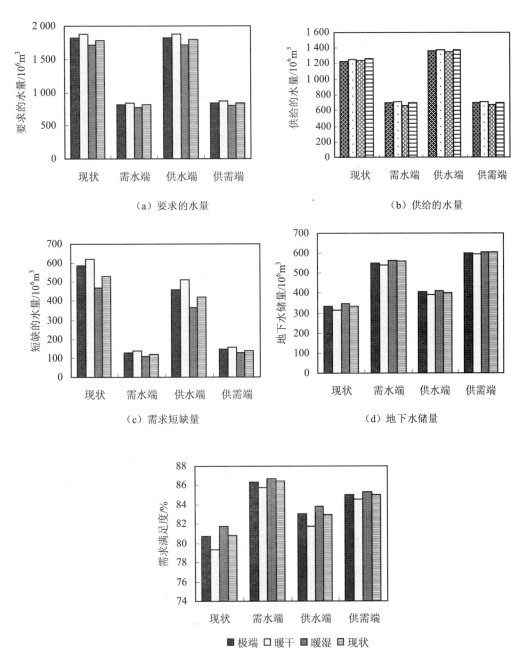

（a）要求的水量　　　　　　　　　　（b）供给的水量

（c）需求短缺量　　　　　　　　　　（d）地下水储量

■ 极端　□ 暖干　▨ 暖湿　▦ 现状

（e）需求满足度

**图 8-4　气候变化下不同适应模式水资源供需变化（2004—2030 年）**

表 8-4　不同气候下各种适应模式供给的水量比较（2004—2030 年）　　　单位：$10^6m^3$

| 情景 | 现状模式 | 需求端模式 | 供给端模式 | 供需模式 |
|---|---|---|---|---|
| 现状气候 | 0 | 0 | 0 | 0 |
| 极端降水增多 | −29 | 4 | −12 | 4 |
| 暖干化气候 | −7 | 19 | −4 | 17 |
| 暖湿化气候 | −20 | −24 | −26 | −25 |

（3）需求短缺量

需求短缺量在 4 种气候下的差别非常明显，与供给的水量相反，暖干化气候与现状气候相比，比暖湿化气候差别更大。在暖干化气候下需求短缺量最多，其次为极端气候，然后是现状气候，短缺最少的是在暖湿化气候下。在现状模式中，气候变化所造成的差别最为明显，即气候变化对需求短缺量影响最大，极端气候、暖干化以及暖湿化气候与现状气候的差值分别为 $56×10^6m^3$、$92×10^6m^3$、$−61×10^6m^3$；气候变化所造成的差别最不明显，即气候变化对需求短缺量影响最小的是需求端模式与供需模式，需求端模式中，极端气候、暖干化气候以及暖湿化气候与现状气候的差值分别为 $7×10^6m^3$、$17×10^6m^3$、$−11×10^6m^3$，供需模式中，极端气候、暖干化气候以及暖湿化气候与现状气候的差值分别为 $7×10^6m^3$、$19×10^6m^3$、$−10×10^6m^3$；气候变化所造成的差别居中，即气候变化对需求短缺量影响居中的是供给端模式，极端气候、暖干化气候以及暖湿化气候与现状气候的差值分别为 $38×10^6m^3$、$89×10^6m^3$、$−57×10^6m^3$（表 8-5，图 8-4c）。

表 8-5　不同气候下各种适应模式需求短缺量比较（2004—2030 年）　　　单位：$10^6m^3$

| 情景 | 现状模式 | 需求端模式 | 供给端模式 | 供需模式 |
|---|---|---|---|---|
| 现状气候 | 0 | 0 | 0 | 0 |
| 极端降水增多 | 56 | 7 | 38 | 7 |
| 暖干化气候 | 92 | 17 | 89 | 19 |
| 暖湿化气候 | −61 | −11 | −57 | −10 |

（4）地下水储量

相比而言，现状模式中，无论是哪种气候情景，地下水储量都是最低的；其次为供给端模式；供需模式中，地下水储量最高。现状模式中，气候变化所造成的差别最为明显，即气候变化对地下水储量影响最大，极端气候、暖干化以及暖湿化气候与现状气候的差值分别为 $3×10^6m^3$、$−14×10^6m^3$、$14×10^6m^3$；气候变化所造成的差别最不明显，即气候变化对地下水储量影响最小的是需求端模式与供需模式，需求端模式中，极端气候、暖干化气候以及暖湿化气候与现状气候的差值分别为 $−5×10^6m^3$、$−15×10^6m^3$、$8×10^6m^3$，供需模式中，极端气候、暖干化气候以及暖湿化气候与现状气候的差值分别为 $−1×10^6m^3$、$−9×10^6m^3$、$4×10^6m^3$；气候变化所造成的差别居中，即气候变化对地下水储量影响居中的是供给端模式，极端气候、暖干化气候以及暖湿化气候与现状气候的差值分别为 $4×10^6m^3$、$−10×10^6m^3$、$10×10^6m^3$。在以上所有气候情景中，暖干化气候地下水储量与现状气候的差别更为明显（表 8-6，图 8-4d）。

表 8-6　不同气候下各种适应模式地下水储量比较（2004—2030 年）　　　单位：$10^6 m^3$

| 情景 | 现状模式 | 需求端模式 | 供给端模式 | 供需模式 |
|---|---|---|---|---|
| 现状气候 | 0 | 0 | 0 | 0 |
| 极端降水增多 | 3 | −5 | 4 | −1 |
| 暖干化气候 | −14 | −15 | −10 | −9 |
| 暖湿化气候 | 14 | 8 | 10 | 4 |

（5）需求满足度

需求满足度在 4 种气候下的差别非常明显，在暖干化气候下需求满足度最低，极端气候与现状气候接近，满足度最高的是在暖湿化气候下。不采取措施时（现状模式），气候变化所造成的差别最为明显，即气候变化对需求满足度影响最大，极端气候、暖干化以及暖湿化气候与现状气候的差值分别为 −0.1%、−1.48%、0.90%；气候变化所造成的差别最不明显，即气候变化对需求满足度影响最小的是需求端模式与供需模式，需求端模式中，极端气候、暖干化气候以及暖湿化气候与现状气候的差值分别为 −0.040%、−0.60%、0.37%，供需模式中，极端气候、暖干化气候以及暖湿化气候与现状气候的差值分别为 −0.03%、−0.46%、0.24%；气候变化所造成的差别居中，即气候变化对满足度影响居中的是供给端模式，极端气候、暖干化气候以及暖湿化气候与现状气候的差值分别为 0.01%、−1.22%、0.76%（表 8-7，图 8-4e）。

表 8-7　不同气候下各种适应模式需求满足度比较（2004—2030 年）　　　单位：%

| 情景 | 现状模式 | 需求端模式 | 供给端模式 | 供需模式 |
|---|---|---|---|---|
| 现状气候 | 0 | 0 | 0 | 0 |
| 极端降水增多 | −0.10 | −0.04 | 0.01 | −0.03 |
| 暖干化气候 | −1.48 | −0.60 | −1.22 | −0.46 |
| 暖湿化气候 | 0.90 | 0.37 | 0.76 | 0.24 |

暖干化与现状气候相比，比暖湿化气候差别更大。暖干化与现状气候相比，其差值在现状模式、需求端模式、供给端模式，以及供需模式中分别为 −1.48%、−0.60%、−1.22%、−0.46%；相对应地，暖湿化气候与现状气候相比，其差值分别为 0.90%、0.37%、0.76%、0.24%。

图 8-5 为从不同气候情景下在"供需模式"下，流域要求的水量、供给的水量、需求短缺量，以及地下水储量等供需状况的多年变化曲线（2004—2030 年）。

从要求的水量多年变化曲线（2004—2030 年）可以看出（图 8-5a），暖干化气候要求的水量一直高于现状气候；暖湿化与暖干化相反，要求的水量一直低于现状气候；极端降水增多时，要求的水量也一直高于现状气候，但幅度一直低于暖干化。供水量多年变化曲线显示（图 8-5b），大多年份，暖干化气候供水量均高于现状气候，这是由于其要求的水量亦高的缘故，但在连旱年份，如 2005 年以及 2025—2026 年，暖干化气候供水量要低于现状气候，这是由于连旱影响了水库的蓄水能力，从而影响到供水的缘故；与暖干化不同的是，暖湿化气候供水量一直低于现状气候；极端降水增多时，供水量大部分与现状气候相近，个别年份要高。

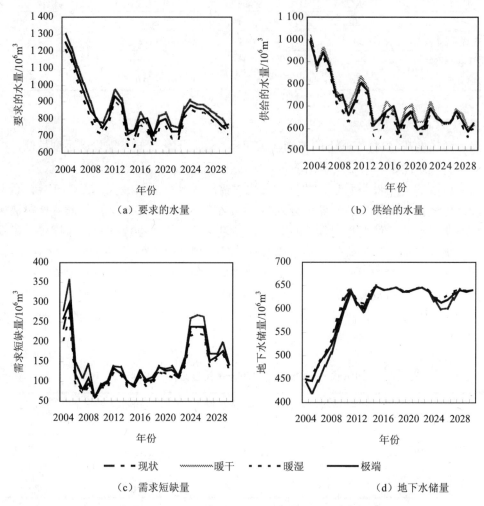

（a）要求的水量　　　　　　　　　　（b）供给的水量

（c）需求短缺量　　　　　　　　　　（d）地下水储量

图 8-5　不同气候下"供需模式"水资源供需状况（2004—2030 年）

需求短缺量多年变化曲线显示（图 8-5c），暖干化气候缺水量一直高于现状气候，在干旱年份更甚；暖湿化与暖干化相反，缺水量一直低于现状气候；极端降水增多的气候，缺水量也一直高于现状气候，但幅度低暖干化。暖干化气候时，地下水储量在前期明显低于现状气候，后期较不明显，暖湿化气候类似于暖干化，但差别要小（图 8-5d）。

由以上可以看出，采取不同的适应措施，气候变化对水资源的供需变化影响是不同的。总的来看，不采取措施时（现状模式），无论是需求短缺量还是地下水储量，气候变化对其影响都很明显，而当采取一定的适应措施后，尤其是在供给端和需求端同时采取措施后，可以明显缓解气候变化所造成的影响，如缓解暖干化气候所带来的影响。

综上所述，供给端模式主要是针对供给源采取的措施，如增加水库，充分利用自然水资源，而需求端模式主要是使人类活动更加有序而采取的措施，如发展畜牧业、改变种植结构等。二者结合起来，才能达到有效、有序、可持续地利用水资源的目的。

## 8.4 LRB 适应操作模式的功效分析

为了分析不同适应操作模式对水资源需求的影响，定义"综合功效"作为衡量指标，"综合功效"指的是适应模式的实施效果，是一个综合衡量兼顾最大用水效益、社会经济损失最小、对自然环境的损害最小的指数。"综合功效"为负值时，表示模式实施效果较差，正值时实施效果较好，数值越小说明实施效果越低。其计算方法如下：

$$综合功效 = \sum 效益增长率_{生产, 生活, 生态} - \sum 水短缺增长率_{生产, 生活, 生态} \qquad 式 8\text{-}1$$

其中，效益增长率为实施适应模式后不同需求点包括生产（农牧业产量、工业产值）、生活（人口数目）以及生态（生态需水量）的效益增长率，水短缺增长率为实施适应模式后生产、生活以及生态用水短缺量的增长率。

老哈河流域不同适应模式功效与现状基准比较见表 8-8。可以看出，现状模式与流域现状基准相比，综合功效最低，即现状模式在老哈河流域实施效果较差，综合功效为负值−0.81；其他 3 个模式实施效果较好，其中供给端模式实施效果较低，综合功效为 0.16，需求端模式较高，综合功效为 2.01，综合供需模式实施效果最高，综合功效为 2.11。

表 8-8 不同适应模式功效比较（与现状基准比较，2004—2030 年）

| 项目 | 现状模式 | 供给端模式 | 需求端模式 | 综合供需模式 |
|---|---|---|---|---|
| 农业产量/$10^6$kg | +303.10 | +303.10 | 0.00 | 0.00 |
| 畜牧业产量/$10^6$ 头 | +0.32 | +0.32 | +0.67 | +0.67 |
| 工业产值/$10^9$ 元 | +9.37 | +9.37 | +5.40 | +5.40 |
| 城乡人口/$10^6$ 人 | +0.51 | +0.51 | +0.51 | +0.51 |
| 生态需水/$10^6$m$^3$ | 0.00 | 0.00 | 0.00 | +1.86 |
| 地下水储量/$10^6$m$^3$ | −164.45 | −85.25 | +62.74 | +121.98 |
| 需求短缺量/$10^6$m$^3$ | +476.00 | +359.56 | −9.70 | +9.33 |
| 综合功效 | −0.81 | +0.16 | +2.01 | +2.11 |

供给端模式主要是针对供给源采取的措施（如增加水库），充分利用自然水资源，其目的是增加供水；而需求端模式主要是使水资源利用更加合理有序，同时兼顾可持续而采取的措施，其目的是如何在满足生产、生活、生态需水的前提下，最大限度地削减用水（如发展畜牧业、改变种植结构等）。二者结合起来，才能达到有效、有序、可持续地利用水资源的目的，也才能最大可能地减缓、适应气候变化所造成的影响，避免气候变化给经济和生态环境造成不良影响。

## 8.5 小结

本章综合考虑水资源"供给端"与"需求端"，基于"气候变化—水资源—生态环境—社会经济"复合系统，构建了老哈河流域可持续发展的水资源适应操作模式，并对不同适应模式下的水资源状况进行模拟，从生产、生活与生态均衡、有序发展的角度对适应模式的综合功效进行了评估，结果如下：

气候与前期类似时，采取不同水资源适应操作模式对水短缺的影响。根据农业、工业、生活、生态等用水需求，结合流域水量时空调配，构建了 3 种不同的水资源操作适应模式并对其进行模拟分析，结果表明：气候与前期类似时，不同的适应模式无论是对年内还是年际水短缺的缓解作用差异均很显著，与"现状模式"相比，"供给端模式"缓解 $109 \times 10^6 m^3$，"需求端模式"缓解 $410 \times 10^6 m^3$，"供需模式"缓解 $391 \times 10^6 m^3$。在水短缺年份，4 者的缓解作用分异更加明显。虽然"供需模式"与"需求端模式"相比在缓解水短缺方面并无明显优势，但是在减缓地下水耗竭方面前者要比后者要更为有效，因而其适应也更可持续。采取不同水资源适应操作模式后，气候变化对水资源供需及短缺所造成的影响。在现状模式中，气候变化所造成的差别最为明显，即不同气候对需求短缺量影响最大，极端气候、暖干化以及暖湿化气候与现状气候的差值分别为 $56 \times 10^6 m^3$、$92 \times 10^6 m^3$、$-61 \times 10^6 m^3$；气候变化所造成的差别最不明显的是"需求端模式"与"供需模式"，居中的是"供给端模式"。"供给端模式"在暖干化时由于水资源供给来源受限，其缓解作用有所减弱，而在供给端和需求端同时采取措施的"供需模式"中，可以明显缓解气候变化所造成的影响，尤其是缓解暖干化气候所带来的影响。

构建了"综合功效"指数以衡量适应操作模式的实施效果。"现状模式"在老哈河流域实施效果最差，综合功效为 $-0.81$，"供需模式"实施效果最高，为 2.11。其中"供需模式"从供给端角度可以明显增加可利用水资源量，从需求端角度可以有效利用有限水资源，兼顾最大用水效益、社会经济损失最小、对自然环境损害最小，可以实现有效、有序、可持续地利用水资源的目的，最大可能地减缓、适应气候变化所造成的影响。

# 参考文献

[1]　IPCC. Climate Change 2001 Impacts，adaptation and vulnerability[M]. IPCC New York：Cambridge University Press，2001.

[2]　于法稳，李来胜. 西部地区农业资源利用的效率分析及政策建议[J]. 中国人口·资源与环境，2005（6）：35-39.

# 附　录

附表 1　老哈河子流域土地利用分布特征

| 子流域土地利用类型 | 占全流域/% | 占子流域/% |
|---|---|---|
| 子流域 1# | 17.89 | |
| Pasture → PAST | 6 | 33.56 |
| Water → WATR | 0.61 | 3.4 |
| Forest-Mixed → FRST | 0.95 | 5.29 |
| Agricultural Land-Generic → AGRL | 5.38 | 30.05 |
| Transportation → UTRN | 4.93 | 27.58 |
| Residential-Medium Density → URMD | 0.02 | 0.12 |
| 子流域 2# | 0.26 | |
| Pasture → PAST | 0.03 | 13.66 |
| Water → WATR | 0.02 | 8.74 |
| Forest-Mixed → FRST | 0.01 | 2.88 |
| Agricultural Land-Generic → AGRL | 0.14 | 55.12 |
| Transportation → UTRN | 0.05 | 19.6 |
| 子流域 3# | 4.33 | |
| Pasture → PAST | 0.94 | 21.69 |
| Water → WATR | 0.01 | 0.34 |
| Forest-Mixed → FRST | 0.79 | 18.2 |
| Agricultural Land-Generic → AGRL | 2.59 | 59.65 |
| Industrial → UIDU | 0 | 0.04 |
| Transportation → UTRN | 0 | 0.07 |
| 子流域 4# | 8.03 | |
| Pasture → PAST | 3.27 | 40.69 |
| Water → WATR | 0.15 | 1.91 |
| Forest-Mixed → FRST | 0.75 | 9.31 |
| Agricultural Land-Generic → AGRL | 3.79 | 47.2 |

| 子流域土地利用类型 | 占全流域/% | 占子流域/% |
|---|---|---|
| Industrial → UIDU | 0 | 0.03 |
| Transportation → UTRN | 0.07 | 0.86 |
| 子流域 5# | 2.72 | |
| Pasture → PAST | 0.95 | 34.75 |
| Water → WATR | 0.04 | 1.31 |
| Forest-Mixed → FRST | 0.23 | 8.5 |
| Agricultural Land-Generic → AGRL | 1.42 | 52.17 |
| Industrial → UIDU | 0 | 0.08 |
| Transportation → UTRN | 0.09 | 3.2 |
| 子流域 6# | 3.76 | |
| Pasture → PAST | 1.39 | 36.88 |
| Water → WATR | 0.05 | 1.35 |
| Forest-Mixed → FRST | 0.36 | 9.63 |
| Agricultural Land-Generic → AGRL | 1.84 | 48.95 |
| Industrial → UIDU | 0 | 0.03 |
| Transportation → UTRN | 0.01 | 0.25 |
| Residential-Medium Density → URMD | 0.11 | 2.91 |
| 子流域 7# | 2.64 | |
| Pasture → PAST | 0.57 | 21.54 |
| Water → WATR | 0.05 | 1.76 |
| Forest-Mixed → FRST | 0.88 | 33.33 |
| Agricultural Land-Generic → AGRL | 1.1 | 41.47 |
| Industrial → UIDU | 0.05 | 1.72 |
| Transportation → UTRN | 0 | 0.18 |
| 子流域 8# | 2.54 | |
| Pasture → PAST | 1.23 | 48.66 |
| Water → WATR | 0.04 | 1.48 |
| Forest-Mixed → FRST | 0.91 | 35.73 |
| Agricultural Land-Generic → AGRL | 0.36 | 14.13 |
| 子流域 9# | 2.16 | |
| Pasture → PAST | 0.7 | 32.33 |
| Water → WATR | 0.05 | 2.1 |
| Forest-Mixed → FRST | 0.88 | 40.69 |
| Agricultural Land-Generic → AGRL | 0.51 | 23.82 |
| Transportation → UTRN | 0.02 | 1.05 |
| 子流域 10# | 3.99 | |
| Pasture → PAST | 1.47 | 36.92 |

| 子流域土地利用类型 | 占全流域/% | 占子流域/% |
|---|---|---|
| Water → WATR | 0.07 | 1.8 |
| Forest-Mixed → FRST | 0.65 | 16.37 |
| Agricultural Land-Generic → AGRL | 1.79 | 44.89 |
| Industrial → UIDU | 0 | 0.02 |
| 子流域 11# | 0.48 | |
| Pasture → PAST | 0.24 | 49.24 |
| Water → WATR | 0.01 | 2.5 |
| Forest-Mixed → FRST | 0.03 | 5.8 |
| Agricultural Land-Generic → AGRL | 0.21 | 42.46 |
| 子流域 12# | 0.09 | |
| Pasture → PAST | 0.02 | 21.45 |
| Water → WATR | 0 | 3.12 |
| Forest-Mixed → FRST | 0.03 | 29.32 |
| Agricultural Land-Generic → AGRL | 0.04 | 46.11 |
| 子流域 13# | 10.14 | |
| Pasture → PAST | 3.27 | 32.23 |
| Water → WATR | 0.15 | 1.44 |
| Forest-Mixed → FRST | 3.26 | 32.21 |
| Agricultural Land-Generic → AGRL | 3.4 | 33.51 |
| Industrial → UIDU | 0.01 | 0.08 |
| Transportation → UTRN | 0.04 | 0.41 |
| Residential-Medium Density → URMD | 0.01 | 0.12 |
| 子流域 14# | 2.11 | |
| Pasture → PAST | 0.5 | 23.64 |
| Water → WATR | 0.01 | 0.64 |
| Forest-Mixed → FRST | 1.15 | 54.2 |
| Agricultural Land-Generic → AGRL | 0.42 | 19.82 |
| Transportation → UTRN | 0.04 | 1.7 |
| 子流域 15# | 2.07 | |
| Pasture → PAST | 0.55 | 26.56 |
| Water → WATR | 0.01 | 0.69 |
| Forest-Mixed → FRST | 1.03 | 49.8 |
| Agricultural Land-Generic → AGRL | 0.4 | 19.43 |
| Industrial → UIDU | 0 | 0.05 |
| Transportation → UTRN | 0.07 | 3.47 |
| 子流域 16# | 1.67 | |
| Pasture → PAST | 0.87 | 52.24 |

| 子流域土地利用类型 | 占全流域/% | 占子流域/% |
|---|---|---|
| Water → WATR | 0.04 | 2.4 |
| Forest-Mixed → FRST | 0.14 | 8.1 |
| Agricultural Land-Generic → AGRL | 0.62 | 37.25 |
| 子流域 17# | 4.01 | |
| Pasture → PAST | 1.43 | 35.79 |
| Water → WATR | 0.08 | 2.02 |
| Forest-Mixed → FRST | 1.07 | 26.68 |
| Agricultural Land-Generic → AGRL | 1.4 | 34.97 |
| Transportation → UTRN | 0.02 | 0.55 |
| 子流域 18# | 2.03 | |
| Pasture → PAST | 0.71 | 35.15 |
| Water → WATR | 0.02 | 0.77 |
| Forest-Mixed → FRST | 0.32 | 15.92 |
| Agricultural Land-Generic → AGRL | 0.85 | 41.88 |
| Industrial → UIDU | 0.11 | 5.56 |
| Transportation → UTRN | 0.01 | 0.71 |
| 子流域 19# | 2.15 | |
| Pasture → PAST | 0.32 | 14.93 |
| Water → WATR | 0.03 | 1.17 |
| Forest-Mixed → FRST | 0.46 | 21.5 |
| Agricultural Land-Generic → AGRL | 1.34 | 62.27 |
| Transportation → UTRN | 0 | 0.14 |
| 子流域 20# | 2.12 | |
| Pasture → PAST | 0.67 | 31.35 |
| Water → WATR | 0.06 | 2.81 |
| Forest-Mixed → FRST | 0.56 | 26.45 |
| Agricultural Land-Generic → AGRL | 0.79 | 37.21 |
| Industrial → UIDU | 0 | 0.01 |
| Transportation → UTRN | 0.05 | 2.17 |
| 子流域 21# | 2.44 | |
| Pasture → PAST | 0.5 | 20.44 |
| Water → WATR | 0.07 | 2.92 |
| Forest-Mixed → FRST | 0.79 | 32.36 |
| Agricultural Land-Generic → AGRL | 1.07 | 43.72 |
| Transportation → UTRN | 0.01 | 0.57 |
| 子流域 22# | 0.07 | |
| Pasture → PAST | 0.01 | 12.49 |

| 子流域土地利用类型 | 占全流域/% | 占子流域/% |
|---|---|---|
| Water → WATR | 0.01 | 8.03 |
| Forest-Mixed → FRST | 0 | 2.86 |
| Agricultural Land-Generic → AGRL | 0.05 | 76.62 |
| 子流域 23# | 4.86 | |
| Pasture → PAST | 0.99 | 20.33 |
| Water → WATR | 0.03 | 0.68 |
| Forest-Mixed → FRST | 0.77 | 15.84 |
| Agricultural Land-Generic → AGRL | 3.05 | 62.68 |
| Residential-Medium Density → URMD | 0.02 | 0.48 |
| 子流域 24# | 6.65 | |
| Pasture → PAST | 1.96 | 29.51 |
| Water → WATR | 0.07 | 1.08 |
| Forest-Mixed → FRST | 1.83 | 27.48 |
| Agricultural Land-Generic → AGRL | 2.73 | 41.03 |
| Industrial → UIDU | 0.01 | 0.13 |
| Transportation → UTRN | 0.04 | 0.54 |
| Residential-Medium Density → URMD | 0.01 | 0.22 |
| 子流域 25# | 5.63 | |
| Pasture → PAST | 1.46 | 25.93 |
| Water → WATR | 0.1 | 1.81 |
| Forest-Mixed → FRST | 0.98 | 17.34 |
| Agricultural Land-Generic → AGRL | 3.09 | 54.86 |
| Transportation → UTRN | 0 | 0.05 |
| 子流域 26# | 2.32 | |
| Pasture → PAST | 0.57 | 24.74 |
| Water → WATR | 0.02 | 0.9 |
| Forest-Mixed → FRST | 1.46 | 63.09 |
| Agricultural Land-Generic → AGRL | 0.26 | 11.28 |
| 子流域 27# | 2.84 | |
| Pasture → PAST | 1.17 | 41.33 |
| Water → WATR | 0.05 | 1.71 |
| Forest-Mixed → FRST | 0.73 | 25.58 |
| Agricultural Land-Generic → AGRL | 0.89 | 31.35 |
| Industrial → UIDU | 0 | 0.01 |
| Transportation → UTRN | 0 | 0 |

附表 2  老哈河子流域土壤分布特征

| 土壤类型 | 占全流域/% | 占子流域/% | 土壤类型 | 占全流域/% | 占子流域/% |
|---|---|---|---|---|---|
| 子流域 1# | 17.89 | | 子流域 13# | 10.14 | |
| 固定风沙土 | 7.82 | 43.69 | 棕壤 | 2.04 | 20.13 |
| 淋溶褐土 | 3.8 | 21.22 | 黄垆土 | 2.91 | 28.73 |
| 流动风沙土 | 1.1 | 6.16 | 淋溶褐土 | 4.82 | 47.55 |
| 褐土 | 0.36 | 2.02 | 褐土 | 0.05 | 0.52 |
| 黑潮土 | 4.81 | 26.91 | 草甸盐土 | 0.31 | 3.07 |
| 子流域 2# | 0.26 | | 子流域 14# | 2.11 | |
| 淋溶褐土 | 0.04 | 14.44 | 栗钙土 | 2.11 | 100 |
| 黑潮土 | 0.22 | 85.56 | 子流域 15# | 2.07 | |
| 子流域 3# | 4.33 | | 栗钙土 | 1.72 | 83.44 |
| 棕壤 | 0.08 | 1.73 | 淋溶褐土 | 0.34 | 16.56 |
| 黄垆土 | 1.56 | 35.9 | 子流域 16# | 1.67 | |
| 淋溶褐土 | 0.01 | 0.33 | 淋溶褐土 | 0.91 | 54.68 |
| 褐土 | 2.52 | 58.24 | 草甸盐土 | 0.76 | 45.32 |
| 黑潮土 | 0.16 | 3.79 | 子流域 17# | 4.01 | |
| 子流域 4# | 8.03 | | 栗钙土 | 0.61 | 15.31 |
| 黄垆土 | 0.02 | 0.27 | 淋溶褐土 | 2.97 | 74.02 |
| 栗钙土 | 0 | 0 | 草甸盐土 | 0.43 | 10.66 |
| 淋溶褐土 | 6.52 | 81.19 | 子流域 18# | 2.03 | |
| 黑钙土 | 1.48 | 18.37 | 棕壤 | 0.22 | 10.84 |
| 黑潮土 | 0.01 | 0.17 | 黄垆土 | 0.07 | 3.57 |
| 子流域 5# | 2.72 | | 褐土 | 1.2 | 59.22 |
| 黄垆土 | 0.14 | 5.14 | 黑潮土 | 0.54 | 26.37 |
| 淋溶褐土 | 0.71 | 26.18 | 子流域 19# | 2.15 | |
| 褐土 | 0.67 | 24.43 | 黄垆土 | 0.41 | 18.9 |
| 黑潮土 | 1.21 | 44.25 | 褐土 | 1.15 | 53.54 |
| 子流域 6# | 3.76 | | 黑潮土 | 0.59 | 27.56 |
| 黄垆土 | 3.36 | 89.31 | 子流域 20# | 2.12 | |

| 土壤类型 | 占全流域/% | 占子流域/% | 土壤类型 | 占全流域/% | 占子流域/% |
|---|---|---|---|---|---|
| 淋溶褐土 | 0.16 | 4.15 | 栗钙土 | 0.66 | 31.2 |
| 褐土 | 0.18 | 4.91 | 淋溶褐土 | 1.46 | 68.8 |
| 黑潮土 | 0.06 | 1.64 | 子流域 21# | 2.44 | |
| 子流域 7# | 2.64 | | 淋溶褐土 | 2.44 | 100 |
| 黄垆土 | 1.53 | 58.05 | 子流域 22# | 0.07 | |
| 褐土 | 0.95 | 36.13 | 黑潮土 | 0.07 | 100 |
| 黑潮土 | 0.15 | 5.82 | 子流域 23# | 4.86 | |
| 子流域 8# | 2.54 | | 棕壤 | 0.34 | 7.07 |
| 栗钙土 | 0.49 | 19.17 | 黄垆土 | 2.48 | 50.95 |
| 淋溶褐土 | 1.25 | 49.16 | 褐土 | 1.57 | 32.19 |
| 黑钙土 | 0.8 | 31.67 | 黑潮土 | 0.48 | 9.79 |
| 子流域 9# | 2.16 | | 子流域 24# | 6.65 | |
| 栗钙土 | 1.46 | 67.53 | 子流域 25# | 5.63 | |
| 淋溶褐土 | 0.7 | 32.47 | 棕壤 | 0.96 | 17.11 |
| 子流域 10# | 3.99 | | 黄垆土 | 0.2 | 3.6 |
| 黄垆土 | 0.56 | 14.03 | 淋溶褐土 | 0.01 | 0.11 |
| 淋溶褐土 | 2.07 | 51.85 | 褐土 | 3.43 | 60.97 |
| 黑钙土 | 1.24 | 31.2 | 黑潮土 | 1.02 | 18.21 |
| 棕壤 | 2.63 | 39.58 | 子流域 26# | 2.32 | |
| 褐土 | 2.99 | 45 | 棕壤 | 1.79 | 77.13 |
| 黑潮土 | 1.02 | 15.41 | 淋溶褐土 | 0.08 | 3.55 |
| 草甸盐土 | 0.12 | 2.92 | 褐土 | 0.45 | 19.32 |
| 子流域 11# | 0.48 | | 子流域 27# | 2.84 | |
| 黄垆土 | 0.09 | 17.77 | 棕壤 | 0.39 | 13.89 |
| 草甸盐土 | 0.4 | 82.23 | 淋溶褐土 | 2.24 | 78.65 |
| 子流域 12# | 0.09 | | 褐土 | 0.21 | 7.45 |
| 黄垆土 | 0.09 | 100 | | | |

**附表 3　老哈河流域地下水位调查问卷**

_____市_____旗县_____乡，老哈河中游，第 B0001 号

填表人：_____调查点经纬度：_____

海拔高度：_____

姓名：_____性别：_____年龄：_____联系方式：_____
地址：_____乡_____村_____方位

1. 距离最近的_____河流（或湖泊，水库）____千米，河床与当地相比较偏（高，低）_____。

2. 附近河流有没有断流现象（没有；有）_____。如果有，约_____年（春、夏、秋、冬）_____季开始有断流现象。目前断流情况较以前（严重，差不多）_____；最长的断流时间约_____。您认为是什么原因导致的：（溃堤，上游截流，修建水库，河流改道等原因）_____。

3. 居民地在河流_____方位，耕地在河流_____方位，耕地在居民地_____方位，当地以（农业、牧业）_____为主。

4. 在下列作物中选择（水稻[1]、玉米[2]、小麦[3]、瓜果蔬菜[5]、高粱[6]、谷子[7]、豆类[8]、葵花[9]、_____）当地主要种植作物中种植面积由大到小顺序是_____，灌溉次数依次为（不灌溉的为 0 次）____。

5. 传统旱地（浇不上水山地），（是，否）_____有建立了微喷灌节水灌溉。

6. 就农业而言，目前对水的需求较以前（增多，减少，没有变化）_____，如果变化，原因是（干旱，种植结构变化，改良田增加等）_____。

7. 干旱年都会采取怎样的措施保护农业_____。

8. 种植状况

| 种植作物及其面积/hm² | 1980—1989 年 | 1990—1999 年 | 2000—2005 年 | 2005 年至今 |
|---|---|---|---|---|
| 水田（稻田） | | | | |
| 水浇田 | | | | |
| 旱地 | | | | |
| 旱地微喷灌 | | | | |
| 温室大棚（冬棚） | | | | |
| 温室大棚（春棚） | | | | |

主要种植作物：A. 水稻、B. 玉米、C. 小麦、D. 瓜果蔬菜、E. 高粱、F. 谷子、G. 豆类、H. 葵花……

### 9. 灌溉类型、方式

| 灌溉类型及方式 | 1980—1989 年 | 1990—1999 年 | 2000—2005 年 | 2005 年至今 |
|---|---|---|---|---|
| 冬灌（10—11 月） | | | | |
| 春灌（2—3 月） | | | | |
| 灌溉期（4—9 月） | | | | |

灌溉类型：A. 只用河水；B. 只用井灌；C. 河水为主；D. 井灌为主；E. 各占一半
灌溉方式：X. 大水漫灌；Y. 过水灌溉（标准平整田灌溉）；Z. 微喷灌

### 10. 机灌井打井深度

| 打井年代 | 1980—1989 年 | 1990—1999 年 | 2000—2005 年 | 2005 年至今 |
|---|---|---|---|---|
| 打井深度/m | | | | |
| 机灌井数量/眼 | | | | |
| 铺设暗渠与否（地埋管） | | | | |
| 是否满足需要 | | | | |
| 用水标准/（元/h） | | | | |
| 河灌标准/（元/hm², 元/h） | | | | |

### 11. 家庭水井的打井深度和用途

| 打井年代 | 1980—1989 年 | 1990—1999 年 | 2000—2005 年 | 2005 年至今 |
|---|---|---|---|---|
| 水位埋深/m | | | | |
| 打井深度/m | | | | |
| 打井用途 | | | | |
| 打井造价/元 | | | | |
| （离心）水泵功率 | | | | |
| 抽水过程最多持续时间/h | | | | |
| 水质评价（颜色、味道等） | | | | |
| 废弃的年份 | | | | |
| 废弃的原因 | | | | |

打井用途：①人畜生活用水；②自留地灌溉；③其他（清洁、绿化等）

调查问卷按照老哈河上中下游 3 个大部分，其中上中游支流较多，农田水利发达，布点较多，下游从红山水库开始到通辽市奈曼旗，支流较少，河道比降也较小，布点偏少，且主要在河道周围 20km 以内的农区。上中游布点到各旗县主要农区。上游为 A，中游为 B，下游为 C，主河道附近为 0，支流附近为 1，然后是顺序号。如第 A0010 号，就是上游主河道第 10 号调查问卷。

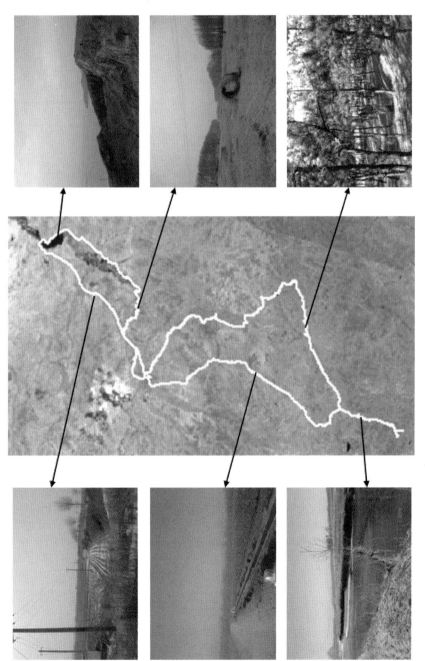

附图 1　老哈河流域水资源野外调查路线

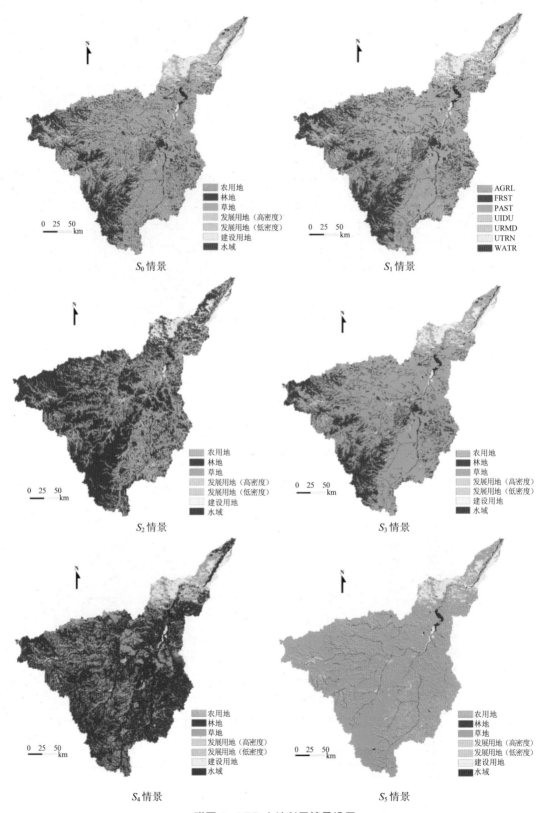

附图 4　LRB 土地利用情景设置